普通高等教育"十一五"国家级规划教材

普通高等学校应用型教材·数学

微积分

|第4版|

学习指导与习题解答 |上册|

主编 张学奇 陈员龙 魏玉华

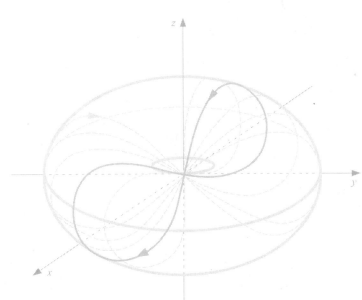

中国人民大学出版社

·北京·

前 言

本书是与普通高等教育"十一五"国家级规划教材《微积分》(第 4 版)(张学奇等主编)配套使用的辅助教材,主要作为学生学习微积分课程的同步学习指导,同时也可供报考研究生的学生系统复习时参考.

本书突出对教学内容的提炼和概括、知识要点的剖析、解题方法的归纳、典型例题与习题的分析和总结,体现微积分的数学思想与方法,注重培养学生逻辑思维能力、分析解决问题的能力和数学建模能力.

全书按教材章节顺序编排,与教材上册同步,内容包括函数、极限与连续、导数与微分、一元函数微分学的应用、不定积分、定积分.每章内容由知识要点、要点剖析、例题精解、错解分析、习题解答构成,为学生进行微积分课程同步学习提供指导,为教师教学选材提供参考.

【知识要点】按照章节的内容结构列表总结本章的主要内容和学习要点.根据教学基本要求,对学习要点按"理解""了解"或"掌握""会用"的二级标准标注,以反映学习要点在教学要求程度上的差异.

【要点剖析】对每章的学习要点进行深入剖析,对解题方法进行点拨,以加深学生对基本概念、基本定理、基本方法的理解和掌握.

【例题精解】按题型分类,力图把基本概念的理解、基本理论的运用、基本方法的掌握、解题技能的培养融于典型题型的范例中.例题的选取突出典型性、示范性,包括基本题、综合题、考研真题.典型题型配有必要的分析和注记,注重一题多解,拓宽思路,有助于学生举一反三,提高解题能力.

【错解分析】对学生学习中遇到的常见错误问题,进行分析、解答和纠错,帮助学生纠正学习中易犯的错误.

【习题解答】对教材中每节习题的大部分题目以及每章总习题中的 A 类题(基础测试题)和 B 类题(考研提高题)给出完整、典型、翔实的解答,对重点习题给出分析和解题指导,这对培养和提升学生数学思维和解题能力具有积极的促进作用.

本书由张学奇、陈员龙、魏玉华主编,参加编写的还有岳卫芬、王响、宁光荣,全书由张学奇教授统稿定稿。由于编者水平有限,书中难免有不妥之处,恳请同行和读者批评指正!

张学奇
2024 年 1 月

目 录

第1章 函 数 1
    一、知识要点 1
    二、要点剖析 1
    三、例题精解 4
    四、错解分析 10
    五、习题解答 11

第2章 极限与连续 22
    一、知识要点 22
    二、要点剖析 23
    三、例题精解 29
    四、错解分析 39
    五、习题解答 42

第3章 导数与微分 60
    一、知识要点 60
    二、要点剖析 61
    三、例题精解 65
    四、错解分析 76
    五、习题解答 79

第4章 一元函数微分学的应用 95
    一、知识要点 95
    二、要点剖析 96
    三、例题精解 102
    四、错解分析 122
    五、习题解答 123

第5章 不定积分 145
    一、知识要点 145
    二、要点剖析 145

三、例题精解 ·· 150
　　四、错解分析 ·· 156
　　五、习题解答 ·· 158

第6章　定积分 ·· 171
　　一、知识要点 ·· 171
　　二、要点剖析 ·· 171
　　三、例题精解 ·· 178
　　四、错解分析 ·· 189
　　五、习题解答 ·· 192

微积分模拟试卷 ·· 216

第1章 函　数

世界上万物都是运动变化的，对变化问题的研究反映在数学上就是函数关系，微积分研究的对象就是函数．

一、知识要点

本章各节的主要内容和学习要点如表 1-1 所示．

表 1-1　函数的主要内容与学习要点

章节	主要内容	学习要点
1.1　函数的概念	变量与函数	★函数的概念、定义域和值域
	具有特性的几类函数	★函数的奇偶性、单调性、周期性和有界性
1.2　反函数与复合函数	反函数	★反函数的概念
	复合函数	★复合函数的概念、复合函数的分解
1.3　初等函数	基本初等函数	★基本初等函数的性质及其图形
	初等函数	☆初等函数的概念
1.4　函数模型	函数模型	☆指数函数模型、逻辑模型、经济函数模型

说明：标注★的为重点理解和掌握的内容；标注☆的为一般了解和会用的内容．

二、要点剖析

1. 函数的概念

（1）函数的两个基本要素．

函数的对应法则和定义域称为函数的两个要素．一个函数只要定义域和对应法则给定，函数也就确定了．当两个函数的定义域及对应法则都相同时，两个函数相等．

（2）函数的表达形式．

函数定义强调了自变量 x 在定义域 D 上每取一值时，函数 y 都有唯一确定的值与它对应，而对于对应关系的形式，定义中并无限制，因此一个函数可以用解析式来表达，也可以用图像和表格来表达．

在用解析式表达函数时，可用一个式子表达，也可用几个式子（即分段函数）表达；可以用参数式（实质是以参变量为中间变量的复合函数）表达，也可以用隐式（即隐函数）表达．

(3) 初等函数是由基本初等函数构成的，因此对基本初等函数及其性质要非常熟悉. 对基本初等函数及其性质的深入了解应结合函数图形进行，将函数的性质与图形的特点相对照，利用图形来记忆函数的性质.

2. 反函数

(1) 函数 $y=f(x)$ 与其反函数 $y=f^{-1}(x)$ 的图形关于直线 $y=x$ 对称；$y=f^{-1}(x)$ 的定义域即为 $y=f(x)$ 的值域.

(2) 求反函数的方法.

通过原函数 $y=f(x)$ 的表达式解出 x 关于 y 的函数 $x=f^{-1}(y)$，然后将变量 x 与 y 互换，即得反函数 $y=f^{-1}(x)$.

3. 复合函数

设函数 $y=f(u)$ 的定义域为 U，函数 $u=\varphi(x)$ 在 D 上有定义，值域为 W，若 $W\cap U\neq\varnothing$，则可以在 $G=\{x|x\in D,\varphi(x)\in U\}\subseteq D$ 上确定复合函数 $y=f[\varphi(x)]$，该函数称为 $u=\varphi(x)$ 与 $y=f(u)$ 的复合函数.

(1) 构成复合函数 $y=f[\varphi(x)]$ 的条件是：$W\cap U\neq\varnothing$.

① 当 $W\subset U$ 时，复合函数 $y=f[\varphi(x)]$ 的定义域为 D；

② 当 $W\cap U\neq\varnothing$，$W\not\subset U$ 时，复合函数 $y=f[\varphi(x)]$ 的定义域为 $G=\{x|x\in D,\varphi(x)\in U\}\subseteq D$.

(2) 确定复合函数的方法.

① 代入法：所谓代入法就是将一个函数中的自变量用另一个函数的表达式来替代，该方法适用于初等函数的复合.

② 分析法：所谓分析法就是抓住最外层函数定义域的各区间段，结合中间变量的表达式及中间变量的定义域进行分析，从而得出复合函数，该方法适用于初等函数与分段函数或分段函数之间的复合.

③ 图示法：所谓图示法是借助图形的直观性达到将函数复合的目的，该方法适用于分段函数，尤其是两个分段函数的复合.

(3) 将复合函数分解成基本初等函数的方法是从复合函数外层到里层逐层引入中间变量.

4. 函数定义域的几种求法

(1) 求函数定义域的一般原则.

根据基本初等函数的定义域的限定条件，列出自变量满足的不等式（组）并求解，确定使函数有意义的一切实数. 基本初等函数的定义域见表 1-2.

表 1-2 基本初等函数的定义域

$y=\dfrac{1}{x}$，$D(f):x\neq 0$	$y=\arcsin x$，$y=\arccos x$，$D(f):|x|\leqslant 1$
$y=\sqrt[2n]{x}$，$D(f):x\geqslant 0$	$y=\tan x$，$D(f):x\neq k\pi+\dfrac{\pi}{2},k\in\mathbf{Z}$
$y=\log_a x$，$D(f):x>0$	$y=\cot x$，$D(f):x\neq k\pi,k\in\mathbf{Z}$

(2) 分段函数的定义域是各段定义域的并集.

(3) 求复合函数 $y=f[\varphi(x)]$ 的定义域,令 $u=\varphi(x)$,通过将 $y=f(u)$ 的定义域作为 $u=\varphi(x)$ 的值域,解出 x 的变化范围.

(4) 已知 $y=f[\varphi(x)]$ 的定义域,求 $y=f(u)$ 的定义域的方法:从 x 的变化范围解出 $u=\varphi(x)$ 的值域即可.

5. 函数单调性的概念

(1) 函数单调性的定义.

设函数 $y=f(x)$ $(x\in D)$,区间 $I\subset D$,对于区间 I 内任意两点 x_1,x_2,当 $x_1<x_2$ 时,若 $f(x_1)<f(x_2)$,则称 $f(x)$ 为 I 上的单调递增函数,区间 I 称为单调增区间;若 $f(x_1)>f(x_2)$,则称 $f(x)$ 为 I 上的单调递减函数,区间 I 称为单调减区间.

(2) 函数的单调性是相对区间而言的,单调增区间或单调减区间统称为单调区间.

(3) 单调函数的图形特征.

对于单调递增函数,它的图形曲线是随着自变量 x 的增大,其对应的函数值增大;对于单调递减函数,它的图形曲线是随着自变量 x 的增大,其对应的函数值减小.

6. 函数奇偶性的判别

(1) 定义法.

设 $y=f(x)$ 在 $(-l,l)$ 内有定义,若 $f(-x)=f(x)$,则 $f(x)$ 为偶函数;若 $f(-x)=-f(x)$,则 $f(x)$ 为奇函数.

(2) 利用运算性质.

奇函数的代数和仍为奇函数;偶函数的代数和仍为偶函数. 偶数个奇(或偶)函数之积为偶函数;奇数个奇函数的积为奇函数. 一个奇函数与一个偶函数的乘积为奇函数.

7. 基本初等函数与初等函数

(1) 基本初等函数见表 1-3.

表 1-3 基本初等函数

函数名称	函数表达式
常数函数	$y=C$ (C 为常数)
幂函数	$y=x^\alpha$ (α 为实数)
指数函数	$y=a^x$ ($a>0$,$a\neq 1$,a 为常数)
对数函数	$y=\log_a x$ ($a>0$,$a\neq 1$,a 为常数)
三角函数	$y=\sin x$,$y=\cos x$,$y=\tan x$,$y=\cot x$,$y=\sec x$,$y=\csc x$
反三角函数	$y=\arcsin x$,$y=\arccos x$,$y=\arctan x$,$y=\text{arccot}\,x$

(2) 初等函数.

由基本初等函数经过有限次四则运算及有限次复合步骤所构成的且能用一个解析式表示的函数,称为初等函数,否则就是非初等函数.

三、例题精解

题型一 求函数的定义域

例1 求下列函数的定义域，并用区间表示.

(1) $y=\sqrt{4-x^2}+\dfrac{1}{x-1}$； (2) $y=\dfrac{x-3}{x^2-x-6}$；

(3) $y=\sqrt{\ln\dfrac{5x-x^2}{4}}$； (4) $y=\begin{cases}1-x^2, & |x|\leqslant 1\\ x+1, & 1<|x|<2\end{cases}$.

解：(1) 要使函数有意义，必须满足不等式 $\begin{cases}4-x^2\geqslant 0\\ x-1\neq 0\end{cases}$，解不等式组，得

$$\begin{cases}-2\leqslant x\leqslant 2\\ x\neq 1\end{cases},$$

所以函数的定义域为 $[-2, 1)\cup(1, 2]$.

(2) 要使函数有意义，应有 $x^2-x-6\neq 0$，得 $x\neq 3$ 且 $x\neq -2$，故函数的定义域为 $(-\infty, -2)\cup(-2, 3)\cup(3, +\infty)$.

(3) 要使函数有意义，应满足不等式组

$$\begin{cases}\ln\dfrac{5x-x^2}{4}\geqslant 0\\ \dfrac{5x-x^2}{4}>0\end{cases},$$

即

$$\begin{cases}\dfrac{5x-x^2}{4}\geqslant 1\\ \dfrac{5x-x^2}{4}>0\end{cases}.$$

由 $\dfrac{5x-x^2}{4}\geqslant 1$，即 $x^2-5x+4\leqslant 0$，解二次不等式组得函数的定义域为 $[1, 4]$.

(4) 因为该函数为分段函数，所以其定义域为各个区间的并.

$|x|\leqslant 1$ 用区间表示为 $[-1, 1]$；由 $1<|x|<2$，解得 $(-2, -1)\cup(1, 2)$. 故函数的定义域为 $(-2, -1)\cup[-1, 1]\cup(1, 2)=(-2, 2)$.

题型二 求函数表达式

例2 设函数 $f(x)=\dfrac{x}{1+x^2}$，求 $f(1)$，$f(x-1)$，$f\left(\dfrac{1}{x}\right)$，$\dfrac{1}{f(x)}$.

解： 令 $f(t)=\dfrac{t}{1+t^2}$，则

$$f(1)=\dfrac{1}{1+1^2}=\dfrac{1}{2},$$

$$f(x-1)=\dfrac{t}{1+t^2}\bigg|_{t=x-1}=\dfrac{x-1}{1+(x-1)^2}=\dfrac{x-1}{x^2-2x+2},$$

$$f\left(\dfrac{1}{x}\right)=\dfrac{t}{1+t^2}\bigg|_{t=\frac{1}{x}}=\dfrac{\dfrac{1}{x}}{1+\left(\dfrac{1}{x}\right)^2}=\dfrac{x}{x^2+1},$$

$$\dfrac{1}{f(x)}=\dfrac{1}{\dfrac{x}{1+x^2}}=\dfrac{1+x^2}{x}=\dfrac{1}{x}+x.$$

例 3 设分段函数 $f(x)=\begin{cases}\sin x, & x\leqslant 0\\ x^2+\ln x, & x>0\end{cases}$，求 $f(1-x)$，$f(x-1)$.

解： 因为

$$f(1-x)=\begin{cases}\sin(1-x), & 1-x\leqslant 0\\ (1-x)^2+\ln(1-x), & 1-x>0\end{cases},$$

所以

$$f(1-x)=\begin{cases}\sin(1-x), & x\geqslant 1\\ (1-x)^2+\ln(1-x), & x<1\end{cases}.$$

类似地

$$f(x-1)=\begin{cases}\sin(x-1), & x\leqslant 1\\ (x-1)^2+\ln(x-1), & x>1\end{cases}.$$

例 4 设函数 $f\left(x+\dfrac{1}{x}\right)=x^2+\dfrac{1}{x^2}$，求 $f(x)$，$f(x-2)$.

解：方法 1 令 $t=x+\dfrac{1}{x}$，由此可得 $x^2=tx-1$，代入 $f\left(x+\dfrac{1}{x}\right)=x^2+\dfrac{1}{x^2}$，化简得

$$f(t)=(tx-1)+\dfrac{1}{tx-1}=t^2-2,$$

所以 $f(x)=x^2-2$.

方法 2 因为

$$f\left(x+\dfrac{1}{x}\right)=x^2+\dfrac{1}{x^2}=x^2+2+\dfrac{1}{x^2}-2=\left(x+\dfrac{1}{x}\right)^2-2,$$

令 $t=x+\dfrac{1}{x}$，则 $f(t)=t^2-2$，所以 $f(x)=x^2-2$.

用类似的方法可求

$$f(x-2) = (t^2-2)|_{t=x-2} = x^2 - 4x + 2.$$

例5 设 $f(x)$ 满足方程：$af(x) + bf\left(-\dfrac{1}{x}\right) = \sin x$ ($|a| \neq |b|$)，求 $f(x)$.

解：令 $t = -\dfrac{1}{x}$，则 $x = -\dfrac{1}{t}$，于是原方程变为

$$bf(t) + af\left(-\dfrac{1}{t}\right) = -\sin\dfrac{1}{t},$$

即

$$bf(x) + af\left(-\dfrac{1}{x}\right) = -\sin\dfrac{1}{x}.$$

解联立方程组

$$\begin{cases} af(x) + bf\left(-\dfrac{1}{x}\right) = \sin x \\ bf(x) + af\left(-\dfrac{1}{x}\right) = -\sin\dfrac{1}{x} \end{cases}$$

得

$$f(x) = \dfrac{1}{a^2 - b^2}\left(a\sin x + b\sin\dfrac{1}{x}\right).$$

【**注记**】函数的表示法只与定义域和对应关系有关，而与用什么字母表示无关，即 $f(x) = f(t) = f(u)$，简称函数表示法的"无关性"。求函数表达式通常采用两种方法：一种方法是将给出的表达式凑成对应符号 $f(\ )$ 内的中间变量的表达形式，然后利用自变量的"无关性"，得出 $f(x)$ 的表达式；另一种方法是先作变量替换，再用"无关特性"，然后通过解联立方程（组）得出函数表达式，这是由 $f[g(x)]$ 的表达式求 $f(x)$ 的表达式的有效方法.

题型三 求反函数

例6 求下列函数的反函数.

(1) $y = \dfrac{e^x}{1 + e^x}$； (2) $f(x) = \begin{cases} x/2, & -2 < x < 1 \\ x^2, & 1 \leqslant x \leqslant 2 \\ 2^x, & 2 < x \leqslant 4 \end{cases}$.

解：(1) 由 $y = \dfrac{e^x}{1 + e^x}$ 得 $x = \ln\dfrac{y}{1-y}$，反函数为 $f^{-1}(x) = \ln\dfrac{x}{1-x}$，定义域为 $(0, 1)$.

(2) 由 $y=\dfrac{x}{2}$，$-2<x<1$，得 $x=2y$，$-1<y<\dfrac{1}{2}$；由 $y=x^2$，$1\leqslant x\leqslant 2$，得 $x=\sqrt{y}$，$1\leqslant y\leqslant 4$；由 $y=2^x$，$2<x\leqslant 4$，得 $x=\log_2 y$，$4<y\leqslant 16$.

将以上所得各式中字母 x 与 y 互换，得所求的反函数为

$$f^{-1}(x)=\begin{cases} 2x, & -1<x<1/2 \\ \sqrt{x}, & 1\leqslant x\leqslant 4 \\ \log_2 x, & 4<x\leqslant 16 \end{cases}.$$

【注记】 求分段函数的反函数时，只要分别求出各区间段对应的函数表达式的反函数的表达式及其自变量的取值范围即可.

题型四　求复合函数

例7 把下列复合函数分解为基本初等函数或有理函数.

(1) $y=\cos(x^2+3x+1)$；　　　(2) $y=\tan^2(\sqrt{x^2+1})$；

(3) $y=\sqrt{\ln\left(5+\dfrac{2}{x}\right)}$；　　　(4) $y=[\sin(\arccos x+5)]^2$.

解：(1) 函数 $y=\cos(x^2+3x+1)$ 可分解为 $y=\cos u$，$u=x^2+3x+1$.

(2) 函数 $y=\tan^2(\sqrt{x^2+1})$ 可分解为 $y=u^2$，$u=\tan v$，$v=\sqrt{t}$，$t=x^2+1$.

(3) 函数 $y=\sqrt{\ln\left(5+\dfrac{2}{x}\right)}$ 可分解为 $y=u^{\frac{1}{2}}$，$u=\ln v$，$v=5+\dfrac{2}{x}$.

(4) 函数 $y=[\sin(\arccos x+5)]^2$ 可分解为 $y=u^2$，$u=\sin v$，$v=t+5$，$t=\arccos x$.

【注记】 将复合函数分解成基本初等函数的方法是从复合函数外层到里层逐层引入中间变量.

例8 设 $f(x)=\begin{cases} 1, & |x|\leqslant 1 \\ 0, & |x|>1 \end{cases}$，$g(x)=\begin{cases} 2-x^2, & |x|\leqslant 1 \\ 2, & |x|>1 \end{cases}$，求 $f[g(x)]$，$g[f(x)]$.

解：(1) 当 $|x|<1$ 时

$$f[g(x)]=f(2-x^2)=0.$$

当 $|x|>1$ 时

$$f[g(x)]=f(2)=0.$$

当 $|x|=1$ 时

$$f[g(x)]=f(2-1^2)=f(1)=1.$$

故

$$f[g(x)] = \begin{cases} 0, & |x| \neq 1 \\ 1, & |x| = 1 \end{cases}.$$

(2) 当 $|x| \leqslant 1$ 时

$$g[f(x)] = g(1) = 2 - 1^2 = 1.$$

当 $|x| > 1$ 时

$$g[f(x)] = g(0) = 2 - 0^2 = 2.$$

故

$$g[f(x)] = \begin{cases} 1, & |x| \leqslant 1 \\ 2, & |x| > 1 \end{cases}.$$

($f[g(x)] \neq g[f(x)]$, 可见复合运算不可交换.)

题型五　函数的奇偶性问题

例 9　判断下列函数的奇偶性.

(1) $f(x) = \dfrac{x \sin x}{2 + \cos x}$;　　　　(2) $f(x) = \ln(x + \sqrt{x^2 + 1})$.

解：(1) 因为

$$f(-x) = \frac{(-x)\sin(-x)}{2 + \cos(-x)} = \frac{x \sin x}{2 + \cos x} = f(x),$$

所以，函数 $f(x) = \dfrac{x \sin x}{2 + \cos x}$ 是偶函数.

(2) 因为

$$f(-x) = \ln(-x + \sqrt{(-x)^2 + 1}) = \ln(-x + \sqrt{x^2 + 1})$$

$$= \ln\left[(\sqrt{x^2 + 1} - x) \frac{x + \sqrt{x^2 + 1}}{x + \sqrt{x^2 + 1}}\right]$$

$$= \ln \frac{1}{x + \sqrt{x^2 + 1}} = -f(x),$$

所以 $f(x) = \ln(x + \sqrt{x^2 + 1})$ 是奇函数.

例 10　设函数 $f(x)$ 是奇函数，且 $F(x) = f(x) \cdot \left(\dfrac{1}{a^x + 1} - \dfrac{1}{2}\right)$，其中正常数 $a \neq 1$，证明 $F(x)$ 为偶函数.

证：因为 $f(x)$ 是奇函数，所以 $f(-x) = -f(x)$，而

$$\frac{1}{a^x + 1} - \frac{1}{2} = \frac{1 - a^x}{2(a^x + 1)},$$

所以
$$F(x)=f(x) \cdot \frac{1-a^x}{2(a^x+1)}.$$

于是
$$F(-x)=f(-x) \cdot \frac{1-a^{-x}}{2(a^{-x}+1)}=-f(x) \cdot \frac{\frac{a^x-1}{a^x}}{\frac{2(1+a^x)}{a^x}}$$
$$=-f(x) \cdot \frac{a^x-1}{2(a^x+1)}=f(x) \cdot \frac{1-a^x}{2(1+a^x)}=F(x),$$

所以函数 $F(x)$ 是偶函数.

题型六 函数的有界性问题

❀**例 11** 证明函数 $f(x)=\dfrac{x^2+1}{x^4+1}$ 在定义域 $(-\infty,+\infty)$ 内有界.

证：因为
$$|f(x)|=\left|\frac{x^2+1}{x^4+1}\right| \leqslant \frac{(x^2+1)^2}{x^4+1}=\frac{x^4+1+2x^2}{x^4+1}=1+\frac{2x^2}{x^4+1}\leqslant 1+1=2,$$

故 $f(x)$ 在 $(-\infty,+\infty)$ 内有界.

> **【注记】** 函数的有界性必须在一个给定的区间内讨论. 按函数有界性的定义, 可采取绝对值法, 即对于在零点左侧和右侧有定义的函数, 对其取绝对值, 然后将绝对值进行不等式放缩处理, 所得绝对值的界 M 即为函数的界（注意, M 不唯一）, 或借助导数利用求最大（小）值法处理.

题型七 函数的单调性问题

❀**例 12** 设 $f(x)$ 在 $(0,+\infty)$ 上有定义, $x_1>0$, $x_2>0$, 求证：若 $\dfrac{f(x)}{x}$ 单调递增, 则 $f(x_1+x_2)\geqslant f(x_1)+f(x_2)$.

证：$x_1>0$, $x_2>0$, 设 $x_1<x_2$, 于是
$$\frac{f(x_2)}{x_2}\geqslant\frac{f(x_1)}{x_1}\Rightarrow x_1 f(x_2)\geqslant x_2 f(x_1),$$
$$\frac{f(x_1+x_2)}{x_1+x_2}\geqslant\frac{f(x_2)}{x_2}\Rightarrow x_2 f(x_1+x_2)\geqslant x_1 f(x_2)+x_2 f(x_2)$$
$$\Rightarrow x_2 f(x_1+x_2)\geqslant x_2 f(x_1)+x_2 f(x_2)$$
$$\Rightarrow f(x_1+x_2)\geqslant f(x_1)+f(x_2).$$

题型八　函数模型的应用

例 13　若全世界上互联网的使用满足指数模型 $P(t)=P_0\mathrm{e}^{kt}$，k 为指数增长率，如果互联网的通信量每 100 天翻一番，其指数增长率是多少？

解：已知互联网的通信量满足关系式 $P(t)=P_0\mathrm{e}^{kt}$，由互联网的通信量每 100 天翻一番，即 $2P(0)=P(100)$，可得

$$2P_0=P_0\mathrm{e}^{100k}\Rightarrow 100k=\ln 2,$$

所以

$$k=\frac{1}{100}\ln 2\approx 0.69\%,$$

故指数增长率为 0.69%.

例 14　某工厂生产某种产品，年产量为 q，每台售价 250 元. 当年产量为 600 台以内时，可以全部售出；当年产量超过 600 台时，经广告宣传又可再多售出 200 台，每台平均广告费 20 元；生产再多，本年就售不出去了. 试建立本年的销售总收入 R 与年产量 q 的函数关系.

解：(1) 当 $0\leqslant q\leqslant 600$ 时，$R(q)=250q$.

(2) 当 $600<q\leqslant 800$ 时，

$$R(q)=250\times 600+(250-20)\cdot(q-600)=230q+12\,000.$$

(3) 当 $q>800$ 时，

$$R(q)=250\times 600+230\times 200=196\,000.$$

所以销售总收入 R 与年产量 q 的函数关系式为

$$R(q)=\begin{cases}250, & 0\leqslant q\leqslant 600\\ 230q+1.2\times 10^4, & 600<q\leqslant 800.\\ 1.96\times 10^5, & q>800\end{cases}$$

四、错解分析

例 15　设分段函数 $f(x)=\begin{cases}\sin x, & x\leqslant 0\\ x^2+\ln x, & x>0\end{cases}$，求 $f(1-x)$.

错误解法　$f(1-x)=\begin{cases}\sin(1-x), & x\leqslant 0\\ (1-x)^2+\ln(1-x), & x>0\end{cases}.$

错解分析　忽视了改变自变量形式的同时，要相应地考虑定义域的变化这个关键点.

正确解法 由题意得

$$f(1-x)=\begin{cases}\sin(1-x), & 1-x\leqslant 0\\(1-x)^2+\ln(1-x), & 1-x>0\end{cases},$$

即

$$f(1-x)=\begin{cases}\sin(1-x), & x\geqslant 1\\(1-x)^2+\ln(1-x), & x<1\end{cases}.$$

五、习题解答

习题 1.1

1. （奇数号题解答）

(1) $|x|\leqslant 2\Leftrightarrow -2\leqslant x\leqslant 2$，不等式的区间表示为 $[-2, 2]$.

(3) $|x-a|<\varepsilon\Leftrightarrow -\varepsilon<x-a<\varepsilon\Leftrightarrow a-\varepsilon<x<a+\varepsilon$，不等式的区间表示为 $(a-\varepsilon, a+\varepsilon)$.

(5) $|x+1|>1\Leftrightarrow x+1<-1$ 或 $x+1>1$，即 $x<-2$ 或 $x>0$，不等式的区间表示为 $(-\infty, -2)\cup(0, +\infty)$.

2. (1) $(-5, -1)$，如图 1-1 所示.

(2) $(-1, 1)\cup(3, 5)$，如图 1-2 所示.

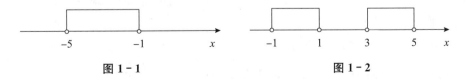

图 1-1   图 1-2

3. （奇数号题解答）

(1) 要使函数有定义，只需 $4-x^2\geqslant 0$，解得 $-2\leqslant x\leqslant 2$，所以函数的定义域为 $[-2, 2]$.

(3) 要使函数有定义，只需 $-1\leqslant \dfrac{1-x}{3}\leqslant 1$，解得 $-2\leqslant x\leqslant 4$，所以函数的定义域为 $[-2, 4]$.

(5) 要使函数有定义，只需 $\begin{cases}x+2\geqslant 0\\1-x^2\neq 0\end{cases}$，解得 $\begin{cases}x\geqslant -2\\x\neq\pm 1\end{cases}$，所以函数的定义域为 $[-2, -1)\cup(-1, 1)\cup(1, +\infty)$.

4. (1) 因为 $f(x)=\lg x^2$ 的定义域为 $(-\infty, 0)\cup(0, +\infty)$，而 $g(x)=2\lg x$ 的定义域为 $(0, +\infty)$，两个函数的定义域不同，所以它们不是同一个函数.

(2) 因为 $g(x)=\sqrt{x^2}=|x|=\begin{cases}x, & x\geqslant 0\\ -x, & x<0\end{cases}$,而 $f(x)=x$,两个函数的对应法则不同,所以它们不是同一个函数.

(3) 因为 $f(x)=1$, $g(x)=\sin^2 x+\cos^2 x=1$, $x\in\mathbf{R}$,即 $f(x)$, $g(x)$ 的定义域都是 $\mathbf{R}$,而且它们的对应法则相同,所以是同一个函数.

5. (1) 函数的定义域为 $D=\{x\mid -\infty<x<+\infty\}$.

(2) $f(-2)=-(-2)-1=1$,
$f(-1)=1-(-1)^2=0$,
$f(0)=1-0=1$,
$f(1)=1-1=0$,
$f(3)=-3-1=-4$.

(3) 函数图形如图 1-3 所示.

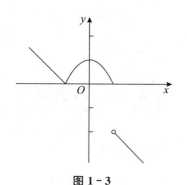

图 1-3

6. (奇数号题解答)

(1) $y=f(x)=2x+1$,设 x_1, $x_2\in\mathbf{R}$, $x_1<x_2$,则

$$f(x_2)-f(x_1)=(2x_2+1)-(2x_1+1)=2(x_2-x_1)>0,$$

所以 $f(x_2)>f(x_1)$,即 $y=2x+1$ 为 $(-\infty,+\infty)$ 内的单调递增函数.

(3) $y=f(x)=2x+\ln x$,设 x_1, $x_2\in\mathbf{R}$, $0<x_1<x_2$,则

$$f(x_2)-f(x_1)=(2x_2+\ln x_2)-(2x_1+\ln x_1)=2(x_2-x_1)+\ln\frac{x_2}{x_1}>0,$$

所以 $f(x_2)>f(x_1)$,即 $y=2x+\ln x$ 为 $(0,+\infty)$ 内的单调递增函数.

7. (奇数号题解答)

(1) $y=f(x)=x^4-2x^2$,因为

$$f(-x)=(-x)^4-2(-x)^2=x^4-2x^2=f(x),$$

所以 $y=x^4-2x^2$ 是偶函数.

(3) $y=f(x)=\sin x-\cos x$,因为

$$f(-x)=\sin(-x)-\cos(-x)=-\sin x-\cos x,$$
$$f(-x)\neq -f(x) \text{且} f(-x)\neq f(x),$$

所以 $y=\sin x-\cos x$ 既非奇函数又非偶函数.

8. (1) 函数 $y=1+\sin\frac{1}{x}$ 的定义域为 $(-\infty,0)\cup(0,+\infty)$,因为 $\left|1+\sin\frac{1}{x}\right|\leqslant 1+\left|\sin\frac{1}{x}\right|\leqslant 1+1=2$,故函数 $y=1+\sin\frac{1}{x}$ 是有界函数.

(2) 函数 $y=2\arctan 2x$ 的定义域为 **R**，因为 $|2\arctan 2x|\leqslant 2\cdot\dfrac{\pi}{2}=\pi$，故函数 $y=2\arctan 2x$ 是有界函数.

(3) 函数 $y=2+\dfrac{1}{x^2}$ 的定义域为 $(-\infty,0)\cup(0,+\infty)$，找不到一个 M，使得 $|y|\leqslant M$ 成立，所以函数 $y=2+\dfrac{1}{x^2}$ 是无界函数.

9. 由题意知，离家距离 S 与时间 t 的函数关系为（见图 1-4）

$$S(t)=\begin{cases}\dfrac{1}{15}t, & 0\leqslant t\leqslant 10\\ -\dfrac{1}{15}t+\dfrac{4}{3}, & 10<t\leqslant 20\\ \dfrac{1}{5}t-4, & 20<t\leqslant 30\end{cases}.$$

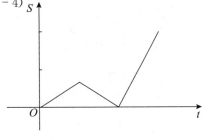

图 1-4

10. 设重量为 x（千克），行李费为 y（元），则由题意知：

$$y=\begin{cases}0.3x, & 0\leqslant x\leqslant 50\\ 0.3x+(x-50)\times 0.15, & x>50\end{cases},$$

即

$$y=\begin{cases}0.3x, & 0\leqslant x\leqslant 50\\ 0.45x-7.5, & x>50\end{cases}.$$

习题 1.2

1.（奇数号题解答）

(1) 由 $y=\dfrac{1-x}{1+x}$，解得 $x=\dfrac{1-y}{1+y}$，即反函数为 $y=\dfrac{1-x}{1+x}$.

(3) 由 $y=2\sin 3x$，解得 $x=\dfrac{1}{3}\arcsin\dfrac{y}{2}$，即反函数为 $y=\dfrac{1}{3}\arcsin\dfrac{x}{2}$ $(-2\leqslant x\leqslant 2)$.

2. $f(x)=\dfrac{x}{x+1}$ 的定义域 D_1 为 $(-\infty,-1)\cup(-1,+\infty)$，$g(x)=\dfrac{1}{1-x}$ 的定义域 D_2 为 $(-\infty,1)\cup(1,+\infty)$，所以

$$f[g(x)]=\dfrac{\dfrac{1}{1-x}}{1+\dfrac{1}{1-x}}=\dfrac{1}{2-x},\quad D=\{x\mid x\neq 1,x\neq 2,x\in\mathbf{R}\},$$

$$g[f(x)] = \frac{1}{1-\dfrac{x}{1+x}} = 1+x, \quad D=\{x \mid x \neq -1, x \in \mathbf{R}\}.$$

3. (1) 令 $u = e^x$，则 $f(u)$ 的定义域为 $[0, 1]$，即 $u = e^x \in [0, 1]$，所以 $y = f(e^x)$ 的定义域为 $(-\infty, 0]$.

(2) 令 $u = \ln x$，则 $f(u)$ 的定义域为 $[0, 1]$，即 $u = \ln x \in [0, 1]$，所以 $y = f(\ln x)$ 的定义域为 $[1, e]$.

(3) 令 $u = \arctan x$，则 $f(u)$ 的定义域为 $[0, 1]$，即 $u = \arctan x \in [0, 1]$，所以 $y = f(\arctan x)$ 的定义域为 $[0, \tan 1]$.

4. （奇数号题解答）

(1) $y = \sqrt[3]{u}$，$u = \arctan x$.

(3) $y = e^u$，$u = \tan v$，$v = 2x$.

5. (1) $f\left(x + \dfrac{1}{x}\right) = x^2 + \dfrac{1}{x^2} = x^2 + \dfrac{1}{x^2} + 2 - 2 = \left(x + \dfrac{1}{x}\right)^2 - 2$，令 $x + \dfrac{1}{x} = u$，则 $f(u) = u^2 - 2$，即 $f(x) = x^2 - 2$.

(2) $f\left(\sin \dfrac{x}{2}\right) = 1 + \cos x = 1 + \left(1 - 2\sin^2 \dfrac{x}{2}\right) = 2 - 2\sin^2 \dfrac{x}{2}$，令 $\sin \dfrac{x}{2} = u$，则 $f(u) = 2 - 2u^2 = 2(1 - u^2)$，即 $f(\cos x) = 2(1 - \cos^2 x) = 2\sin^2 x$.

习题 1.3

1. （奇数号题解答）

(1) 函数 $y = |\sin x|$ 的图形如图 1-5 所示.

(3) 函数 $y = \dfrac{1}{2} e^{-x} - 1$ 的图形如图 1-6 所示.

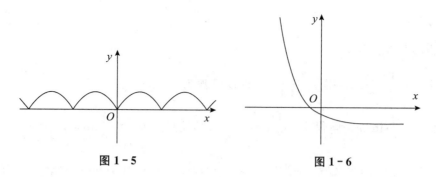

图 1-5　　　　　图 1-6

2. (1) 和 (2) 是初等函数，因为它们满足初等函数的定义；(3) 和 (4) 不是初等函数，因为它们不能用一个解析式表示，不满足初等函数的定义.

3. （奇数号题解答）

(1) $y = \ln(-x)$ 的图形如图 1-7 所示.

(3) $y = \ln|x|$ 的图形如图 1-8 所示.

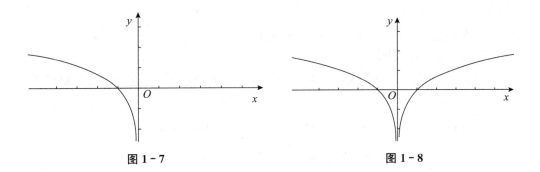

图 1-7 图 1-8

习题 1.4

1. 设汽车价值为 y(元),使用时间为 t(年),则 $y=45\,000\left(\dfrac{2}{3}\right)^t$.

2. 设收费为 y,信函重量为 x,则它们的函数关系式为

$$y=\begin{cases}4.40, & 0<x\leqslant 20\\ 8.20, & 20<x\leqslant 50\\ 10.40, & 50<x\leqslant 100\\ 20.80, & 100<x\leqslant 250\\ 39.80, & 250<x\leqslant 500\end{cases}.$$

3. 已知指数模型 $N(t)=N_0\mathrm{e}^{0.1t}$,当 $t=0$ 时,$N(0)=50$,故 $N_0=50$.

(1) 当 $t=20$ 时,$N(20)=50\times\mathrm{e}^{0.1\times 20}=50\mathrm{e}^2\approx 369$,所以 20 年后会有约 369 个特许经营店.

(2) 当 $N=2N_0$ 时,$2N_0=N_0\mathrm{e}^{0.1t}\Rightarrow\ln 2=0.1t\Rightarrow t\approx 6.9$,所以经过 6.9 年经营店扩充到初始时的两倍.

4. (1) 当 $t=20$ 时,$P(20)=\dfrac{1}{1+49\mathrm{e}^{-0.13\times 20}}\approx 21.55\%$.

(2) 当 $t=50$ 时,$P(50)=\dfrac{1}{1+49\mathrm{e}^{-0.13\times 50}}\approx 93.1\%$.

5. (1) 当 $t=2$ 时,$P(2)=1-\mathrm{e}^{-0.4\times 2}=1-\dfrac{1}{\mathrm{e}^{0.8}}\approx 55.1\%$.

(2) 当 $t=12$ 时,$P(12)=1-\mathrm{e}^{-0.4\times 12}=1-\dfrac{1}{\mathrm{e}^{4.8}}\approx 99.2\%$.

6. 已知 $Q(p)=\dfrac{100}{3}-\dfrac{2}{3}p$,$S(p)=-10+5p$. 均衡价格满足方程 $Q(p)=S(p)$,即 $\dfrac{100}{3}-\dfrac{2}{3}p=-10+5p$,解得 $p=\dfrac{130}{17}$,故该商品的均衡价格为 $\dfrac{130}{17}$.

7. 已知 $Q(p)=\dfrac{5\,600}{p}$,$S(p)=p-10$,令 $Q(p)=S(p)\Rightarrow\dfrac{5\,600}{p}=p-10$,解得 $p=$

5 ± 75（$p=-70$ 舍去）．所以：

(1) 均衡价格 $\bar{P}=80$，供给量 $Q(\bar{P})=S(\bar{P})=70$．

(2) 供给与需求曲线图略．

(3) 当 $p=10$ 时，供给曲线过 p 轴，其经济意义是价格低于 10 时无人愿意供货．

8. 设该厂元器件的数量为 q 件，则

(1) 总成本 $C(q)=C_0+C_1(q)=150+10q$；平均成本 $\bar{C}(q)=\dfrac{150+10q}{q}$．

(2) 当 $p=15$ 元时，收益函数为 $R(q)=15q$．

(3) 利润函数 $L(q)=R(q)-C(q)=5q-150$，令 $R(q)=C(q)$，即 $150+10q=15q$，解得 $q=30$，即当该厂生产元器件 30 件时盈亏平衡．

9. 设生产的游戏机共 q 台，则成本为 $C(q)=7\,500+60q$，收益为 $R(q)=110q$，利润为 $L(q)=110q-7\,500-60q=50q-7\,500$．

(1) 令 $R(q)=C(q)$，解得 $q=150$，即该厂卖掉 150 台游戏机即可保本．

(2) 当 $q=100$ 时

$R(100)=110\times100=11\,000$，

$C(100)=7\,500+60\times100=13\,500$，

$L(100)=11\,000-135\,000=-2\,500<0$，

即卖掉 100 台的话，厂家亏 2 500 元．

(3) $L(x)=50x-7\,500=1\,250 \Rightarrow x=175$，即要获得利润 1 250 元，需要卖掉 175 台．

总习题一

A. 基础测试题

1. 填空题

(1) 要使函数有定义，只需 $\begin{cases}1-\ln x>0 \\ x>0\end{cases}$，解得 $x<\mathrm{e}$，$x>0$，即定义域为 $(0,\mathrm{e})$．

(2) $f[f(x)]=\begin{cases}1+f(x), & f(x)<0 \\ 1, & f(x)\geqslant 0\end{cases}$，即 $f[f(x)]=\begin{cases}1+(1+x), & 1+x<0 \\ 1, & 1+x\geqslant 0\end{cases}$．所以

$f[f(x)]=\begin{cases}2+x, & x<-1 \\ 1, & x\geqslant -1\end{cases}$．

(3) $x=\begin{cases}y, & y<1 \\ \sqrt{y}, & 1\leqslant y\leqslant 16 \\ \log_2 y, & y>16\end{cases} \Rightarrow f^{-1}(x)=\begin{cases}x, & x<1 \\ \sqrt{x}, & 1\leqslant x\leqslant 16 \\ \log_2 x, & x>16\end{cases}$．

(4) $f(x)=(1+x^2)\mathrm{sgn}\,x=\begin{cases}-(1+x^2), & x<0 \\ 0, & x=0 \\ 1+x^2, & x>0\end{cases}$，所以

$$f^{-1}(x)=\begin{cases}-\sqrt{-x-1}, & x<-1 \\ 0, & x=0 \\ \sqrt{x-1}, & x>1\end{cases}.$$

(5) $f(x)=\sin x$，则 $x=\arcsin[f(x)]$，即
$$g(x)=\arcsin f[(g(x)]=\arcsin(1-x^2).$$

又因为 $-1\leqslant 1-x^2\leqslant 1$，解得 $-\sqrt{2}\leqslant x\leqslant\sqrt{2}$．所以 $g(x)=\arcsin(1-x^2)$ 的定义域为 $[-\sqrt{2},\sqrt{2}]$．

(6) 将原式变形为
$$f\left(x+\frac{1}{x}\right)=\frac{x^3+x}{x^4+1}=\frac{x^2\left(x+\frac{1}{x}\right)}{x^2\left(x^2+\frac{1}{x^2}+2-2\right)}=\frac{x+\frac{1}{x}}{\left(x+\frac{1}{x}\right)^2-2}.$$

所以 $f(u)=\dfrac{u}{u^2-2}$，即 $f(x)=\dfrac{x}{x^2-2}$．

2. 单项选择题

(1) 因为 $f(x)$ 的定义域为 $1\leqslant x\leqslant 2$，由 $1\leqslant 1-\lg x\leqslant 2$，解得 $\dfrac{1}{10}\leqslant x\leqslant 1$，所以 $f(1-\lg x)$ 的定义域为 $\left[\dfrac{1}{10},1\right]$，选择选项（C）．

(2) 根据复合函数的定义知，$D(f)\cap R(g)\neq\varnothing$，故选择选项（A）．

(3) 根据周期函数的特性，函数 $y=\sin 2x$ 的周期为 $T=\dfrac{2\pi}{w}=\dfrac{2\pi}{2}=\pi$，所以 $y=|\sin 2x|$ 的最小正周期为 $\dfrac{\pi}{2}$，故选择选项（D）．

(4) 由函数 $y=\dfrac{1}{x^2}$ 的特性知，它是递减无界的，故选择选项（D）．

(5) 当 $f[f(x)]=x\Rightarrow f(x)=f^{-1}(x)$ 时，曲线 $y=f(x)$ 与 $y=f^{-1}(x)$ 关于直线 $y=x$ 对称，故选择选项（D）．

(6) 根据有界函数的定义，当 $f(x)\to 0$ 时，（A）（B）（C）都趋近于无穷大，只有（D）满足有界函数的定义，故选择选项（D）．

3.（1）要使函数有定义，只需 $\begin{cases}5-4x\geqslant 0 \\ x^2-x\neq 0\end{cases}$，解得 $x\leqslant\dfrac{5}{4}$，$x\neq 0$，$x\neq 1$，所以函数的定义域为 $(-\infty,0)\cup(0,1)\cup\left(1,\dfrac{5}{4}\right]$．

(2) 要使函数有定义，只需 $\begin{cases}\left|\dfrac{1}{x+1}\right|\leqslant 1 \\ x^2-1>0\end{cases}$，解得 $\begin{cases}x\leqslant -2 \text{ 或 } x\geqslant 0 \\ x<-1 \text{ 或 } x>1\end{cases}$，即 $x\leqslant -2$ 或 $x>1$，

所以函数的定义域为 $(-\infty, -2] \cup (1, +\infty)$.

4. (1) 由 $y = \dfrac{e^x}{1+e^x}$，解得 $x = \ln \dfrac{y}{1-y}$，反函数为 $y = \ln \dfrac{x}{1-x}$，定义域为 $(0, 1)$.

(2) 由 $y = \begin{cases} \tan x, & -\dfrac{\pi}{2} < x < 0 \\ x^2, & 0 \leqslant x < 2 \\ e^x, & 2 < x < +\infty \end{cases}$，解得 $x = \begin{cases} \arctan y, & -\infty < y < 0 \\ \sqrt{y}, & 0 \leqslant y < 4 \\ \ln y, & e^2 < y < +\infty \end{cases}$，反函数为

$y^{-1} = \begin{cases} \arctan x, & -\infty < x < 0 \\ \sqrt{x}, & 0 \leqslant x < 4 \\ \ln x, & e^2 < x < +\infty \end{cases}$.

5. (1) $y = \cos(\ln\sqrt{x-1})$ 是由 $y = \cos u$，$u = \ln v$，$v = \sqrt{t}$，$t = x-1$ 复合而成的.

(2) $y = \sin^2 \dfrac{1}{\sqrt{x^2+1}}$ 是由 $y = u^2$，$u = \sin v$，$v = t^{-\frac{1}{2}}$，$t = x^2+1$ 复合而成的.

(3) $y = e^{\arctan\sin\sqrt{x^2+1}}$ 是由 $y = e^u$，$u = \arctan v$，$v = \sin t$，$t = \sqrt{w}$，$w = x^2+1$ 复合而成的.

6. (1) 由 $g[f(x)] = g(3x+4) = 4x+3$，令 $3x+4 = u \Rightarrow x = \dfrac{u-4}{3}$，则 $g(u) = 4 \cdot \dfrac{u-4}{3} + 3 = \dfrac{4}{3}u - \dfrac{7}{3}$，所以 $g(x) = \dfrac{4}{3}x - \dfrac{7}{3}$.

(2) 由 $f[g(x)] = 3g(x) + 4 = 4x + 3$，解得 $g(x) = \dfrac{4}{3}x - \dfrac{1}{3}$.

(3) 由 $f\left[\dfrac{1}{g(x)}\right] = 3\dfrac{1}{g(x)} + 4 = 4x + 3$，解得 $g(x) = \dfrac{3}{4x-1}$.

7. $f[g(x)]$ 的表达式为 $f[g(x)] = \begin{cases} -e^{\ln x}, & \ln x < 0 \\ -(\ln x)^2, & \ln x \geqslant 0 \end{cases}$，即

$$f[g(x)] = \begin{cases} -x, & 0 < x < 1 \\ -(\ln x)^2, & x \geqslant 1 \end{cases},$$

$f[g(x)]$ 的定义域为 $(0, +\infty)$.

8. 设 $1-x = t \Rightarrow x = 1-t$，则 $af(1-t) + bf(t) = \dfrac{c}{1-t}$.

联立方程组 $\begin{cases} af(1-x) + bf(x) = \dfrac{c}{1-x} \\ af(x) + bf(1-x) = \dfrac{c}{x} \end{cases}$，可得

$$f(x) = \dfrac{1}{a^2-b^2}\left(\dfrac{ac}{x} - \dfrac{bc}{1-x}\right) \quad (|a| \neq |b|).$$

9. 因为 $a>0$, $b>0$, 故 $a<a+b$, $b<a+b$. 由 $f(x)$ 在 $(0,+\infty)$ 内单调递增, 得
$$f(a)<f(a+b), \quad f(b)<f(a+b),$$
所以
$$af(a)+bf(b) \leqslant af(a+b)+bf(a+b) \leqslant (a+b)f(a+b).$$

10. 若存一年期, 则两年后的收益为 $A(1+4.2\%)^2=1.085\,764A$; 若存半年期, 则两年后的收益为 $A(1+2.0\%)^4=1.082\,432A$. 所以, 存一年期收益较多, 相比半年期多 $0.003\,33A$.

11. 设每月健身次数为 x, 在每月健身次数相同的情况下, 第一家每月收费 $c_1=300+x$, 第二家每月收费 $c_2=200+2x$.

由 $300+x=200+2x$, 解得 $x=100$.

当 $0<x<100$ 时, $c_1>c_2$, 选择第二家俱乐部.

当 $x>100$ 时, $c_1<c_2$, 选择第一家俱乐部.

当 $x=100$ 时, $c_1=c_2$, 选择任一家俱乐部.

12. 设 x 为销量, 收益函数为 $R=1.20x+(x-15\,000)\times 1.20\times 10\%$, 由 $C=R$, 解得 $x=18\,000$, 所以至少销售 18 000 本杂志才能保本.

由题意得
$$L=R-C=1.20x+(x-15\,000)\times 1.20\times 10\%-1.22x=0.1x-1\,800,$$
令 $L=1\,000$, 解得 $x=28\,000$, 所以销量达到 28 000 本时才能获利达 1 000 元.

B. 考研提高题

1. 因为
$$f(x)=\begin{cases} x^2, & x<0 \\ -x, & x\geqslant 0 \end{cases}, \quad g(x)=\begin{cases} 2-x, & x\geqslant 0 \\ x+2, & x>0 \end{cases},$$

所以
$$f[g(x)]=\begin{cases} g(x)^2, & g(x)<0 \\ -g(x), & g(x)\geqslant 0 \end{cases},$$

分别讨论 $g(x)<0$ 及 $g(x)\geqslant 0$ 的情形.

(1) $g(x)<0 \Rightarrow \begin{cases} x\leqslant 0, & 2-x<0 \Rightarrow \begin{cases} x\leqslant 0 \\ x>2 \end{cases} \text{(空集)} \\ x>0, & x+2<0 \Rightarrow \begin{cases} x>0 \\ x<-2 \end{cases} \text{(空集)} \end{cases}$ (舍去);

(2) $g(x) \geqslant 0 \Rightarrow \begin{cases} x \leqslant 0, & 2-x \geqslant 0 \Rightarrow \begin{cases} x \leqslant 0 \\ x \leqslant 2 \end{cases} \Rightarrow x \leqslant 0 \\ x > 0, & x+2 \geqslant 0 \Rightarrow \begin{cases} x > 0 \\ x \geqslant -2 \end{cases} \Rightarrow x > 0 \end{cases}$,即

$$f[g(x)] = \begin{cases} -(2-x), & x \leqslant 0 \\ -(x+2), & x > 0 \end{cases} \Rightarrow f[g(x)] = \begin{cases} x-2, & x \leqslant 0 \\ -x-2, & x > 0 \end{cases}.$$

同理可得

$$g[f(x)] = \begin{cases} x^2+2, & x < 0 \\ x+2, & x \geqslant 0 \end{cases}.$$

2. 令 $x = \dfrac{6}{t}$ 得

$$\frac{1}{2}f\left(\frac{t}{3}\right) + 3f\left(\frac{2}{t}\right) = \frac{3}{t} - \frac{17t}{6},$$

即

$$\frac{1}{2}f\left(\frac{x}{3}\right) + 3f\left(\frac{2}{x}\right) = \frac{3}{x} - \frac{17x}{6}.$$

联立得方程组

$$\begin{cases} \dfrac{1}{2}f\left(\dfrac{2}{x}\right) + 3f\left(\dfrac{x}{3}\right) = \dfrac{x}{2} - \dfrac{17}{x} \\ \dfrac{1}{2}f\left(\dfrac{x}{3}\right) + 3f\left(\dfrac{2}{x}\right) = \dfrac{3}{x} - \dfrac{17x}{6} \end{cases},$$

解得 $f\left(\dfrac{x}{3}\right) = \dfrac{x}{3} - \dfrac{6}{x}$. 令 $u = \dfrac{x}{3}$, 则 $f(u) = u - \dfrac{2}{u}$, 即 $f(x) = x - \dfrac{2}{x}$.

3. 因为函数 $f(x)$ 和 $g(x)$ 互为反函数, 所以

$$f^{-1}(x) = g(x), \quad g^{-1}(x) = f(x), \quad 且 f(x) \neq 0.$$

设 $y = g\left[\dfrac{1}{f(x-1)}\right]$, 则 $\dfrac{1}{f(x-1)} = g^{-1}(y) = f(y)$, 所以 $f(x-1) = \dfrac{1}{f(y)}$. 又因为 $g^{-1}(x) = f(x)$, 所以

$$g^{-1}(x-1) = \frac{1}{f(y)},$$

$$x - 1 = g\left[\frac{1}{f(y)}\right] \Rightarrow x = 1 + g\left[\frac{1}{f(y)}\right], \quad 即 y = 1 + g\left[\frac{1}{f(x)}\right].$$

4. (1) 因为 $f(-x) = -f(x)$, $f(1) = a$, $f(x+2) - f(x) = f(2)$, 所以: 取 $x = -1$, 得

$$f(1)-f(-1)=f(2)\Rightarrow f(2)=2f(1)=2a;$$

取 $x=1$，得

$$f(3)-f(1)=f(2)\Rightarrow f(3)=f(2)+f(1)=3a;$$

取 $x=3$，得

$$f(5)-f(3)=f(2)\Rightarrow f(5)=f(2)+f(3)=5a.$$

(2) 若 $f(x)$ 以 2 为周期，则应有 $f(x+2)=f(x)$.

由 $f(x+2)-f(x)=f(2)\Rightarrow f(2)=0$，即 $2a=0$，所以 $a=0$，即当 $a=0$ 时，$f(x)$ 以 2 为周期.

5. 对于 $x_1>0$，$x_2>0$，因为 $\dfrac{f(x)}{x}$ 在 $(0,+\infty)$ 内单调递减，由单调性定义知：

由 $0<x_1<x_1+x_2$，有 $\dfrac{f(x_1)}{x_1}\geqslant\dfrac{f(x_1+x_2)}{x_1+x_2}$，即

$$(x_1+x_2)f(x_1)\geqslant x_1 f(x_1+x_2);$$

由 $0<x_2<x_1+x_2$，有 $\dfrac{f(x_2)}{x_2}\geqslant\dfrac{f(x_1+x_2)}{x_1+x_2}$，即

$$(x_1+x_2)f(x_2)\geqslant x_2 f(x_1+x_2).$$

于是

$$(x_1+x_2)[f(x_1)+f(x_2)]\geqslant(x_1+x_2)f(x_1+x_2),$$

所以

$$f(x_1)+f(x_2)\geqslant f(x_1+x_2).$$

6. 对 $\forall x\in\mathbf{R}$，由 $\varphi(x)\leqslant f(x)$，有 $\varphi[\varphi(x)]\leqslant f[\varphi(x)]$. 因为 $f(x)$ 单调递增，由 $\varphi(x)\leqslant f(x)$，有 $f[\varphi(x)]\leqslant f[f(x)]$，于是

$$\varphi[\varphi(x)]\leqslant f[\varphi(x)]\leqslant f[f(x)].$$

对 $\forall x\in\mathbf{R}$，由 $f(x)\leqslant\psi(x)$，有 $f[f(x)]\leqslant\psi[f(x)]$. 因为 $\psi(x)$ 单调递增，由 $f(x)\leqslant\psi(x)$，有 $\psi[f(x)]\leqslant\psi[\psi(x)]$，于是

$$f[f(x)]\leqslant\psi[f(x)]\leqslant\psi[\psi(x)].$$

所以 $\varphi[\varphi(x)]\leqslant f[f(x)]\leqslant\psi[\psi(x)]$.

7. 因为 $f(x)$ 在 $(-\infty,+\infty)$ 上有定义，所以

$$[1-f^2(x)]^2\geqslant 0\Rightarrow 1-2f^2(x)+f^4(x)\geqslant 0\Rightarrow 1+f^4(x)\geqslant 2f^2(x),$$

从而有 $\dfrac{f^2(x)}{1+f^4(x)}\leqslant\dfrac{1}{2}$，即 $F(x)=\dfrac{f^2(x)}{1+f^4(x)}$ 在 $(-\infty,+\infty)$ 上为有界函数.

第 2 章 极限与连续

极限方法是研究函数的基本方法，贯穿于微积分的始终，微积分的许多重要概念都是建立在极限的理论基础之上．理解极限的概念、掌握极限的性质和运算是学好微积分的基础．

一、知识要点

本章各节的主要内容和学习要点如表 2-1 所示．

表 2-1 极限与连续的主要内容与学习要点

章节	主要内容	学习要点
2.1 数列的极限	数列的极限	★数列极限的概念与几何意义
	数列极限存在准则	☆单调有界定理
2.2 函数的极限	$x \to \infty$ 时函数的极限	★$x \to \infty$ 时函数的极限概念与几何意义
	$x \to x_0$ 时函数的极限	★$x \to x_0$ 时函数的极限概念与几何意义
	极限的性质	★极限的性质
2.3 无穷小与无穷大	无穷小量	★无穷小量的概念与性质
	无穷大量	☆无穷大量的概念
2.4 极限的运算法则	极限的四则运算法则	★极限的四则运算法则及应用
	复合函数的极限运算法则	★复合函数的极限运算法则及应用
2.5 极限存在准则与两个重要极限	极限存在准则	★极限夹迫准则，☆单调有界准则
	两个重要极限	★两个重要极限及应用
2.6 无穷小的比较	无穷小的比较	☆无穷小的比较
	等价无穷小的性质	★无穷小等价代换定理
2.7 函数的连续性	函数连续与间断的概念	★函数连续的概念，☆函数间断的概念与分类
	连续函数的运算与初等函数的连续性	☆连续函数的运算与初等函数的连续性
	闭区间上连续函数的性质	☆介值定理与最值定理

二、要点剖析

1. 极限的概念

极限是研究微积分的重要工具,对极限的概念与思想必须深刻理解,它是建立微积分中基本概念的基础.

(1) 对函数极限的描述性定义的理解.

函数极限的描述性定义:如果当 x 从 x_0 的左右两侧无限接近 x_0 时,函数 $f(x)$ 无限接近于常数 A,则称当 x 趋于 x_0 时,$f(x)$ 以 A 为极限,记作 $\lim\limits_{x \to x_0} f(x) = A$.

对极限概念必须从变化的、运动的角度来理解,在极限的描述性定义中应明确两个无限接近——"x 无限接近于 x_0""$f(x)$ 无限接近于常数 A",这两个"无限接近"刻画了变量无限接近于某个常数. 这里有两点值得注意:

① "无限接近"是指在变化过程中,变量与某个常量要多接近就有多接近,或者说变量与某个常量的误差可以达到任意小,因此"无限接近"与"越来越接近"的含义是不同的.

② 变量无限接近于某个常量并没有要求达到这个常量,如"x 无限接近于 x_0 时,$f(x)$ 无限接近于 A",这个描述并不要求 x 最终达到 x_0,也不要求 $f(x)$ 达到 A.

(2) 对函数极限的分析定义的理解.

函数极限的分析定义:若对任意给定的正数 ε,存在 $\delta > 0$,使得当 $0 < |x - x_0| < \delta$ 时,总有 $|f(x) - A| < \varepsilon$ 成立,则 $\lim\limits_{x \to x_0} f(x) = A$.

对于函数极限的分析定义的理解关键要明确两点:

① 正数 ε 具有任意性和给定性:ε 用于衡量 $f(x)$ 与 A 的接近程度,正数 ε 必须是任意的. 即指 ε 可以给得任意小,其小的程度没有限制,这样才能描述 $f(x)$ 与 A 任意接近;同时 ε 又具有给定性,这样才能根据它确定正数 δ.

② 正数 δ 具有相应性:定义中的正数 δ 是依赖于 ε 的给定而确定的 $\delta(\varepsilon)$,但它又不是唯一的,它指出了一个位置(时刻),只要 $|x - x_0|$ 小到该位置(时刻)以后,就有 $|f(x) - A| < \varepsilon$.

利用极限定义的几何意义可以加深对极限概念的理解.

极限定义的几何意义:对任意给定的正数 ε,在直线 $y = A$ 的上、下方各作一直线 $y = A + \varepsilon$,$y = A - \varepsilon$,则存在 $\delta > 0$,使得在区间 $(x_0 - \delta, x_0)$ 与 $(x_0, x_0 + \delta)$ 内函数 $f(x)$ 的图形全部落在这两条直线之间(见图 2-1). 由于正数 ε 可以任意小,因此,以直线 $y = A$ 为中心线、宽度为 2ε 的带形区域将可无限变窄,从而曲线 $y = f(x)$ 在 $(x_0 - \delta, x_0)$ 与 $(x_0, x_0 + \delta)$ 内将越来越接近直线 $y = A$.

在极限定义中,自变量 x 的变化过程有:$x \to \infty$、$x \to +\infty$、$x \to -\infty$、$x \to x_0$、$x \to x_0^+$、$x \to x_0^-$. 而对自变量的每个变化过程,因变量 $f(x)$ 可有不同的变化趋势:$f(x) \to A$、$f(x) \to \pm\infty$,但只要真正掌握了极限的基本思想,就可以理解和掌握不同的极限定义.

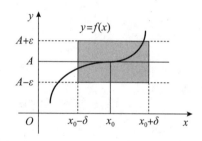 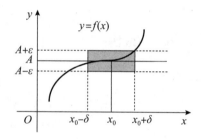

图 2-1　随着 ε 的减小 $f(x)$ 越来越接近 A

2. 极限思想方法

极限思想方法是指用极限思想和概念分析问题并解决问题的一种数学方法. 极限思想方法贯穿微积分的始终, 微积分中的重要概念都是通过极限定义的. 极限思想方法揭示了微积分中常量与变量、有限与无限等矛盾间的对立统一, 是唯物辩证法的对立统一规律在微积分中的具体运用.

3. 用极限的分析定义证明极限

极限的定义并未给出求极限的方法, 但却可以利用它验证极限存在, 而且它是研究极限理论的基础.

用极限的分析定义证明 $\lim\limits_{x \to x_0} f(x) = A$ 的关键是对给定的正数 ε, 由不等式 $|f(x) - A| < \varepsilon$ 去寻求满足条件的充分小的正数 δ, 其步骤如下:

(1) 对于任意给定的正数 ε, 由不等式 $|f(x) - A| < \varepsilon$, 经过一系列适当放大可得 $|f(x) - A| < \cdots < k|x - x_0| < \varepsilon$ (k 为常数).

(2) 解不等式 $k|x - x_0| < \varepsilon$, 得 $|x - x_0| < \dfrac{\varepsilon}{k}$.

(3) 取 $\delta = \dfrac{\varepsilon}{k}$, 则当 $0 < |x - x_0| < \delta$ 时, 有 $|f(x) - A| < \varepsilon$ 成立, 即 $\lim\limits_{x \to x_0} f(x) = A$.

4. 无穷小与无穷大

无穷小与无穷大的概念和性质对比如表 2-2 所示.

表 2-2　无穷小与无穷大的概念和性质

	无穷小	无穷大
定义	若当 $x \to X$ 时, $f(x)$ 的极限为零, 则称 $f(x)$ 是极限过程 $x \to X$ 下的无穷小量, 简称无穷小.	若当 $x \to X$ 时, $|f(x)|$ 无限增大, 则称 $f(x)$ 是极限过程 $x \to X$ 下的无穷大量, 简称无穷大.
性质	(1) 有限个无穷小的代数和是无穷小. (2) 有限个无穷小的乘积仍是无穷小. (3) 无穷小与有界函数的乘积是无穷小.	(1) 两个正（负）无穷大的和仍为正（负）无穷大. (2) 两个无穷大的乘积为无穷大. (3) 无穷大与非零极限函数的乘积是无穷大.

续表

	无穷小	无穷大
关系	若 $f(x)$ 为极限过程 $x \to X$ 下的无穷小,且 $f(x) \neq 0$,则 $\dfrac{1}{f(x)}$ 为无穷大; 若 $\dfrac{1}{f(x)}$ 为极限过程 $x \to X$ 下的无穷大,则 $f(x)$ 为 $x \to X$ 下的无穷小.	

注:$x \to X$ 代表任一种极限过程.

无穷小与无穷大的要点:

(1) 无穷小是某一自变量变化过程中以零为极限的变量,即 $\lim f(x) = 0$;"0"是可以作为无穷小的唯一常数,任何绝对值很小的数都不能作为无穷小.

(2) 极限与无穷小有密切关系,即极限 $\lim\limits_{x \to X} f(x) = A$ 的充要条件是 $f(x) = A + \alpha(x)$,其中 $\alpha(x)$ 是 $x \to X$ 时的无穷小.

(3) 无穷小与有界函数的乘积是无穷小,这是一条经常用的性质,是一种确定特殊类型极限的方法.

(4) 无穷大是某一自变量变化过程中以 ∞ 为极限的变量,即 $\lim f(x) = \infty$;任何绝对值很大的数都不能作为无穷大.

(5) 无穷大与无界函数是两个不同的概念. 它们具有如下关系:若函数 $f(x)$ 是某一自变量变化过程的无穷大,则 $f(x)$ 必为无界函数;但反之,若 $f(x)$ 为无界函数,则 $f(x)$ 未必为无穷大.

5. 极限的运算法则

极限的四则运算和复合函数极限运算法则是极限运算的基础,运用极限的四则运算法则求极限时,要注意验证法则的使用条件.

复合函数极限运算法则:设函数 $y = f(u)$ 与 $u = \varphi(x)$,若 $\lim\limits_{u \to u_0} f(u) = A$,$\lim\limits_{x \to x_0} \varphi(x) = u_0$,且在点 x_0 的某一去心邻域内 $\varphi(x) \neq u_0$,则 $\lim\limits_{x \to x_0} f[\varphi(x)] = \lim\limits_{u \to u_0} f(u) = A$.

使用要点:

(1) 法则表明:在法则的条件下,经过变换 $\varphi(x) = u$ 可将极限 $\lim\limits_{x \to x_0} f[\varphi(x)]$ 化为 $\lim\limits_{u \to u_0} f(u)$,即 $\lim\limits_{x \to x_0} f[\varphi(x)] = \lim\limits_{u \to u_0} f(u)$,这就是变量代换法.

(2) 如果 $\lim\limits_{u \to u_0} f(u) = f(u_0)$,则对于复合函数的极限 $\lim\limits_{x \to x_0} f[\varphi(x)]$ 可将函数符号与极限符号交换次序,即 $\lim\limits_{x \to x_0} f[\varphi(x)] = f[\lim\limits_{x \to x_0} \varphi(x)]$.

(3) 在复合函数极限运算法则中,若把 $\lim\limits_{u \to u_0} f(u) = A$ 换成 $\lim\limits_{u \to \infty} f(u) = A$,$\lim\limits_{x \to x_0} \varphi(x) = u_0$ 换成 $\lim\limits_{x \to x_0} \varphi(x) = \infty$,可得类似结论.

6. 极限存在准则与两个重要极限

(1) 单调有界数列必有极限是判别数列极限存在的基本准则,证明数列单调的常用方法是考察 $u_{n+1} - u_n \geq 0$(或 $u_{n+1} - u_n \leq 0$).

(2) 夹迫准则是判别数列和函数极限存在的常用方法,它需要对数列或函数进行估计,往往适用于一些特殊形式.

(3) 单侧极限准则 $\lim\limits_{x\to x_0}f(x)=A \Leftrightarrow \lim\limits_{x\to x_0^-}f(x)=\lim\limits_{x\to x_0^+}f(x)=A$,主要用于判别分段函数在分段点处的极限.

(4) 两个重要极限是微积分的两块基石,微积分中关于三角函数、指数函数和对数函数的导数公式就是由这两个极限得到的,利用两个重要极限来求极限是极限计算方法的重点. 两个重要极限的形式与使用说明见表 2-3.

表 2-3 两个重要极限

基本形式	一般形式	使用说明
$\lim\limits_{x\to 0}\dfrac{\sin x}{x}=1$	$\lim\limits_{x\to X}\dfrac{\sin\varphi(x)}{\varphi(x)}=1$,其中 $\lim\limits_{x\to X}\varphi(x)=0$	(1) 主要求含有三角函数的 $\dfrac{0}{0}$ 型极限. (2) 分子、分母中的 $\varphi(x)$ 形式必须完全相同,且 $x\to X$ 时 $\varphi(x)$ 为无穷小量.
$\lim\limits_{x\to\infty}\left(1+\dfrac{1}{x}\right)^x=e$	$\lim\limits_{x\to X}\left(1+\dfrac{1}{\varphi(x)}\right)^{\varphi(x)}=e$,其中 $\lim\limits_{x\to X}\varphi(x)=\infty$	(1) 主要求 1^∞ 型幂指函数极限. (2) 底和指数中的 $\varphi(x)$ 形式必须完全相同,且 $x\to X$ 时 $\varphi(x)$ 为无穷大量.

7. 无穷小的比较与等价代换

对于无穷小的比较要重点掌握高阶无穷小和等价无穷小,熟记常用的等价无穷小代换(见表 2-4),利用无穷小的等价代换来求极限是一种非常有效且简便的方法. 需要注意在乘除运算时可使用等价无穷小代换,在加减运算时不要使用,否则可能会得到错误的结果.

表 2-4 无穷小的比较与等价代换

无穷小的比较	设当 $x\to X$ 时, $\alpha(x)$ 与 $\beta(x)$ 都是无穷小,且 $\alpha(x)\neq 0$. (1) 若 $\lim\limits_{x\to X}\dfrac{\beta(x)}{\alpha(x)}=0$,则称 $\beta(x)$ 是比 $\alpha(x)$ 高阶的无穷小,记 $\beta(x)=o[\alpha(x)]$. (2) 若 $\lim\limits_{x\to X}\dfrac{\beta(x)}{\alpha(x)}=C$ $(C\neq 0)$,则称 $\alpha(x)$ 与 $\beta(x)$ 是同阶无穷小. (3) 若 $\lim\limits_{x\to X}\dfrac{\beta(x)}{\alpha(x)}=1$,则称 $\alpha(x)$ 与 $\beta(x)$ 是等价无穷小,记为 $\alpha(x)\sim\beta(x)$.
无穷小的等价代换定理	设 $x\to X$ 时有等价无穷小 $\alpha(x)\sim\alpha_1(x)$, $\beta(x)\sim\beta_1(x)$. (1) 若 $\lim\limits_{x\to X}\alpha_1(x)\beta_1(x)=A$,则 $\lim\limits_{x\to X}\alpha(x)\beta(x)=\lim\limits_{x\to X}\alpha_1(x)\beta_1(x)=A$. (2) 若 $\lim\limits_{x\to X}\dfrac{\beta_1(x)}{\alpha_1(x)}=A$,则 $\lim\limits_{x\to X}\dfrac{\beta(x)}{\alpha(x)}=\lim\limits_{x\to X}\dfrac{\beta_1(x)}{\alpha_1(x)}=A$.
等价代换公式	当 $x\to 0$ 时,有等价代换公式: (1) $\sin x\sim x$, $\tan x\sim x$, $\arcsin x\sim x$, $\arctan x\sim x$, $1-\cos x\sim x^2/2$. (2) $\ln(1+x)\sim x$, $e^x-1\sim x$, $a^x-1\sim x\ln a$ $(a>0, a\neq 1)$; (3) $(1+x)^\alpha-1\sim \alpha x$, $\sqrt{1+x}-1\sim x/2$, $(1+x)^{\frac{1}{n}}-1\sim x/n$. 若在上述式中将变量 x 改为 $\varphi(x)$ $(\varphi(x)\to 0)$,有类似结论.

8. 常用的求极限方法

（1）利用极限的定义证明极限．

用极限的定义证明极限的关键是对给定的正数 ε，由不等式 $|f(x)-A|<\varepsilon$ 寻求满足条件的充分小的正数 δ（或充分大的 X）．

（2）利用极限的存在准则确定极限．

利用极限的夹迫准则求极限时需要将函数（数列）进行不等式放大和缩小，使得放大与缩小的变量具有相同的极限．

对有绝对值、分段函数和极限可能不存在的函数表达式，可以利用单侧极限存在准则讨论极限．

（3）利用四则运算法则和复合函数极限运算法则求极限．

（4）利用两个重要极限求极限．

利用两个重要极限求极限时，要注意公式的结构特征和变形，以及所解决问题的特征．将所求极限经过恒等变形化为公式的一般结构形式后，方可使用公式．

（5）利用无穷小的性质与等价无穷小代换求极限．

无穷小与有界函数的乘积是无穷小，该性质是一种确定无穷小与极限不存在但为有界量的乘积型极限的方法．

无穷小的等价代换是一种简化极限运算的重要方法，常用的等价无穷小代换见表 2-4．

求极限时，需要根据问题的特征，灵活选用计算方法，同时注意各种方法的结合使用．常见的未定式主要有：由函数商的运算形成的 $\dfrac{0}{0}$ 型、$\dfrac{\infty}{\infty}$ 型未定式；由函数和、差、乘积运算形成的 $\infty-\infty$ 型、$0\cdot\infty$ 型未定式；由幂指函数形成的 1^∞ 型、0^0 型、∞^0 型未定式．

9. 函数连续的概念

（1）函数连续的定义有三种基本形式：

① 若 $\lim\limits_{x\to x_0}f(x)=f(x_0)$，则 $f(x)$ 在点 x_0 处连续．

② 若 $\lim\limits_{\Delta x\to 0}\Delta y=0$，则 $f(x)$ 在点 x_0 处连续．

③ 若 $\forall \varepsilon$，$\exists \delta>0$，当 $0<|x-x_0|<\delta$ 时，有 $|f(x)-f(x_0)|<\varepsilon$ 成立，则 $f(x)$ 在点 x_0 处连续．

（2）函数 $f(x)$ 在点 x_0 处连续的三个要素：

① $f(x)$ 在点 x_0 处有定义；

② $\lim\limits_{x\to x_0}f(x)$ 存在；

③ 极限值等于函数值，即 $\lim\limits_{x\to x_0}f(x)=f(x_0)$．

（3）对于分段函数在分段点处的连续性，要讨论函数的单侧连续性，即

$$\lim\limits_{x\to x_0}f(x)=f(x_0)\Leftrightarrow \lim\limits_{x\to x_0^-}f(x)=\lim\limits_{x\to x_0^+}f(x)=f(x_0).$$

（4）函数连续的概念与单侧连续见表 2-5．

表 2-5 连续概念与单侧连续

连续概念	设函数 $y=f(x)$ 在点 x_0 的某邻域内有定义，函数 $f(x)$ 在点 x_0 处连续有下述三种等价形式： (1) 若 $\lim\limits_{x \to x_0} f(x) = f(x_0)$，则称函数 $f(x)$ 在点 x_0 处连续，x_0 称为连续点. (2) 当 x 由 x_0 变到 $x_0 + \Delta x$ 时，相应函数有改变量 $\Delta y = f(x_0 + \Delta x) - f(x_0)$，若 $\lim\limits_{\Delta x \to 0} \Delta y = 0$，则称函数 $f(x)$ 在点 x_0 处连续. (3) 若对任意给定的正数 ε，存在 $\delta > 0$，使得当 $0 < \|x - x_0\| < \delta$ 时，总有 $\|f(x) - f(x_0)\| < \varepsilon$ 成立，则称函数 $f(x)$ 在点 x_0 处连续.
单侧连续	右连续：设 $y = f(x)$ 在点 x_0 的右侧某邻域内有定义，若 $\lim\limits_{x \to x_0^+} f(x) = f(x_0)$，则称函数 $f(x)$ 在点 x_0 处右连续.　　左连续：设 $y = f(x)$ 在点 x_0 的左侧某邻域内有定义，若 $\lim\limits_{x \to x_0^-} f(x) = f(x_0)$，则称函数 $f(x)$ 在点 x_0 处左连续.
	函数 $f(x)$ 在点 x_0 处连续的充要条件是 $f(x)$ 在点 x_0 处既左连续又右连续，即 $\lim\limits_{x \to x_0} f(x) = f(x_0) \Leftrightarrow \lim\limits_{x \to x_0^-} f(x) = \lim\limits_{x \to x_0^+} f(x) = f(x_0)$.

10. 函数的间断点

(1) 函数间断的条件.

若函数具备以下三个条件之一，则函数在点 x_0 处间断.

① $f(x)$ 在点 x_0 处无定义；

② $\lim\limits_{x \to x_0} f(x)$ 不存在；

③ $\lim\limits_{x \to x_0} f(x) \neq f(x_0)$.

(2) 函数的间断点主要分为两大类，判断函数间断点的类型主要讨论该点的左右极限. 函数间断点的分类见表 2-6.

表 2-6 函数间断点的分类

大类	小类	小类分类特征
第一类间断点 （左极限与右极限都存在）	可去间断点	左、右极限存在且相等，但 $\lim\limits_{x \to x_0^-} f(x) = \lim\limits_{x \to x_0^+} f(x) \neq f(x_0)$，或 $f(x)$ 在点 x_0 处无定义.
	跳跃间断点	左、右极限存在但不相等，即 $\lim\limits_{x \to x_0^+} f(x) \neq \lim\limits_{x \to x_0^-} f(x)$.
第二类间断点 （左极限与右极限中至少有一个不存在）	无穷间断点	$\lim\limits_{x \to x_0^-} f(x)$ 与 $\lim\limits_{x \to x_0^+} f(x)$ 中至少有一个为无穷大.
	振荡间断点	$\lim\limits_{x \to x_0^-} f(x)$ 与 $\lim\limits_{x \to x_0^+} f(x)$ 中出现振荡型不存在.
	其他间断点	如狄利克雷函数的间断点.

11. 连续函数的运算与性质

(1) 连续函数的四则运算.

设函数 $f(x)$ 与 $g(x)$ 在同一区间 I 上有定义，且两者均在 I 中的点 x_0 处连续，则

函数 $f(x)\pm g(x)$、$f(x)g(x)$、$f(x)/g(x)$ $(g(x_0)\neq 0)$ 在点 x_0 处都连续.

(2) 连续函数的复合运算.

设函数 $y=f(u)$ 在区间 U 上有定义，函数 $u=\varphi(x)$ 在区间 I 上有定义，且相应的函数值 $u\in U$，如果函数 $y=f(u)$ 在 $u=u_0$ 处连续，函数 $u=\varphi(x)$ 在点 $x=x_0$ 处连续，且 $u_0=\varphi(x_0)$，则复合函数 $y=f[\varphi(x)]$ 在点 x_0 处连续，且有

$$\lim_{x\to x_0}f[\varphi(x)]=f[\varphi(x_0)]=f[\lim_{x\to x_0}\varphi(x)].$$

利用关系式 $\lim\limits_{x\to x_0}f[\varphi(x)]=f[\lim\limits_{x\to x_0}\varphi(x)]$ 可以交换极限与函数符号的位置，以此来求复合函数的极限.

(3) 初等函数的连续性.

结论：一切初等函数在其有定义的区间内都是连续的. 由此结论可以方便地讨论初等函数的连续性和确定初等函数的极限.

① 求初等函数的连续区间就是求函数的定义区间.

② 若 x_0 为初等函数定义区间内的点，则初等函数在点 x_0 处的极限就等于该点的函数值，即 $\lim\limits_{x\to x_0}f(x)=f(x_0)$（$x_0$ 为定义区间内的点）. 从而求连续函数在点 x_0 处的极限，可归结为计算函数在点 x_0 处的函数值 $f(x_0)$.

(4) 闭区间上连续函数的性质（见表 2-7）.

表 2-7 闭区间上连续函数的性质

最值定理	若函数 $f(x)$ 在闭区间 $[a,b]$ 上连续，则函数 $f(x)$ 在闭区间 $[a,b]$ 上一定取得最大值和最小值.
有界性定理	若函数 $f(x)$ 在闭区间 $[a,b]$ 上连续，则函数 $f(x)$ 在闭区间 $[a,b]$ 上有界.
介值定理	若函数 $f(x)$ 在闭区间 $[a,b]$ 上连续，且 $f(a)\neq f(b)$，则对于介于 $f(a)$ 与 $f(b)$ 之间的任意一个数 μ，至少存在一点 $\xi\in(a,b)$，使得 $f(\xi)=\mu$.
零点定理	若函数 $f(x)$ 在闭区间 $[a,b]$ 上连续，且 $f(a)$ 与 $f(b)$ 异号，则至少存在一点 $\xi\in(a,b)$，使得 $f(\xi)=0$.

利用零点定理可以讨论方程根的存在性，即若函数 $f(x)$ 在闭区间 $[a,b]$ 上连续，且 $f(a)f(b)<0$，则存在 $x=\xi$ 为方程 $f(x)=0$ 的根，这里 $\xi\in(a,b)$.

三、例题精解

题型一 用数列极限的定义证明极限

例 1 根据数列极限的定义证明下列极限：

(1) $\lim\limits_{x\to\infty}\dfrac{3n+1}{4n-1}=\dfrac{3}{4}$；

(2) $\lim\limits_{n\to\infty}(\sqrt{n+1}-\sqrt{n})=0$.

证：(1) 对于 $\forall \varepsilon > 0$，要使

$$\left|\frac{3n+1}{4n-1} - \frac{3}{4}\right| = \left|\frac{7}{4(4n-1)}\right| < \frac{7}{4n-1} < \varepsilon,$$

只需 $n > \frac{1}{4}\left(\frac{7}{\varepsilon} + 1\right)$，取 $N = \left[\frac{1}{4}\left(\frac{7}{\varepsilon} + 1\right)\right] + 1$，则当 $n > N$ 时，恒有 $\left|\frac{3n+1}{4n-1} - \frac{3}{4}\right| < \varepsilon$，即 $\lim\limits_{x \to \infty}\frac{3n+1}{4n-1} = \frac{3}{4}$。

(2) 对于 $\forall \varepsilon > 0$，要使

$$\sqrt{n+1} - \sqrt{n} = \frac{1}{\sqrt{n+1} + \sqrt{n}} < \frac{1}{2\sqrt{n}} < \varepsilon,$$

只需 $n > \frac{1}{(2\varepsilon)^2}$，取 $N = \left[\frac{1}{(2\varepsilon)^2}\right] + 1$，则当 $n > N$ 时，恒有 $\sqrt{n+1} - \sqrt{n} < \varepsilon$，即 $\lim\limits_{n \to \infty}(\sqrt{n+1} - \sqrt{n}) = 0$。

【注记】用数列极限的定义证明 $\lim\limits_{n \to \infty} u_n = a$ 的关键是对给定的正数 ε，由不等式 $|u_n - a| < \varepsilon$，去寻求满足条件的充分大的正整数 N。将不等式放大得 $|u_n - a| < \varphi(n) < \varepsilon$，解不等式得 $n > \psi(\varepsilon)$，取 $N = [\psi(\varepsilon)] + 1$ 即可。

例 2 设数列 x_n 有界，又 $\lim\limits_{n \to \infty} y_n = 0$，证明 $\lim\limits_{n \to \infty} x_n y_n = 0$。

证：因为数列 x_n 有界，所以存在 $M > 0$，使 $|x_n| \leqslant M$。由 $\lim\limits_{n \to \infty} y_n = 0$ 知，对于 $\forall \varepsilon > 0$，存在自然数 N，当 $|x| > N$ 时，恒有 $|y_n| < \frac{\varepsilon}{M}$，所以 $|x_n y_n| < M \cdot \frac{\varepsilon}{M} = \varepsilon$，故 $\lim\limits_{n \to \infty} x_n y_n = 0$。

题型二　用函数极限的定义证明极限

例 3 根据函数极限的定义证明下列极限。

(1) $\lim\limits_{x \to 0} x \sin \frac{1}{x} = 0$；　　(2) $\lim\limits_{x \to \infty} \frac{1+2x^2}{3x^2} = \frac{2}{3}$；　　(3) $\lim\limits_{x \to \infty} \frac{\arctan x}{x} = 0$。

证：(1) 对于 $\forall \varepsilon > 0$，要使 $\left|x \sin \frac{1}{x}\right| \leqslant |x| < \varepsilon$，只需 $|x| < \varepsilon$。取 $\delta = \varepsilon$，则当 $|x| < \delta$ 时，恒有 $\left|x \sin \frac{1}{x}\right| < \varepsilon$，即 $\lim\limits_{x \to 0} x \sin \frac{1}{x} = 0$。

(2) 对于 $\forall \varepsilon > 0$，要使 $\left|\frac{1+2x^2}{3x^2} - \frac{2}{3}\right| = \frac{1}{3x^2} < \varepsilon$，只需 $|x| > \frac{1}{\sqrt{3\varepsilon}}$，取 $X = \frac{1}{\sqrt{3\varepsilon}}$，则当 $|x| > X$ 时，恒有 $\left|\frac{1+2x^2}{3x^2} - \frac{2}{3}\right| < \varepsilon$，即 $\lim\limits_{x \to \infty} \frac{1+2x^2}{3x^2} = \frac{2}{3}$。

(3) 对于 $\forall \varepsilon > 0$，要使 $\left|\frac{\arctan x}{x}\right| < \left|\frac{\frac{\pi}{2}}{x}\right| < \varepsilon$，只需 $|x| > \frac{\pi}{2\varepsilon}$，取 $X = \frac{\pi}{2\varepsilon}$，则当 $|x| >$

X 时，恒有 $\left|\dfrac{\arctan x}{x}\right|<\varepsilon$，即 $\lim\limits_{x\to\infty}\dfrac{\arctan x}{x}=0$.

【注记】利用极限的定义证明 $\lim\limits_{x\to x_0}f(x)=A$ 的关键是对给定的正数 ε，由不等式 $|f(x)-A|<\varepsilon$ 去寻求满足条件的充分小的正数 δ，经过适当放大可得 $|f(x)-A|<k|x-x_0|<\varepsilon$（$k$ 为常数），解不等式 $k|x-x_0|<\varepsilon$，得 $|x-x_0|<\dfrac{\varepsilon}{k}$，取 $\delta=\dfrac{\varepsilon}{k}$ 即可.

例 4 若 $\lim\limits_{x\to x_0}f(x)=A$，证明 $\lim\limits_{x\to x_0}|f(x)|=|A|$；并举例说明当 $x\to x_0$ 时 $|f(x)|$ 有极限，但 $f(x)$ 未必有极限.

证：因为 $\lim\limits_{x\to x_0}f(x)=A$，所以对于任意给定的正数 ε，存在 $\delta>0$，使得当 $0<|x-x_0|<\delta$ 时，总有 $|f(x)-A|<\varepsilon$ 成立，而 $||f(x)|-A|\leqslant|f(x)-A|$，即有 $||f(x)|-A|<\varepsilon$，所以 $\lim\limits_{x\to x_0}|f(x)|=|A|$.

此命题的逆命题不成立，反例：$f(x)=\dfrac{|x-1|}{x-1}$，$\lim\limits_{x\to 1}|f(x)|=\lim\limits_{x\to 1}\left|\dfrac{|x-1|}{x-1}\right|=1$，而 $\lim\limits_{x\to 1}f(x)$ 不存在；再如 $\lim\limits_{n\to\infty}|(-1)^n|=1$，而 $\lim\limits_{n\to\infty}(-1)^n$ 不存在.

题型三 利用数列极限存在准则求极限

例 5 利用极限存在准则证明：数列 $\sqrt{2}$，$\sqrt{2+\sqrt{2}}$，$\sqrt{2+\sqrt{2+\sqrt{2}}}$，… 的极限存在.

证：设 $x_1=\sqrt{2}$，$x_2=\sqrt{2+x_1}$，…，$x_{n+1}=\sqrt{2+x_n}$，$n=1,2,\cdots$.

（1）用归纳法证明 $\{x_n\}$ 有上界.

当 $n=1$ 时，$x_1=\sqrt{2}<2$，假定 $n=k$ 时，$x_k<2$，则当 $n=k+1$ 时，$x_{k+1}=\sqrt{2+x_k}<2$，所以 $x_n<2$（$n=1,2,\cdots$）.

（2）证明 $\{x_n\}$ 单调递增.

因为

$$x_{n+1}-x_n=\sqrt{2+x_n}-x_n=\dfrac{2+x_n-x_n^2}{\sqrt{2+x_n}+x_n}=-\dfrac{(x_n-2)(x_n+1)}{\sqrt{2+x_n}+x_n},$$

由于 $x_n<2$，所以 $x_{n+1}-x_n>0$，故 $\{x_n\}$ 单调递增.

据单调有界数列必有极限知 $\lim\limits_{n\to\infty}x_n$ 存在.

例 6 设 $x_1=2$，$x_{n+1}=\dfrac{1}{2}\left(x_n+\dfrac{2}{x_n}\right)$，$n=1,2,3,\cdots$. 证明 $\lim\limits_{n\to\infty}x_n$ 存在，且求该极限.

证：由已知条件，显然 $x_n>0$，$n=1,2,3,\cdots$.

由

$$x_{n+1} = \frac{1}{2}\left(x_n + \frac{2}{x_n}\right) \geqslant \sqrt{x_n \cdot \frac{2}{x_n}} = \sqrt{2}, \quad n = 1, 2, 3, \cdots,$$

知数列 $\{x_n\}$ 有下界，由此可知

$$x_{n+1} - x_n = \frac{1}{2}\left(\frac{2}{x_n} - x_n\right) = \frac{2 - x_n^2}{2x_n} \leqslant 0.$$

这说明数列 $\{x_n\}$ 单调递减且有界，所以 $\lim\limits_{n \to \infty} x_n$ 存在.

设 $\lim\limits_{n \to \infty} x_n = A$，由 $x_n \geqslant \sqrt{2}$ $(n = 2, 3, \cdots)$ 知，$A \geqslant \sqrt{2} > 0$.

在 $x_{n+1} = \frac{1}{2}\left(x_n + \frac{2}{x_n}\right)$ 两边取极限，得 $A = \frac{1}{2}\left(A + \frac{2}{A}\right)$，解得 $A = \sqrt{2}$.

例 7 求极限 $\lim\limits_{n \to \infty}\left(\frac{1^2}{n^3+1} + \frac{2^2}{n^3+2} + \cdots + \frac{n^2}{n^3+n}\right)$.

解： 由于

$$\frac{1}{n^3+n} \leqslant \frac{1}{n^3+i} \leqslant \frac{1}{n^3+1}, \quad i = 1, 2, \cdots, n,$$

所以

$$\frac{1^2 + 2^2 + \cdots + n^2}{n^3+n} \leqslant \frac{1^2}{n^3+1} + \frac{2^2}{n^3+2} + \cdots + \frac{n^2}{n^3+n} \leqslant \frac{1^2 + 2^2 + \cdots + n^2}{n^3+1},$$

即

$$\frac{n(n+1)(2n+1)}{6(n^3+n)} \leqslant \frac{1^2}{n^3+1} + \frac{2^2}{n^3+2} + \cdots + \frac{n^2}{n^3+n} \leqslant \frac{n(n+1)(2n+1)}{6(n^3+1)},$$

因为

$$\lim_{n \to \infty} \frac{n(n+1)(2n+1)}{6(n^3+n)} = \frac{1}{3}, \quad \lim_{n \to \infty} \frac{n(n+1)(2n+1)}{6(n^3+1)} = \frac{1}{3},$$

所以

$$\lim_{n \to \infty}\left(\frac{1^2}{n^3+1} + \frac{2^2}{n^3+2} + \cdots + \frac{n^2}{n^3+n}\right) = \frac{1}{3}.$$

题型四 利用函数极限存在准则求极限

例 8 设 $f(x) = \begin{cases} x^2 \sin\dfrac{1}{x}, & x > 0 \\ a + x^2, & x < 0 \end{cases}$，问 a 为何值时 $\lim\limits_{x \to 0} f(x)$ 存在，并求此极限值.

解： 函数在分段点两侧的左、右极限为

$$\lim_{x \to 0^+} f(x) = \lim_{x \to 0^+} x^2 \sin \frac{1}{x} = 0, \quad \lim_{x \to 0^-} f(x) = \lim_{x \to 0^-} (a + x^2) = a.$$

为使 $\lim_{x \to 0} f(x)$ 存在，必须有 $\lim_{x \to 0^+} f(x) = \lim_{x \to 0^-} f(x)$，即 $a = 0$. 因此，当 $a = 0$ 时，$\lim_{x \to 0} f(x)$ 存在且 $\lim_{x \to 0} f(x) = 0$.

【注记】 对于分段函数，讨论分段点处的极限. 当函数在分段点两侧的解析式不同时，一般先求它的左、右极限.

题型五　利用极限的运算法则求极限

例 9　求下列极限.

(1) $\lim\limits_{x \to 1} \left(\dfrac{1}{1-x} - \dfrac{3}{1-x^3} \right)$；　　(2) $\lim\limits_{x \to +\infty} (\sqrt{x^2+x} - \sqrt{x^2-x})$.

解： (1) $\lim\limits_{x \to 1} \left(\dfrac{1}{1-x} - \dfrac{3}{1-x^3} \right) = \lim\limits_{x \to 1} \dfrac{(x-1)(x+2)}{(1-x)(1+x+x^2)} = -1.$

(2) $\lim\limits_{x \to +\infty} (\sqrt{x^2+x} - \sqrt{x^2-x}) = \lim\limits_{x \to +\infty} \dfrac{2x}{\sqrt{x^2+x} + \sqrt{x^2-x}}$

$= \lim\limits_{x \to +\infty} \dfrac{2}{\sqrt{1+\dfrac{1}{x}} + \sqrt{1-\dfrac{1}{x}}} = 1.$

题型六　利用两个重要极限求极限

例 10　求下列极限.

(1) $\lim\limits_{x \to 0} \dfrac{2\sin x - \sin 2x}{x^3}$；　　(2) $\lim\limits_{x \to 0} \dfrac{\cos x - \cos^2 x}{x^2}$.

解： (1) $\lim\limits_{x \to 0} \dfrac{2\sin x - \sin 2x}{x^3} = \lim\limits_{x \to 0} \dfrac{2\sin x (1 - \cos x)}{x^3} = \lim\limits_{x \to 0} \dfrac{4\sin x \sin^2 \dfrac{x}{2}}{x^3} = \lim\limits_{x \to 0} \dfrac{\sin^2 \dfrac{x}{2}}{\dfrac{x^2}{4}} = 1.$

(2) $\lim\limits_{x \to 0} \dfrac{\cos x - \cos^2 x}{x^2} = \lim\limits_{x \to 0} \dfrac{\cos x (1 - \cos x)}{x^2}$

$= \lim\limits_{x \to 0} \cos x \cdot \lim\limits_{x \to 0} \dfrac{1 - \cos x}{x^2} = \lim\limits_{x \to 0} \dfrac{2\sin^2 \dfrac{x}{2}}{x^2}$

$= \dfrac{1}{2} \lim\limits_{x \to 0} \dfrac{\sin^2 \dfrac{x}{2}}{\left(\dfrac{x}{2}\right)^2} = \dfrac{1}{2}.$

例 11 求下列极限.

(1) $\lim\limits_{x\to\infty}\left(\dfrac{x+2}{x-1}\right)^x$; (2) $\lim\limits_{x\to 0}(1+x)^{\frac{2}{\sin x}}$.

解：(1) **方法 1**

$$\lim_{x\to\infty}\left(\dfrac{x+2}{x-1}\right)^x = \lim_{x\to\infty}\left[\left(1+\dfrac{3}{x-1}\right)^{\frac{x-1}{3}}\right]^{\frac{3x}{x-1}} = e^3.$$

方法 2

$$\lim_{x\to\infty}\left(\dfrac{x+2}{x-1}\right)^x = \lim_{x\to\infty}\left(\dfrac{1+\frac{2}{x}}{1-\frac{1}{x}}\right)^x = \dfrac{\lim\limits_{x\to\infty}\left[\left(1+\frac{2}{x}\right)^{\frac{x}{2}}\right]^2}{\lim\limits_{x\to\infty}\left[\left(1-\frac{1}{x}\right)^{-x}\right]^{-1}} = \dfrac{e^2}{e^{-1}} = e^3.$$

(2) $\lim\limits_{x\to 0}(1+x)^{\frac{2}{\sin x}} = \lim\limits_{x\to 0}\left[(1+x)^{\frac{1}{x}}\right]^{\frac{2x}{\sin x}} = e^2.$

题型七 利用无穷小的性质求极限

例 12 求下列极限.

(1) $\lim\limits_{x\to\infty}\dfrac{x^2-5\cos x}{3x^2+6\sin x}$; (2) $\lim\limits_{x\to+\infty}(\sin\sqrt{x+1}-\sin\sqrt{x})$.

解：(1) 由有界量与无穷小量的乘积还是无穷小量，得

$$\lim_{x\to\infty}\dfrac{x^2-5\cos x}{3x^2+6\sin x} = \lim_{x\to\infty}\dfrac{1-\frac{5}{x^2}\cos x}{3+\frac{6}{x^2}\sin x} = \dfrac{1}{3}.$$

(2) $\lim\limits_{x\to+\infty}(\sin\sqrt{x+1}-\sin\sqrt{x}) = \lim\limits_{x\to+\infty}2\cos\dfrac{\sqrt{x+1}+\sqrt{x}}{2}\sin\dfrac{\sqrt{x+1}-\sqrt{x}}{2}$

$$= \lim_{x\to+\infty}2\cos\dfrac{\sqrt{x+1}+\sqrt{x}}{2}\sin\dfrac{1}{2(\sqrt{x+1}+\sqrt{x})},$$

因为

$$\left|2\cos\dfrac{\sqrt{x+1}+\sqrt{x}}{2}\right|\leqslant 2,\quad \lim_{x\to+\infty}\sin\dfrac{1}{2(\sqrt{x+1}+\sqrt{x})}=0,$$

所以

$$\lim_{x\to+\infty}[\sin\sqrt{x+1}-\sin\sqrt{x}]=0.$$

例 13 求下列极限.

(1) $\lim\limits_{x\to 0}\dfrac{\sqrt{1+x+x^2}-1}{\sin 2x}$; (2) $\lim\limits_{x\to 0}\dfrac{\cos(e^{\sin x}-1)^2}{\tan^2 x}$; (3) $\lim\limits_{x\to 0}\dfrac{3\sin x+x^2\cos\dfrac{1}{x}}{(1+\cos x)\ln(1+x)}$.

解：(1) 当 $x\to 0$ 时，$\sin x\sim x$. 由 $(1+x)^{\frac{1}{n}}-1\sim\dfrac{x}{n}$ 知

$$\sqrt{1+x+x^2}-1\sim\dfrac{x+x^2}{2},$$

于是

$$\lim\limits_{x\to 0}\dfrac{\sqrt{1+x+x^2}-1}{\sin 2x}=\lim\limits_{x\to 0}\dfrac{\dfrac{x+x^2}{2}}{2x}=\dfrac{1}{4}.$$

(2) 当 $x\to 0$ 时，$\sin x\sim x$，$e^x-1\sim x$，由此可得

$$e^{\sin x}-1\sim\sin x,\quad \tan x\sim x,$$

于是

$$\lim\limits_{x\to 0}\dfrac{\cos(e^{\sin x}-1)^2}{\tan^2 x}=\lim\limits_{x\to 0}\cos x\dfrac{\sin^2 x}{x^2}=1\cdot 1^2=1.$$

(3) 因为 $\ln(1+x)\sim x\,(x\to 0)$，所以

$$\begin{aligned}\lim\limits_{x\to 0}\dfrac{3\sin x+x^2\cos\dfrac{1}{x}}{(1+\cos x)\ln(1+x)}&=\lim\limits_{x\to 0}\dfrac{3\sin x+x^2\cos\dfrac{1}{x}}{(1+\cos x)\cdot x}\\ &=\lim\limits_{x\to 0}\dfrac{3\dfrac{\sin x}{x}+x\cos\dfrac{1}{x}}{1+\cos x}=\dfrac{3+0}{1+1}=\dfrac{3}{2}.\end{aligned}$$

题型八　由已知极限确定函数表达式中的参数

例 14 已知 $\lim\limits_{x\to\infty}\left(\dfrac{x^2}{x+1}-ax-b\right)=0$，求常数 a，b 的值.

解：因为

$$\lim\limits_{x\to\infty}\left(\dfrac{x^2}{x+1}-ax-b\right)=\lim\limits_{x\to\infty}\dfrac{(1-a)x^2-(a+b)x-b}{x+1}=0,$$

故由有理函数的极限知，上式成立，必须有 x^2 和 x 的系数等于 0，即 $\begin{cases}1-a=0\\ a+b=0\end{cases}$，于是 $a=1$，$b=-1$.

【注记】此题应用结论 $\lim\limits_{x\to\infty}\dfrac{a_0x^n+a_1x^{n-1}+\cdots+a_n}{b_0x^m+b_1x^{m-1}+\cdots+b_m}=\begin{cases}\infty, & m<n \\ \dfrac{a_0}{b_0}, & m=n \\ 0, & m>n\end{cases}$.

例 15 已知 $\lim\limits_{x\to 2}\dfrac{x^2+ax+b}{x^2-x-2}=2$，求常数 a，b 的值．

解：设

$$Q(x)=x^2-x-2, \quad P(x)=x^2+ax+b,$$

因 $Q(2)=0$，$\lim\limits_{x\to 2}\dfrac{P(x)}{Q(x)}=2$，故 $Q(x)$ 和 $P(x)$ 必含有因子 $(x-2)$，可令 $P(x)=(x-2)\cdot(x+c)$，则

$$\lim_{x\to 2}\dfrac{x^2+ax+b}{x^2-x-2}=\lim_{x\to 2}\dfrac{(x-2)(x+c)}{(x-2)(x+1)}=\lim_{x\to 2}\dfrac{x+c}{x+1}=\dfrac{2+c}{3}=2,$$

所以 $c=4$，比较 $P(x)=(x-2)(x+4)=x^2+ax+b$ 两端 x 的同次幂系数可得 $a=2$，$b=-8$．

例 16 已知当 $x\to 0$ 时，$(1+ax^2)^{\frac{1}{3}}-1$ 与 $\cos x-1$ 是等价无穷小，求常数 a．

解：由于 $x\to 0$ 时，$(1+ax^2)^{\frac{1}{3}}-1\sim\dfrac{1}{3}ax^2$，$\cos x-1\sim-\dfrac{1}{2}x^2$，故

$$\lim_{x\to 0}\dfrac{(1+ax^2)^{\frac{1}{3}}-1}{\cos x-1}=\lim_{x\to 0}\dfrac{\frac{1}{3}ax^2}{-\frac{1}{2}x^2}=-\dfrac{2}{3}a=1,$$

即 $a=-\dfrac{3}{2}$．

题型九 讨论函数的连续性

例 17 设 $f(x)=\begin{cases}\sqrt{x}\cos\dfrac{2}{x}, & x>0 \\ a+x^2, & x\leqslant 0\end{cases}$，试确定常数 a，使 $f(x)$ 处处连续．

解：当 $x>0$ 时，$f(x)=\sqrt{x}\cos\dfrac{2}{x}$ 为连续函数；当 $x<0$ 时，$f(x)=a+x^2$ 为连续函数．所以只需讨论函数 $f(x)$ 在点 $x=0$ 处的连续性．

由于

$$\lim_{x\to 0^+}f(x)=\lim_{x\to 0^+}\sqrt{x}\cos\dfrac{2}{x}=0, \quad \lim_{x\to 0^-}f(x)=\lim_{x\to 0^-}(a+x^2)=a, \quad f(0)=a,$$

所以，当 $\lim\limits_{x\to 0^+}f(x)=\lim\limits_{x\to 0^-}f(x)=f(0)$，即 $a=0$ 时，$f(x)$ 处处连续.

例 18 设 $f(x)=\begin{cases}2x, & x<1\\ a, & x\geqslant 1\end{cases}$，$g(x)=\begin{cases}b, & x<0\\ x+3, & x\geqslant 0\end{cases}$；若 $f(x)+g(x)$ 在 $(-\infty,+\infty)$ 内连续，求 a,b 的值.

解：因为

$$f(x)+g(x)=\begin{cases}2x+b, & x<0\\ 3x+3, & 0\leqslant x<1.\\ a+x+3, & x\geqslant 1\end{cases}$$

所以要使 $f(x)+g(x)$ 在 $(-\infty,+\infty)$ 内连续，只需在 $x=0,x=1$ 处连续，即需满足

$$\lim_{x\to 0^+}[f(x)+g(x)]=\lim_{x\to 0^-}[f(x)+g(x)]=f(0)+g(0),$$

及

$$\lim_{x\to 1^+}[f(x)+g(x)]=\lim_{x\to 1^-}[f(x)+g(x)]=f(1)+g(1),$$

也即 $b=3$ 及 $6=a+4$，所以 $a=2,b=3$.

题型十 讨论函数的间断点类型

例 19 设 $f(x)=\begin{cases}e^{\frac{1}{x-1}}, & x>0\\ \ln(1+x), & -1<x<0\end{cases}$，求 $f(x)$ 的间断点，并说明其类型.

解：$f(x)$ 在 $x=0,x=1$ 处无定义，$f(x)$ 在 $(-1,0),(0,1),(1,+\infty)$ 内连续. 因为

$$f(0-0)=\lim_{x\to 0^-}\ln(1+x)=0, \qquad f(0+0)=\lim_{x\to 0^+}e^{\frac{1}{x-1}}=\frac{1}{e},$$

所以 $x=0$ 是第一类间断点，且是跳跃间断点. 又因为

$$f(1-0)=\lim_{x\to 1^-}e^{\frac{1}{x-1}}=0, \qquad f(1+0)=\lim_{x\to 1^+}e^{\frac{1}{x-1}}=+\infty,$$

所以 $x=1$ 为第二类间断点，且是无穷间断点.

例 20 试确定常数 a,b，使 $f(x)=\dfrac{e^x-b}{(x-a)(x-1)}$ 有无穷间断点 $x=0$ 和可去间断点 $x=1$.

解：(1) 若 $x=0$ 为 $f(x)$ 的无穷间断点，则

$$\lim_{x\to 0}f(x)=\lim_{x\to 0}\frac{e^x-b}{(x-a)(x-1)}=\infty,$$

即

$$\lim_{x\to 0}\frac{(x-a)(x-1)}{e^x-b}=\frac{(-a)(-1)}{e^0-b}=\frac{a}{1-b}=0,$$

所以，当 $a=0$，$b\neq 1$ 时，$x=0$ 为 $f(x)$ 的无穷间断点．

(2) 若 $x=1$ 为 $f(x)$ 的可去间断点，则 $\lim\limits_{x\to 1}f(x)=\lim\limits_{x\to 1}\dfrac{e^x-b}{(x-a)(x-1)}$ 存在．

因为

$$\frac{e^x-b}{(x-a)(x-1)}=e\left(e^{x-1}-\frac{b}{e}\right)\bigg/[(x-a)(x-1)],$$

又当 $x\to 1$ 时，$e^{x-1}-1\sim x-1$，所以当 $b=e$ 时，有

$$\lim_{x\to 1}\frac{e^x-b}{(x-a)(x-1)}=\lim_{x\to 1}\frac{e(e^{x-1}-1)}{(x-a)(x-1)}=\lim_{x\to 1}\frac{e(x-1)}{(x-a)(x-1)}=\lim_{x\to 1}\frac{e}{x-a}=\frac{e}{1-a},$$

因此，当 $a\neq 1$，$b=e$ 时 $x=1$ 为 $f(x)$ 的可去间断点．

题型十一　利用连续函数的性质求极限

例 21　求下列极限.

(1) $\lim\limits_{x\to 1}\dfrac{\ln(1+\sin x)}{\arctan x}$;

(2) $\lim\limits_{x\to 0}\dfrac{\sqrt{1+\tan x}-\sqrt{1+\sin x}}{x\sqrt{1+\sin^2 x}-x}$.

解：(1) 函数 $f(x)=\dfrac{\ln(1+\sin x)}{\arctan x}$ 在 $x=1$ 处有定义，由函数的连续性，得

$$\lim_{x\to 1}\frac{\ln(1+\sin x)}{\arctan x}=\frac{\ln(1+\sin 1)}{\arctan 1}=\frac{4}{\pi}\ln(1+\sin 1).$$

(2) $\lim\limits_{x\to 0}\dfrac{\sqrt{1+\tan x}-\sqrt{1+\sin x}}{x\sqrt{1+\sin^2 x}-x}$

$$=\lim_{x\to 0}\frac{(\tan x-\sin x)(x\sqrt{1+\sin^2 x}+x)}{(x^2(1+\sin^2 x)-x^2)(\sqrt{1+\tan x}+\sqrt{1+\sin x})}$$

$$=\lim_{x\to 0}\frac{\sqrt{1+\sin^2 x}+1}{\sqrt{1+\tan x}+\sqrt{1+\sin x}}\cdot\frac{\tan x-\sin x}{x\sin^2 x}$$

$$=\lim_{x\to 0}\frac{\tan x(1-\cos x)}{x\sin^2 x}=\lim_{x\to 0}\frac{x\cdot\frac{1}{2}x^2}{x\cdot x^2}=\frac{1}{2}.$$

题型十二　有关函数连续性质的问题

例 22　证明方程 $x^5-3x=1$ 在开区间 $(1,2)$ 内至少有一个根．

证：令 $f(x)=x^5-3x-1$，则 $f(x)$ 在区间 $[1,2]$ 上连续，且 $f(1)=-3<0$，

$f(2)=25>0$.

由连续函数的零点定理知，在开区间 $(1,2)$ 内至少存在一点 $x=\xi$，使得 $f(\xi)=\xi^5-3\xi-1=0$，即方程 $x^5-3x=1$ 在开区间 $(1,2)$ 内至少有一个根.

例 23 设 $f(x)$ 在闭区间 $[0,2a]$ 上连续，且 $f(0)=f(2a)$，则在 $[0,a]$ 上至少存在一个 x，使 $f(x)=f(x+a)$.

证：令 $F(x)=f(x)-f(x+a)$，于是 $F(x)$ 在 $[0,a]$ 上连续，由已知条件可得

$$F(0)=f(0)-f(a)=f(2a)-f(a).$$

若 $F(0)=0$，则显然结果成立.

若 $F(0)\neq 0$，$F(a)=f(a)-f(2a)=f(a)-f(0)$，显然 $F(0)F(a)<0$，故 $\exists \xi \in (a,b)$ 使 $f(x)=f(x+a)$，综上所述，可知 $\exists \xi \in [0,a]$ 使 $f(x)=f(x+a)$.

例 24 设函数 $f(x)$ 在区间 $(-\infty,+\infty)$ 内连续，且 $f(f(x))=x$，证明：在区间 $(-\infty,+\infty)$ 内必存在一点 ξ，使得 $f(\xi)=\xi$.

证：令 $F(x)=f(x)-x$，由函数 $f(x)$ 在区间 $(-\infty,+\infty)$ 内连续可得，函数 $F(x)$ 在区间 $[x,f(x)]$ 或 $[f(x),x]$ 上连续. 由 $f(f(x))=x$，有

$$F(f(x))=f(f(x))-f(x)=x-f(x)=-F(x).$$

当 $f(x)-x=0$ 时，$F(x)=f(x)-x=0$，结论显然成立.

当 $f(x)-x\neq 0$ 时，$F(f(x))$ 与 $F(x)$ 一定异号，由零点定理得：函数 $F(x)$ 在区间 $(x,f(x))$ 或 $(f(x),x)$ 内至少存在一点 ξ，使得 $F(\xi)=0$，即 $f(\xi)=\xi$，结论成立.

四、错解分析

例 25 求 $\lim\limits_{x\to+\infty}\left(\dfrac{1}{n^2}+\dfrac{2}{n^2}+\cdots+\dfrac{n}{n^2}\right)$.

错误解法 $\lim\limits_{x\to+\infty}\left(\dfrac{1}{n^2}+\dfrac{2}{n^2}+\cdots+\dfrac{n}{n^2}\right)=\lim\limits_{x\to+\infty}\dfrac{1}{n^2}+\lim\limits_{x\to+\infty}\dfrac{2}{n^2}+\cdots+\lim\limits_{x\to+\infty}\dfrac{n}{n^2}=0.$

错解分析 极限的运算法则适用于有限个函数和的运算，对于无限项和的运算不能用极限的运算法则.

正确解法

$$\lim_{x\to+\infty}\left(\dfrac{1}{n^2}+\dfrac{2}{n^2}+\cdots+\dfrac{n}{n^2}\right)=\lim_{x\to+\infty}\dfrac{1+2+\cdots+n}{n^2}=\lim_{x\to+\infty}\dfrac{\frac{1}{2}n(n+1)}{n^2}=\dfrac{1}{2}.$$

例 26 求 $\lim\limits_{x\to+\infty}(\cos\sqrt{x+1}-\cos\sqrt{x})$.

错误解法 $\lim\limits_{x\to+\infty}(\cos\sqrt{x+1}-\cos\sqrt{x})=\lim\limits_{x\to+\infty}\cos\sqrt{x+1}-\lim\limits_{x\to+\infty}\cos\sqrt{x}$，因为 $\lim\limits_{x\to+\infty}\cos\sqrt{x+1}$ 与 $\lim\limits_{x\to+\infty}\cos\sqrt{x}$ 均不存在，故原式极限不存在.

错解分析　极限的运算法则适用于参与运算的两个函数极限都存在的情况，本题错在误解了极限的运算法则.

正确解法　由于

$$\cos\sqrt{x+1}-\cos\sqrt{x}=-2\sin\frac{\sqrt{x+1}+\sqrt{x}}{2}\cdot\sin\frac{\sqrt{x+1}-\sqrt{x}}{2},$$

当 $x\to+\infty$ 时，$\left|\sin\dfrac{\sqrt{x+1}+\sqrt{x}}{2}\right|\leqslant 1$，而

$$\lim_{x\to+\infty}\sin\frac{\sqrt{x+1}-\sqrt{x}}{2}=\lim_{x\to+\infty}\sin\frac{1}{2\sqrt{x+1}+\sqrt{x}}=0,$$

故 $\lim\limits_{x\to+\infty}(\cos\sqrt{x+1}-\cos\sqrt{x})=0$.

例 27　求 $\lim\limits_{x\to\infty}(\sqrt{1+x+x^2}-\sqrt{1-x+x^2})$.

错误解法

$$原式=\lim_{x\to\infty}\frac{2x}{\sqrt{1+x+x^2}+\sqrt{1-x+x^2}}$$

$$=\lim_{x\to\infty}\frac{2}{\sqrt{\dfrac{1}{x^2}+\dfrac{1}{x}+1}+\sqrt{\dfrac{1}{x^2}-\dfrac{1}{x}+1}}=1.$$

错解分析　将 $\sqrt{x^2}=|x|$ 误写成 $\sqrt{x^2}=x$ 是问题所在.

正确解法

$$原式=\lim_{x\to\infty}\frac{2}{\left(\sqrt{\dfrac{1}{x^2}+\dfrac{1}{x}+1}+\sqrt{\dfrac{1}{x^2}-\dfrac{1}{x}+1}\right)|x|}.$$

由于

$$\lim_{x\to+\infty}\frac{2}{\left(\sqrt{\dfrac{1}{x^2}+\dfrac{1}{x}+1}+\sqrt{\dfrac{1}{x^2}-\dfrac{1}{x}+1}\right)x}=1,$$

$$\lim_{x\to-\infty}\frac{2}{\left(\sqrt{\dfrac{1}{x^2}+\dfrac{1}{x}+1}+\sqrt{\dfrac{1}{x^2}-\dfrac{1}{x}+1}\right)(-x)}=-1,$$

故原极限不存在.

例 28　求 $\lim\limits_{x\to 0}\dfrac{\tan x-\sin x}{x^3}$.

错误解法　因为当 $x\to 0$ 时，$\tan x\sim x$，$\sin x\sim x$，所以

$$\lim_{x\to 0}\frac{\tan x-\sin x}{x^3}=\lim_{x\to 0}\frac{x-x}{x^3}=0.$$

错解分析 等价无穷小代换是计算 $\frac{0}{0}$ 型极限的一种简便有效的方法，但使用时必须注意条件．对于商与积的运算可以进行等价代换，但对于和与差的运算不能进行等价代换，因为此时可能出现错误．本题的错误出在分子差的运算中使用了等价无穷小代换．

正确解法

$$\lim_{x\to 0}\frac{\tan x-\sin x}{x^3}=\lim_{x\to 0}\frac{\sin x(1-\cos x)}{x^3\cos x}$$

$$=\lim_{x\to 0}\frac{1}{\cos x}\lim_{x\to 0}\frac{\sin x(1-\cos x)}{x^3}=1\cdot\lim_{x\to 0}\frac{x\cdot\frac{1}{2}x^2}{x^3}=\frac{1}{2}.$$

例 29 已知 $f(u)=\begin{cases}0, & u=0\\ 2, & u\neq 0\end{cases}$，$\varphi(x)=\begin{cases}0, & x\neq 0\\ 1, & x=0\end{cases}$，求 $\lim\limits_{x\to 0}f[\varphi(x)]$.

错误解法 因为 $\lim\limits_{x\to 0}\varphi(x)=\lim\limits_{x\to 0}0=0$，$\lim\limits_{u\to 0}f(u)=\lim\limits_{u\to 0}2=2$，所以由复合函数的极限运算法则有 $\lim\limits_{x\to 0}f[\varphi(x)]=\lim\limits_{u\to 0}f(u)=2$.

错解分析 注意，对于复合函数极限运算法则有：

若 $\lim\limits_{u\to u_0}f(u)=A$，$\lim\limits_{x\to x_0}\varphi(x)=u_0$，且在点 x_0 的某一去心邻域内 $\varphi(x)\neq u_0$，则 $\lim\limits_{x\to x_0}f[\varphi(x)]=\lim\limits_{u\to u_0}f(u)=A$.

而本题中，由于当 $x\to 0$ 时，$\lim\limits_{x\to 0}\varphi(x)=\lim\limits_{x\to 0}0=0$，且 $\varphi(x)=0$，故不满足复合函数极限运算法则的使用条件，因此所得结论是错误的．

正确解法 因为 $f[\varphi(x)]=\begin{cases}0, & \varphi(x)=0\\ 2, & \varphi(x)\neq 0\end{cases}$，且当 $x\neq 0$ 时，$\varphi(x)=0$，当 $x=0$ 时，$\varphi(x)=1$，所以 $f[\varphi(x)]=\begin{cases}0, & x\neq 0\\ 2, & x=0\end{cases}$；于是 $\lim\limits_{x\to 0}f[\varphi(x)]=\lim\limits_{x\to 0}0=0$.

例 30 求 $f(x)=\dfrac{x}{\tan x}$ 的间断点并判别类型．

错误解法 当 $\tan x=0$，即 $x=k\pi\ (k=0,\pm 1,\cdots)$ 时，函数无定义，又因 $\lim\limits_{x\to k\pi}\dfrac{x}{\tan x}=\infty$，故 $x=k\pi\ (k=0,\pm 1,\cdots)$ 为 $f(x)$ 的第二类间断点．

错解分析 有两个问题：

(1) 遗漏了使 $\tan x$ 无定义的点 $x=k\pi+\dfrac{\pi}{2}\ (k=0,\pm 1,\cdots)$，这些点也是 $f(x)$ 的间断点．

(2) 由于 $\lim\limits_{x\to 0}\dfrac{x}{\tan x}=1$，故 $x=0$ 不是第二类间断点．

正确解法 函数 $y=\tan x$ 的无定义点和零点分别为 $k\pi+\dfrac{\pi}{2}$ $(k=0,\pm1,\cdots)$ 和 $k\pi$ $(k=0,\pm1,\cdots)$.

因为
$$\lim_{x\to 0}\frac{x}{\tan x}=1,\quad \lim_{x\to k\pi+\frac{\pi}{2}}\frac{x}{\tan x}=0\ (k=0,\pm1,\cdots),$$

故 $x=0$ 及 $x=k\pi+\dfrac{\pi}{2}$ $(k=0,\pm1,\cdots)$ 为第一类可去间断点.

因为
$$\lim_{x\to k\pi}\frac{x}{\tan x}=\infty\ (k=\pm1,\cdots),$$

所以 $x=k\pi$ $(k=\pm1,\cdots)$ 为第二类间断点.

五、习题解答

习题 2.1

1. （奇数号题解答）

(1) $\left\{1+\dfrac{1}{2^n}\right\}$: $\dfrac{3}{2},\dfrac{5}{4},\dfrac{9}{8},\dfrac{17}{16},\cdots,1+\dfrac{1}{2^n},\cdots,\ \lim\limits_{n\to\infty}\left(1+\dfrac{1}{2^n}\right)=1.$

(3) $\left\{2-\dfrac{1}{n^2}\right\}$: $1,\dfrac{7}{4},\dfrac{17}{9},\dfrac{31}{16},\cdots,2-\dfrac{1}{n^2},\cdots,\ \lim\limits_{n\to\infty}\left(2-\dfrac{1}{n^2}\right)=2.$

(5) $\left\{\cos\dfrac{1}{n}\right\}$: 当 $n\to\infty$ 时，$\cos\dfrac{1}{n}\to 1$，即 $\lim\limits_{n\to\infty}\cos\dfrac{1}{n}=1.$

2. (1) 对于任意给定的 $\varepsilon>0$，要使 $\left|(-1)^n\dfrac{1}{n^3}-0\right|=\dfrac{1}{n^3}<\varepsilon$，只需 $n>\dfrac{1}{\sqrt[3]{\varepsilon}}$，因此，对于任意给定的 $\varepsilon>0$，取 $N=\left[\dfrac{1}{\sqrt[3]{\varepsilon}}\right]$，则当 $n>N$ 时，总有 $\left|(-1)^n\dfrac{1}{n^3}-0\right|<\varepsilon$，所以 $\lim\limits_{n\to\infty}(-1)^n\dfrac{1}{n^3}=0.$

(2) 对于任意给定的 $\varepsilon>0$，要使 $\left|\dfrac{3n+1}{2n+1}-\dfrac{3}{2}\right|=\dfrac{1}{2(2n+1)}<\dfrac{1}{4n}<\varepsilon$，只需 $\dfrac{1}{4n}<\varepsilon$，即 $n>\dfrac{1}{4\varepsilon}$，于是，对于任意给定的 $\varepsilon>0$，取 $N=\left[\dfrac{1}{4\varepsilon}\right]$，则当 $n>N$ 时，总有 $\left|\dfrac{3n+1}{2n+1}-\dfrac{3}{2}\right|<\varepsilon$，所以 $\lim\limits_{n\to\infty}\dfrac{3n+1}{2n+1}=\dfrac{3}{2}.$

(3) 对于任意给定的 $\varepsilon>0$，要使

$$\left|\frac{\sqrt{n^2+1}}{n}-1\right|=\frac{\sqrt{n^2+1}-n}{n}=\frac{1}{n(\sqrt{n^2+1}+n)}<\frac{1}{n}<\varepsilon,$$

只需 $\frac{1}{n}<\varepsilon$，即 $n>\frac{1}{\varepsilon}$，于是，对于任意给定的 $\varepsilon>0$，取 $N=\left[\frac{1}{\varepsilon}\right]$，则当 $n>N$ 时，总有 $\left|\frac{\sqrt{n^2+1}}{n}-1\right|<\varepsilon$，所以 $\lim\limits_{n\to\infty}\frac{\sqrt{n^2+1}}{n}=1$.

3. (1)（必要性）因为 $\lim\limits_{n\to\infty}u_n=0$，所以对于任意给定的 $\varepsilon>0$，存在正整数 N，使得当 $n>N$ 时，总有 $|u_n-0|=|u_n|<\varepsilon$，此时也有 $||u_n|-0|=|u_n|<\varepsilon$，所以 $\lim\limits_{n\to\infty}|u_n|=0$.

(2)（充分性）因为 $\lim\limits_{n\to\infty}|u_n|=0$，所以对于任意给定的 $\varepsilon>0$，存在正整数 N，使得当 $n>N$ 时，总有 $||u_n|-0|=|u_n|<\varepsilon$，此时也有 $|u_n-0|=|u_n|<\varepsilon$，所以 $\lim\limits_{n\to\infty}u_n=0$.

4. 因为数列 $\{u_n\}$ 有界，故存在 $M>0$，使得对于每一项 u_n，有 $|u_n|<M$；又 $\lim\limits_{n\to\infty}v_n=0$，故对于任意给定的 $\varepsilon>0$，存在正整数 N，使得当 $n>N$ 时，总有 $|v_n-0|=|v_n|<\frac{1}{M}\varepsilon$，此时 $|u_nv_n-0|\leqslant M|v_n|<\varepsilon$，所以 $\lim\limits_{n\to\infty}u_nv_n=0$.

5. 显然 $u_n<u_{n+1}$，即 $\{u_n\}$ 为一单调递增数列，又

$$|u_n|=1+\frac{1}{2^2}+\frac{1}{3^2}+\cdots+\frac{1}{n^2}\leqslant 1+\frac{1}{1\cdot 2}+\frac{1}{2\cdot 3}+\cdots+\frac{1}{n(n-1)}$$
$$=1+\left(1-\frac{1}{2}\right)+\left(\frac{1}{2}-\frac{1}{3}\right)+\cdots+\left(\frac{1}{n-1}-\frac{1}{n}\right)=2-\frac{1}{n}<2,$$

所以 $\{u_n\}$ 为单调有界数列. 由单调有界定理得数列 $\{u_n\}$ 的极限存在.

习题 2.2

1. (1) 因为 $\frac{2x}{x-1}=\frac{2x-2+2}{x-1}=2+\frac{2}{x-1}$，当 $x\to 1$ 时，$\left|\frac{2x}{x-1}\right|$ 无限增大，所以当 $x\to 1$ 时，$\frac{2x}{x-1}$ 的极限不存在.

(2) 由三角函数的图形可知，当 $x\to 0$，即 $\frac{1}{x}\to\infty$ 时，$\cos\frac{1}{x}$ 在 $-1\sim 1$ 之间波动，不会趋于一常数，所以当 $x\to 0$ 时，$\cos\frac{1}{x}$ 的极限不存在.

(3) 由指数函数的图形可知，当 $x\to 0^-$，即 $\frac{1}{x}\to-\infty$ 时，$\mathrm{e}^{\frac{1}{x}}$ 无限接近于 0，所以 $\lim\limits_{x\to -\infty}\mathrm{e}^{\frac{1}{x}}=0$.

(4) 由 $y=\arctan x$ 的图形可知，当 $x\to+\infty$ 时，$\arctan x$ 无限接近于 $\frac{\pi}{2}$，所以

$\lim\limits_{x\to+\infty}\arctan x=\dfrac{\pi}{2}$.

2. (1) 设 $f(x)$ 在 a 的右邻域 $(a,a+\delta)$ 内有定义，若对于任意给定的正数 ε，存在 $\delta>0$，使得当 $0<x-a<\delta$ 时，总有 $|f(x)-A|<\varepsilon$ 成立，则称 A 为函数 $f(x)$ 在 a 处的右极限，记为 $\lim\limits_{x\to a^+}f(x)=A$.

(2) 设 $f(x)$ 当 $x<-a$ （a 为某个正实数）时有定义，若对于任意给定的正数 ε，存在 $X>0$，使得当 $x<-X$ 时，总有 $|f(x)-A|<\varepsilon$ 成立，则称 A 为 $x\to-\infty$ 时函数 $f(x)$ 的极限，记为 $\lim\limits_{x\to-\infty}f(x)=A$.

3. （奇数号题解答）

(1) 对于任意给定的 $\varepsilon>0$，要使 $|(2x-1)-1|=2|x-1|<\varepsilon$，只需 $|x-1|<\dfrac{\varepsilon}{2}$，因此，对于任意给定的 $\varepsilon>0$，取 $\delta=\dfrac{\varepsilon}{2}$，则当 $0<|x-1|<\delta$ 时，总有 $|(2x-1)-1|<\varepsilon$，所以 $\lim\limits_{x\to 1}(2x-1)=1$.

(3) 对于任意给定的正数 ε，要使 $\left|\dfrac{\sin x}{x^2}-0\right|\leqslant\dfrac{1}{x^2}<\varepsilon$，只需 $\dfrac{1}{x^2}<\varepsilon$，即 $|x|>\sqrt{\dfrac{1}{\varepsilon}}$. 于是，对于任意给定的正数 ε，取 $X=\sqrt{\dfrac{1}{\varepsilon}}$，当 $|x|>X$ 时，总有 $\left|\dfrac{\sin x}{x^2}-0\right|<\varepsilon$，所以 $\lim\limits_{x\to\infty}\dfrac{\sin x}{x^2}=0$.

4. $\lim\limits_{x\to 1^+}f(x)=\lim\limits_{x\to 1^+}\dfrac{x-1}{x-1}=1$，$\lim\limits_{x\to 1^-}f(x)=\lim\limits_{x\to 1^-}\dfrac{-(x-1)}{x-1}=-1$.

因为 $\lim\limits_{x\to 1^+}f(x)\neq\lim\limits_{x\to 1^-}f(x)$，所以 $\lim\limits_{x\to 1}f(x)$ 不存在.

5. $\lim\limits_{x\to 0^-}f(x)=\lim\limits_{x\to 0^-}\dfrac{1}{x-1}=-1$，$\lim\limits_{x\to 0^+}f(x)=\lim\limits_{x\to 0^+}x=0$.

因为 $\lim\limits_{x\to 0^-}f(x)\neq\lim\limits_{x\to 0^+}f(x)$，所以 $\lim\limits_{x\to 0}f(x)$ 不存在.

$\lim\limits_{x\to 1^-}f(x)=\lim\limits_{x\to 1^-}x=1$，$\lim\limits_{x\to 1^+}f(x)=\lim\limits_{x\to 1^+}1=1$.

因为 $\lim\limits_{x\to 1^-}f(x)=\lim\limits_{x\to 1^+}f(x)$，所以 $\lim\limits_{x\to 1}f(x)$ 存在，且 $\lim\limits_{x\to 1}f(x)=1$.

习题 2.3

1. (1) 因为 $\lim\limits_{x\to 0^+}\mathrm{e}^{-\frac{1}{x}}=0$，所以当 $x\to 0^+$ 时，$y=\mathrm{e}^{-\frac{1}{x}}$ 是无穷小.

又因为 $\lim\limits_{x\to 0^-}\mathrm{e}^{\frac{1}{x}}=0$，即当 $x\to 0^-$ 时，$\mathrm{e}^{\frac{1}{x}}$ 为无穷小，所以当 $x\to 0^-$ 时，$y=\mathrm{e}^{-\frac{1}{x}}=\dfrac{1}{\mathrm{e}^{\frac{1}{x}}}$ 为无穷大.

(2) 因为 $\lim\limits_{x\to 3}\ln(x-2)=\ln 1=0$,所以当 $x\to 3$ 时,$y=\ln(x-2)$ 为无穷小.

而 $\lim\limits_{x\to 2^+}\ln(x-2)=-\infty$,$\lim\limits_{x\to +\infty}\ln(x-2)=+\infty$,所以当 $x\to 2^+$ 及 $x\to +\infty$ 时,$y=\ln(x-2)$ 都为无穷大.

(3) 因为 $\lim\limits_{x\to 0}x\arctan x=0$,所以当 $x\to 0$ 时,$y=x\arctan x$ 为无穷小.

又因为 $\lim\limits_{x\to \infty}x\arctan x=\infty$,所以当 $x\to \infty$ 时,$y=x\arctan x$ 为无穷大.

2. 两个无穷小的商不一定是无穷小,例如当 $x\to 0$ 时,$\alpha(x)=2x$,$\beta(x)=x$ 都是无穷小,而 $\lim\limits_{x\to 0}\dfrac{\alpha(x)}{\beta(x)}=2$,所以当 $x\to 0$ 时 $\dfrac{\alpha(x)}{\beta(x)}$ 不是无穷小.

两个无穷大的和不一定是无穷大,例如当 $x\to \infty$ 时,$\alpha(x)=x^2$,$\beta(x)=-x^2+1$ 都是无穷大,而 $\alpha(x)+\beta(x)=1$,所以当 $x\to \infty$ 时 $\alpha(x)+\beta(x)$ 不一定是无穷大.

3.(奇数号题解答)

(1) 当 $x\to 0$ 时,变量 x 为无穷小量. 而 $\left|\cos\dfrac{1}{x}\right|\leqslant 1$,即 $\cos\dfrac{1}{x}$ 为有界量. 由有界量与无穷小量的乘积还是无穷小量,得 $\lim\limits_{x\to 0}x\cos\dfrac{1}{x}=0$.

(3) 当 $x\to 0$ 时,变量 x^2+x 为无穷小量. 而 $\left|\sin\dfrac{1}{x}\right|\leqslant 1$,即 $\sin\dfrac{1}{x}$ 为有界量,由有界量与无穷小量的乘积还是无穷小量,得 $\lim\limits_{x\to 0}(x^2+x)\sin\dfrac{1}{x}=0$.

4.(必要性)记 $f(x)=A+\alpha(x)$,则由 $\lim\limits_{x\to \infty}f(x)=A$ 知,对于任意给定的正数 ε,存在 $X>0$,使得当 $|x|>X$ 时,总有 $|f(x)-A|<\varepsilon$ 成立,即 $|\alpha(x)|<\varepsilon$,所以 $\alpha(x)$ 是 $x\to \infty$ 时的无穷小量,即

$$f(x)=A+\alpha(x),\quad \lim\limits_{x\to \infty}\alpha(x)=0.$$

(充分性)若 $f(x)=A+\alpha(x)$,其中 $\lim\limits_{x\to \infty}\alpha(x)=0$,则对于任意给定的正数 ε,存在 $X>0$,使得当 $|x|>X$ 时,有 $|\alpha(x)|=|f(x)-A|<\varepsilon$.

所以 $\lim\limits_{x\to \infty}f(x)=A$.

习题 2.4

1.(奇数号题解答)

(1) $\lim\limits_{n\to \infty}\dfrac{(-2)^n+3^n}{(-2)^{n+1}+3^{n+1}}=\lim\limits_{n\to \infty}\dfrac{\left(-\dfrac{2}{3}\right)^n\dfrac{1}{3}+\dfrac{1}{3}}{\left(-\dfrac{2}{3}\right)^{n+1}+1}=\dfrac{\dfrac{1}{3}}{1}=\dfrac{1}{3}.$

(3) $\lim\limits_{n\to \infty}\left(\dfrac{1}{n^2}+\dfrac{2}{n^2}+\cdots+\dfrac{n-1}{n^2}\right)=\lim\limits_{n\to \infty}\dfrac{1+2+\cdots+(n-1)}{n^2}=\lim\limits_{n\to \infty}\dfrac{n(n-1)}{2n^2}$

$=\lim\limits_{n\to \infty}\dfrac{n-1}{2n}=\lim\limits_{n\to \infty}\dfrac{1}{2}\left(1-\dfrac{1}{n}\right)=\dfrac{1}{2}.$

2.（奇数号题解答）

(1) $\lim\limits_{x\to\infty}\dfrac{x^2+2}{2x^2-x+1}=\lim\limits_{x\to\infty}\dfrac{1+\dfrac{2}{x^2}}{2-\dfrac{1}{x}+\dfrac{1}{x^2}}=\dfrac{1}{2}.$

(3) $\lim\limits_{x\to+\infty}(\sqrt{x^2+x}-x)=\lim\limits_{x\to+\infty}\dfrac{(\sqrt{x^2+x}-x)(\sqrt{x^2+x}+x)}{\sqrt{x^2+x}+x}$

$=\lim\limits_{x\to+\infty}\dfrac{x}{\sqrt{x^2+x}+x}=\lim\limits_{x\to+\infty}\dfrac{1}{\sqrt{1+\dfrac{1}{x}}+1}=\dfrac{1}{2}.$

(5) $\lim\limits_{x\to 1}\dfrac{x^2-2x+1}{x^2-1}=\lim\limits_{x\to 1}\dfrac{(x-1)^2}{(x+1)(x-1)}=\lim\limits_{x\to 1}\dfrac{x-1}{x+1}=\dfrac{0}{2}=0.$

(7) $\lim\limits_{x\to 0}\dfrac{\sqrt{1+x}-\sqrt{1-x}}{x}=\lim\limits_{x\to 0}\dfrac{(\sqrt{1+x}-\sqrt{1-x})(\sqrt{1+x}+\sqrt{1-x})}{x(\sqrt{1+x}+\sqrt{1-x})}$

$=\lim\limits_{x\to 0}\dfrac{(1+x)-(1-x)}{x(\sqrt{1+x}+\sqrt{1-x})}=\lim\limits_{x\to 0}\dfrac{2}{\sqrt{1+x}+\sqrt{1-x}}=\dfrac{2}{1+1}=1.$

3. 因为 $\lim\limits_{x\to 2}\dfrac{x-2}{x^2+ax+b}=\dfrac{1}{8}$，所以 $\lim\limits_{x\to 2}(x^2+ax+b)=0$，即有 $4+2a+b=0$，得 $b=-2(a+2).$

此时

$\lim\limits_{x\to 2}\dfrac{x-2}{x^2+ax+b}=\lim\limits_{x\to 2}\dfrac{x-2}{x^2+ax-2(a+2)}=\lim\limits_{x\to 2}\dfrac{x-2}{(x-2)(x+a+2)}$

$=\lim\limits_{x\to 2}\dfrac{1}{x+a+2}=\dfrac{1}{a+4}.$

所以，由 $\dfrac{1}{a+4}=\dfrac{1}{8}$，得 $a=4$，从而 $b=-12.$

4.（奇数号题解答）

(1) $\lim\limits_{x\to 0}\sin(2x+1)=\sin[\lim\limits_{x\to 0}(2x+1)]=\sin 1.$

(3) $\lim\limits_{x\to+\infty}\arcsin(\sqrt{x^2+x}-x)=\arcsin\lim\limits_{x\to+\infty}\left(\dfrac{x}{\sqrt{x^2+x}+x}\right)$

$=\arcsin\lim\limits_{x\to+\infty}\left(\dfrac{1}{\sqrt{1+\dfrac{1}{x}}+1}\right)=\arcsin\dfrac{1}{2}=\dfrac{\pi}{6}.$

习题 2.5

1.（1）因为 x_n 中每一分项都小于等于 $\dfrac{1}{\sqrt{n^2+1}}$，大于等于 $\dfrac{1}{\sqrt{n^2+n}}$. 因此

$$\frac{n}{\sqrt{n^2+n}} \leqslant \frac{1}{\sqrt{n^2+1}}+\frac{1}{\sqrt{n^2+2}}+\cdots+\frac{1}{\sqrt{n^2+n}} \leqslant \frac{n}{\sqrt{n^2+1}},$$

即

$$\frac{n}{\sqrt{n^2+n}} \leqslant x_n \leqslant \frac{n}{\sqrt{n^2+1}}.$$

而

$$\lim_{n\to\infty}\frac{n}{\sqrt{n^2+n}}=\lim_{n\to\infty}\frac{1}{\sqrt{1+\frac{1}{n}}}=1,\quad \lim_{n\to\infty}\frac{n}{\sqrt{n^2+1}}=\lim_{n\to\infty}\frac{1}{\sqrt{1+\frac{1}{n^2}}}=1.$$

由夹迫准则得 $\lim\limits_{n\to\infty} x_n = 1$.

(2) 因为

$$\frac{1+2+\cdots+n}{n^2+n} \leqslant \frac{1}{n^2+1}+\frac{2}{n^2+2}+\cdots+\frac{n}{n^2+n} \leqslant \frac{1+2+\cdots+n}{n^2+1},$$

即

$$\frac{n(n+1)}{2(n^2+n)} \leqslant x_n \leqslant \frac{n(n+1)}{2(n^2+1)},$$

即得 $\dfrac{1}{2} \leqslant x_n \leqslant \dfrac{n(n+1)}{2(n^2+1)}$. 而

$$\lim_{n\to\infty}\frac{n(n+1)}{2(n^2+1)}=\lim_{n\to\infty}\frac{1+\frac{1}{n}}{2\left(1+\frac{1}{n^2}\right)}=\frac{1}{2},\quad \lim_{n\to\infty}\frac{1}{2}=\frac{1}{2},$$

由夹迫准则得 $\lim\limits_{n\to\infty} x_n = \dfrac{1}{2}$.

2. (奇数号题解答)

(1) $\lim\limits_{x\to 0}\dfrac{\sin 2x}{\tan 3x}=\lim\limits_{x\to 0}\dfrac{\sin 2x}{2x}\cdot\dfrac{1}{\dfrac{\tan 3x}{3x}}\cdot\dfrac{2}{3}=\dfrac{2}{3}.$

(3) $\lim\limits_{x\to 0}\dfrac{1-\cos 2x}{x\sin x}=\lim\limits_{x\to 0}\dfrac{2\sin^2 x}{x\sin x}=\lim\limits_{x\to 0}\dfrac{2\sin x}{x}=2.$

(5) $\lim\limits_{x\to 0}\dfrac{1-\sqrt{1+x^2}}{\tan^2 x}=\lim\limits_{x\to 0}\dfrac{-x^2}{(1+\sqrt{1+x^2})\tan^2 x}=-\lim\limits_{x\to 0}\dfrac{1}{1+\sqrt{1+x^2}}\dfrac{x^2}{\tan^2 x}=-\dfrac{1}{2}.$

3. (奇数号题解答)

(1) $\lim\limits_{x\to\infty}\left(1-\dfrac{2}{x}\right)^{\frac{x}{2}-1}=\lim\limits_{x\to\infty}\left(1-\dfrac{2}{x}\right)^{\frac{x}{2}}\cdot\left(1-\dfrac{2}{x}\right)^{-1}$

$$= \lim_{x \to \infty}\left(1+\frac{1}{-x/2}\right)^{\left(-\frac{x}{2}\right)\cdot(-1)} \cdot \lim_{x \to \infty}\left(1-\frac{2}{x}\right)^{-1} = e^{-1}.$$

(3) $\lim_{x \to 2}\left(\frac{x}{2}\right)^{\frac{2}{x-2}} = \lim_{x \to 2}\left(1+\frac{x-2}{2}\right)^{\frac{2}{x-2}} = e.$

4. $\lim_{x \to 0^-} f(x) = \lim_{x \to 0^-}(ax+2) = 2$; $\lim_{x \to 0^+} f(x) = \lim_{x \to 0^+} \frac{\sin ax}{x} = \lim_{x \to 0^+} \frac{\sin ax}{ax} \cdot a = a.$

因为 $\lim_{x \to 0} f(x)$ 存在，因此 $a=2$. 即得

$$f(x) = \begin{cases} \dfrac{\sin 2x}{x}, & x>0, \\ 2x+2, & x<0 \end{cases}$$

所以 $f(-2) = -2$.

5. 由已知得 $\lim_{x \to 1}(x^2+ax+b) = 0$，即有 $a+b=-1$.

又

$$\lim_{x \to 1} \frac{x^2+ax+b}{\sin(x^2-1)} = \lim_{x \to 1} \frac{(x^2+ax+b)/(x^2-1)}{\sin(x^2-1)/(x^2-1)} = \lim_{x \to 1} \frac{x^2+ax+b}{x^2-1}.$$

即得 $\lim_{x \to 1} \dfrac{x^2+ax+b}{x^2-1} = 3$，把 $b=-1-a$ 代入，得

$$\lim_{x \to 1} \frac{x^2+ax-1-a}{x^2-1} = \lim_{x \to 1} \frac{(x-1)(x+1+a)}{(x-1)(x+1)} = \lim_{x \to 1} \frac{x+1+a}{x+1} = \frac{a+2}{2} = 3.$$

所以 $a=4$，从而 $b=-5$.

6.（1）$A_n = n \times \dfrac{1}{2} ab \sin\alpha = \dfrac{nR^2}{2} \sin\dfrac{2\pi}{n}.$

（2）$S = \lim_{n \to \infty} A_n = \lim_{n \to \infty} \dfrac{nR^2}{2} \sin\dfrac{2\pi}{n} = \lim_{n \to \infty} \pi R^2 \cdot \dfrac{\sin\dfrac{2\pi}{n}}{\dfrac{2\pi}{n}} = \pi R^2.$

习题 2.6

1. 因为 $\lim_{x \to 0} \dfrac{x \sin x}{x^2-2x} = \lim_{x \to 0} \dfrac{\sin x}{x-2} = 0$，所以 $x \sin x$ 是比 x^2-2x 更高阶的无穷小.

2.（1）$\lim_{x \to 0} \dfrac{\sqrt{1+x^2}-\sqrt{1-x^2}}{x^2} = \lim_{x \to 0} \dfrac{(\sqrt{1+x^2}-\sqrt{1-x^2})(\sqrt{1+x^2}+\sqrt{1-x^2})}{x^2(\sqrt{1+x^2}+\sqrt{1-x^2})}$

$$= \lim_{x \to 0} \frac{2x^2}{x^2(\sqrt{1+x^2}+\sqrt{1-x^2})}$$

$$= \lim_{x \to 0} \frac{2}{\sqrt{1+x^2}+\sqrt{1-x^2}} = 1.$$

所以 $\sqrt{1+x^2}-\sqrt{1-x^2}\sim x^2$ $(x\to 0)$.

(2) $\lim\limits_{x\to 0}\dfrac{\sec^2 x-1}{x^2}=\lim\limits_{x\to 0}\dfrac{\tan^2 x}{x^2}=1.$

所以 $\sec^2 x-1\sim x^2$ $(x\to 0)$.

3. （奇数号题解答）

(1) 当 $x\to 0$ 时

$$\sin x\sim x,\ \tan x\sim x,\ 1-\cos x\sim\frac{1}{2}x^2.$$

所以

$$\lim_{x\to 0}\frac{1-\cos x}{\sin x\tan x}=\lim_{x\to 0}\frac{x^2/2}{x\cdot x}=\frac{1}{2}.$$

(3) 当 $x\to 0$ 时

$$\sin 2x\sim 2x,\ \mathrm{e}^x-1\sim x,\ \tan x^2\sim x^2.$$

所以

$$\lim_{x\to 0}\frac{\sin 2x\cdot(\mathrm{e}^x-1)}{\tan x^2}=\lim_{x\to 0}\frac{2x\cdot x}{x^2}=2.$$

(5) 当 $x\to 1$ 时

$$\arcsin(1-x)\sim 1-x,\ \ln x=\ln[1-(1-x)]\sim-(1-x).$$

所以

$$\lim_{x\to 1}\frac{\arcsin(1-x)}{\ln x}=\lim_{x\to 1}\frac{\arcsin(1-x)}{\ln[1-(1-x)]}=\lim_{x\to 1}\frac{1-x}{-(1-x)}=-1.$$

习题 2.7

1. 因为 $f(x)$ 在各个区间内都是初等函数，在各区间都是连续的，所以只需讨论分界点 $x=1$ 处的连续性即可．因为

$$\lim_{x\to 1^-}f(x)=\lim_{x\to 1^-}x^2=1,\ \lim_{x\to 1^+}f(x)=\lim_{x\to 1^+}(2-x)=1.$$

所以 $f(x)$ 在 $x=1$ 处连续，从而 $f(x)$ 在定义域 $(-\infty,+\infty)$ 内连续．函数图略．

2. 由题意，得

$$\lim_{x\to 1^-}f(x)=\lim_{x\to 1^-}x^2=1,\ \lim_{x\to 1^+}f(x)=\lim_{x\to 1^+}(ax+b)=a+b;$$

$$\lim_{x\to 3^-}f(x)=\lim_{x\to 3^-}(ax+b)=3a+b,\ \lim_{x\to 3^+}f(x)=\lim_{x\to 3^+}x^3=27.$$

因为 $f(x)$ 在 $x=1$ 和 $x=3$ 处连续，所以 $\begin{cases}a+b=1\\3a+b=27\end{cases}$，即得 $\begin{cases}a=13\\b=-12\end{cases}.$

3.（奇数号题解答）

（1）由 $x^2-3x+2\neq 0$，即 $(x-1)(x-2)\neq 0$，得 $x\neq 1, 2$. 因为 $f(x)$ 在 $x=1, 2$ 处无定义，所以 $x=1$ 和 $x=2$ 为 $f(x)$ 的间断点. 又

$$\lim_{x\to 1}f(x)=\lim_{x\to 1}\frac{x^2-1}{x^2-3x+2}=\lim_{x\to 1}\frac{(x-1)(x+1)}{(x-1)(x-2)}=\lim_{x\to 1}\frac{x+1}{x-2}=-2,$$

$$\lim_{x\to 2}f(x)=\lim_{x\to 2}\frac{x^2-1}{x^2-3x+2}=\infty,$$

因此 $x=1$ 为 $f(x)$ 的第一类间断点，且为可去间断点，补充定义 $f(1)=-2$，则函数在 $x=1$ 处连续．$x=2$ 为 $f(x)$ 的第二类间断点，且为无穷间断点．

（3）函数在 $x=0$ 处无定义．

$$\lim_{x\to 0^-}f(x)=\lim_{x\to 0^-}\frac{\sin x}{|x|}=\lim_{x\to 0^-}\frac{\sin x}{-x}=-1,$$

$$\lim_{x\to 0^+}f(x)=\lim_{x\to 0^+}\frac{\sin x}{|x|}=\lim_{x\to 0^+}\frac{\sin x}{x}=1.$$

因为 $\lim_{x\to 0^-}f(x)\neq \lim_{x\to 0^+}f(x)$，所以 $x=0$ 为函数的第一类间断点，且为跳跃间断点．

（5）函数 $y=\begin{cases}x^2, & x<1\\ 2x-1, & x\geqslant 1\end{cases}$ 在各分段区间连续，只需判断在分界点 $x=1$ 处的连续性．

$$\lim_{x\to 1^-}f(x)=\lim_{x\to 1^-}x^2=1,$$

$$\lim_{x\to 1^+}f(x)=\lim_{x\to 1^+}(2x-1)=1,$$

且 $f(1)=1$. 所以，函数在点 $x=1$ 处连续，因此函数无间断点，在 $(-\infty, +\infty)$ 内连续．

4．（奇数号题解答）

（1）$\lim_{x\to 0}\ln\frac{\sin x}{x}=\ln\lim_{x\to 0}\frac{\sin x}{x}=\ln 1=0.$

（3）$\lim_{x\to\infty}\left(\frac{3+x}{6+x}\right)^{\frac{x-1}{2}}=\lim_{x\to\infty}\left(1+\frac{-3}{6+x}\right)^{\frac{6+x}{-3}\times\frac{-3}{6+x}\times\frac{x-1}{2}}=e^{\lim_{x\to\infty}\frac{-3}{6+x}\times\frac{x-1}{2}}=e^{-\frac{3}{2}}.$

5．因为

$$\lim_{x\to 0^-}f(x)=\lim_{x\to 0^-}(a+bx^2)=a,$$

$$\lim_{x\to 0^+}f(x)=\lim_{x\to 0^+}\frac{\sin bx}{x}=\lim_{x\to 0^+}b\cdot\frac{\sin bx}{bx}=b,$$

$$f(0)=a,$$

所以，由 $\lim_{x\to 0^-}f(x)=\lim_{x\to 0^+}f(x)=f(0)$，得 $a=b$.

6．令 $f(x)=x-a-b\sin x$，显然 $f(x)$ 在 $[0, a+b]$ 上连续．又

$$f(0)=-a<0, \quad f(a+b)=b[1-\sin(a+b)]\geqslant 0.$$

(1) 当 $f(a+b)=0$ 时，此时 $x=a+b$ 就是方程 $x=a+b\sin x$ 的一个正根.

(2) 当 $f(a+b)>0$ 时，由根的存在定理（零点定理），得 $f(x)$ 在 $(0,a+b)$ 内至少存在一点 ξ，使得 $f(\xi)=0$，即 ξ 就是方程 $x=a+b\sin x$ 的一个正根，且 $\xi<a+b$.

综合（1）（2）命题得证.

7. 令 $g(x)=f(x)-x$，因为 $f(x)$ 在 $[0,1]$ 上连续，所以函数 $g(x)$ 也在 $[0,1]$ 上连续. 又 $0<f(x)<1$，所以
$$g(0)=f(0)-0=f(0)>0,\ g(1)=f(1)-1<0.$$

由根的存在定理（零点定理）得，至少存在一点 $\xi\in(0,1)$，使得 $g(\xi)=0$，即 $f(\xi)=\xi$. 命题得证.

8. 令 $g(x)=f(x)-x$，因为 $f(x)$ 在 $[a,b]$ 上连续，所以函数 $g(x)$ 也在 $[a,b]$ 上连续. 又 $f(a)<a$，$f(b)>b$，所以
$$g(a)=f(a)-a<0,\ g(b)=f(b)-b>0.$$

由根的存在定理（零点定理）得，至少存在一点 $\xi\in(a,b)$，使得 $g(\xi)=0$，即 $f(\xi)=\xi$. 命题得证.

总习题二

A. 基础测试题

1. 填空题

(1) $\lim\limits_{x\to 1}\dfrac{\sqrt{5-x}-\sqrt{3+x}}{x^2-1}=\lim\limits_{x\to 1}\dfrac{2(1-x)}{(x^2-1)(\sqrt{5-x}+\sqrt{3+x})}$
$=\lim\limits_{x\to 1}\dfrac{2}{-(x+1)(\sqrt{5-x}+\sqrt{3+x})}=-\dfrac{1}{4}.$

(2) $\lim\limits_{x\to 0}\dfrac{x(x+\sin x)^3}{1-\cos 2x^2}=\lim\limits_{x\to 0}\dfrac{x(x+\sin x)^3}{2\sin^2 x^2}=\lim\limits_{x\to 0}\dfrac{x(x+\sin x)^3}{2x^4}.$
$=\lim\limits_{x\to 0}\dfrac{(x+\sin x)^3}{2x^3}=\lim\limits_{x\to 0}\dfrac{1}{2}\left(1+\dfrac{\sin x}{x}\right)^3=4.$

(3) 当 $x\to\infty$ 时，$\dfrac{2x}{x^2+1}\to 0$，则 $\sin\dfrac{2x}{x^2+1}\sim\dfrac{2x}{x^2+1}$，故

$$\lim\limits_{x\to\infty}x\sin\dfrac{2x}{x^2+1}=\lim\limits_{x\to\infty}x\cdot\dfrac{2x}{x^2+1}=2.$$

(4) $\lim\limits_{x\to+\infty}\arccos(\sqrt{x^2+x}-x)=\arccos\lim\limits_{x\to+\infty}(\sqrt{x^2+x}-x)$
$=\arccos\lim\limits_{x\to+\infty}\dfrac{(\sqrt{x^2+x}-x)(\sqrt{x^2+x}+x)}{\sqrt{x^2+x}+x}$
$=\arccos\lim\limits_{x\to+\infty}\dfrac{x}{\sqrt{x^2+x}+x}=\arccos\dfrac{1}{2}=\dfrac{\pi}{3}.$

(5) 因为 $x\sin\sqrt{x} \sim ax^k$，所以 $\lim\limits_{x\to 0}\dfrac{x\sin\sqrt{x}}{ax^k}=1$.

当 $x\to 0$ 时，$\sin\sqrt{x}\sim\sqrt{x}$，故

$$\lim_{x\to 0}\frac{x\sin\sqrt{x}}{ax^k}=\lim_{x\to 0}\frac{x\sqrt{x}}{ax^k}=\lim_{x\to 0}\frac{x^{\frac{3}{2}}}{ax^k}=1.$$

所以 $k=\dfrac{3}{2}$，$a=1$.

(6) $\lim\limits_{x\to\infty}[f(x)-ax-b]=0$，即 $\lim\limits_{x\to\infty}[f(x)-ax]=b$．所以

$$\lim_{x\to\infty}\frac{f(x)}{x}=\lim_{x\to\infty}\left[\frac{f(x)-ax}{x}+a\right]=\lim_{x\to\infty}\frac{f(x)-ax}{x}+a=0+a=a.$$

(7) $\lim\limits_{x\to 1}(x^2+2x-a)=0$，即 $1+2-a=0$，所以 $a=3$.

(8) $\lim\limits_{x\to 0}\left(1+\dfrac{2x}{a}\right)^{\frac{a}{2x}\cdot\frac{2}{a}}=\mathrm{e}^{\frac{2}{a}}=\mathrm{e}^2$，所以 $a=1$.

(9) 因为 $\lim\limits_{x\to 0}\mathrm{e}^{-\frac{1}{x^2}}=0=f(0)$，所以函数 $f(x)$ 在 $(-\infty,+\infty)$ 上连续.

(10) $\lim\limits_{x\to 0^-}f(x)=\lim\limits_{x\to 0^-}(1+x^2)=1$，$\lim\limits_{x\to 0^+}f(x)=\lim\limits_{x\to 0^+}\dfrac{\sin ax}{x}=a$.

因为 $f(x)$ 在点 $x=0$ 处连续，所以 $a=1$.

2. 单项选择题

(1) 当 $n\to\infty$ 时，$u_n=(-1)^n\dfrac{1}{n}\to 0$，故选择选项（B）.

(2) 因为当 $x\to 0$ 时，x 为无穷小量，$\sin\dfrac{1}{x}$ 为有界量，所以 $\lim\limits_{x\to 0}x\sin\dfrac{1}{x}=0$. 又 $\lim\limits_{x\to 0}\dfrac{\sin x}{x}=1$，因此 $\lim\limits_{x\to 0}\left(x\sin\dfrac{1}{x}+\dfrac{1}{x}\sin x\right)=0+1=1$，故选择选项（C）.

(3) $\lim\limits_{x\to 0}\dfrac{x^2+\sin x}{x}=\lim\limits_{x\to 0}\left(x+\dfrac{\sin x}{x}\right)=1$，故选择选项（B）.

(4) $\lim\limits_{x\to 1^-}f(x)=\lim\limits_{x\to 1^-}\dfrac{\sin(x-1)}{-(x-1)}=-1$，$\lim\limits_{x\to 1^+}f(x)=\lim\limits_{x\to 1^+}\dfrac{\sin(x-1)}{x-1}=1$.

$\lim\limits_{x\to 0^-}f(x)\ne\lim\limits_{x\to 0^+}f(x)$，所以 $x=0$ 为函数的第一类间断点，且为跳跃间断点．故选择选项（C）.

(5) $\lim\limits_{x\to\infty}\left(1-\dfrac{1}{x}\right)^x=\mathrm{e}^{-1}$，$\lim\limits_{x\to\infty}\dfrac{\sin x}{x}=0$，$\lim\limits_{x\to 0}x\sin\dfrac{1}{x}=0$，所以（A）（C）（D）都不对.

$\lim\limits_{x\to\infty}\left(1+\dfrac{1}{x}\right)^{-x}=\lim\limits_{x\to\infty}\left(1+\dfrac{1}{x}\right)^{x\times(-1)}=\mathrm{e}^{-1}$，（B）正确，故选择选项（B）.

(6) $\lim\limits_{x\to 0}f(x)=\lim\limits_{x\to 0}1=1$，故选择选项（C）.

(7) 因为 $\lim\limits_{x\to 0}\dfrac{x}{f(3x)}=2$，所以 $\lim\limits_{x\to 0}\dfrac{3x}{f(3x)}=6$，令 $u=3x$，得 $\lim\limits_{u\to 0}\dfrac{u}{f(u)}=6$. 所以

$$\lim_{x\to 0}\dfrac{f(2x)}{x}\xlongequal{\diamondsuit u=2x}\lim_{u\to 0}\dfrac{f(u)}{u}\cdot 2=\lim_{u\to 0}\dfrac{1}{u/f(u)}\cdot 2=\dfrac{2}{6}=\dfrac{1}{3},$$

故选择选项（B）．

(8) 当 $x\to 0$ 时，$\ln(1+x^2)\sim x^2$，$1-\cos x\sim\dfrac{x^2}{2}$，$\sqrt{1-x^2}-1\sim -\dfrac{x^2}{2}$，所以（A）(B)(C) 与 x^2 同阶；而

$$\lim_{x\to 0}\dfrac{\sin x-\tan x}{x^2}=\lim_{x\to 0}\dfrac{\tan x(\cos x-1)}{x^2}=\lim_{x\to 0}\dfrac{x\cdot\left(-\dfrac{x^2}{2}\right)}{x^2}=0,$$

所以 $\sin x-\tan x$ 是比 x^2 高阶的无穷小量．故选择选项（D）．

(9) 由连续函数的性质，可知选项（A）正确，故选择选项（A）．

(10) 选项（D）正确，故选择选项（D）．

3．(1) 当 $x\to 0$ 时，$\sin x\sim x$，$1-\cos x\sim\dfrac{1}{2}x^2$，$\tan 2x\sim 2x$．

$$\lim_{x\to 0}\dfrac{\tan x-\sin x}{\tan^3 2x}=\lim_{x\to 0}\dfrac{\dfrac{\sin x}{\cos x}-\sin x}{\tan^3 2x}=\lim_{x\to 0}\dfrac{\sin x(1-\cos x)}{\tan^3 2x\cdot\cos x}$$

$$=\lim_{x\to 0}\dfrac{x\cdot\dfrac{1}{2}x^2}{(2x)^3\cos x}=\dfrac{1}{16}.$$

(2) 当 $x\to 0^+$ 时，$1-\cos x\sim\dfrac{1}{2}x^2$，$1-\cos\sqrt{x}\sim\dfrac{1}{2}x$．

$$\lim_{x\to 0^+}\dfrac{1-\sqrt{\cos x}}{x(1-\cos\sqrt{x})}=\lim_{x\to 0^+}\dfrac{(1-\sqrt{\cos x})(1+\sqrt{\cos x})}{x(1-\cos\sqrt{x})(1+\sqrt{\cos x})}$$

$$=\lim_{x\to 0^+}\dfrac{1-\cos x}{x(1-\cos\sqrt{x})(1+\sqrt{\cos x})}$$

$$=\lim_{x\to 0^+}\dfrac{\dfrac{1}{2}x^2}{x\cdot\dfrac{1}{2}x(1+\sqrt{\cos x})}=\dfrac{1}{2}.$$

(3) $\lim\limits_{x\to\infty}\left(\cos\dfrac{1}{x}+\sin\dfrac{1}{x}\right)^x=\lim\limits_{x\to\infty}\left(1+\sin\dfrac{2}{x}\right)^{\frac{x}{2}}$

$$=\lim_{x\to\infty}\left[\left(1+\sin\dfrac{2}{x}\right)^{\frac{1}{\sin\frac{2}{x}}}\right]^{\frac{\sin\frac{2}{x}}{\frac{2}{x}}}=e^1=e.$$

4. 令

$$u_n = \frac{1}{n^2+n+1} + \frac{2}{n^2+n+2} + \cdots + \frac{n}{n^2+n+n},$$

$$v_n = \frac{1}{n^2+n+n} + \frac{2}{n^2+n+n} + \cdots + \frac{n}{n^2+n+n},$$

$$w_n = \frac{1}{n^2+n+1} + \frac{2}{n^2+n+1} + \cdots + \frac{n}{n^2+n+1},$$

显然 $v_n \leqslant u_n \leqslant w_n$，且

$$v_n = \frac{1+2+\cdots+n}{n^2+n+n} = \frac{n(n+1)}{2n(n+2)} = \frac{n+1}{2(n+2)},$$

$$w_n = \frac{1+2+\cdots+n}{n^2+n+1} = \frac{n(n+1)}{2(n^2+n+1)},$$

由此可得 $\lim\limits_{n\to\infty} v_n = \frac{1}{2}$，$\lim\limits_{n\to\infty} w_n = \frac{1}{2}$.

由夹迫准则得 $\lim\limits_{n\to\infty} u_n = \frac{1}{2}$，命题得证.

5. 由

$$\lim_{x\to+\infty}(\sqrt{x^2-x+1}-ax-b) = \lim_{x\to+\infty}x\left(\sqrt{1-\frac{1}{x}+\frac{1}{x^2}}-a-\frac{b}{x}\right) = 0,$$

可知 $1-a=0$，即 $a=1$.

$$b = \lim_{x\to+\infty}(\sqrt{x^2-x+1}-x) = \lim_{x\to+\infty}\frac{-x+1}{\sqrt{x^2-x+1}+x} = -\frac{1}{2}.$$

6. $\lim\limits_{x\to\infty}\left(\frac{x+2a}{x-a}\right)^x = \lim\limits_{x\to\infty}\left(\frac{1+\frac{2a}{x}}{1-\frac{a}{x}}\right)^x = \lim\limits_{x\to\infty}\frac{\left(1+\frac{2a}{x}\right)^{\frac{x}{2a}\cdot 2a}}{\left(1-\frac{a}{x}\right)^{-\frac{x}{a}\cdot(-a)}} = \frac{e^{2a}}{e^{-a}} = e^{3a} = 8.$

解得 $a = \ln 2$.

7.（1）函数在 $x=0$，$x=1$ 处无定义，因此 $x=0$，$x=1$ 为函数的间断点.

由当 $x\to 0$ 时，$e^{2x}-1 \sim 2x$，得

$$\lim_{x\to 0} y = \lim_{x\to 0}\frac{e^{2x}-1}{x(x-1)} = \lim_{x\to 0}\frac{2x}{x(x-1)} = -1,$$

所以 $x=0$ 为函数的可去间断点.

而 $\lim\limits_{x\to 1} y = \lim\limits_{x\to 1}\frac{e^{2x}-1}{x(x-1)} = \infty$，所以 $x=1$ 为函数的无穷间断点.

函数的连续区间为 $(-\infty, 0) \cup (0, 1) \cup (1, +\infty)$.

(2) 由 $1-e^{\frac{x}{1-x}} \neq 0$，得 $\begin{cases} 1-x \neq 0 \\ \dfrac{x}{1-x} \neq 0 \end{cases}$，即 $x \neq 1$ 且 $x \neq 0$，亦即函数在 $x=0$，$x=1$ 处无定义，所以 $x=0$，$x=1$ 为函数的间断点. 又

$$\lim_{x \to 0} y = \lim_{x \to 0} \frac{1}{1-e^{\frac{x}{1-x}}} = \infty,$$

所以 $x=0$ 为函数的无穷间断点. 而

$$\lim_{x \to 1^-} y = \lim_{x \to 1^-} \frac{1}{1-e^{\frac{x}{1-x}}} = 0, \quad \lim_{x \to 1^+} y = \lim_{x \to 1^+} \frac{1}{1-e^{\frac{x}{1-x}}} = 1,$$

所以 $x=1$ 为函数的跳跃间断点.

故函数的连续区间为 $(-\infty, 0) \cup (0, 1) \cup (1, +\infty)$.

8. 由题意得

$$\lim_{x \to 0^-} f(x) = \lim_{x \to 0^-} (2e^x + 1) = 3,$$

$$\lim_{x \to 0^+} f(x) = \lim_{x \to 0^+} \frac{\ln(1+ax)}{x} = \lim_{x \to 0^+} \frac{ax}{x} = a \quad (\text{当 } x \to 0^+ \text{ 时, } \ln(1+ax) \sim ax).$$

要使函数 $f(x)$ 处处连续，必须使得

$$\lim_{x \to 0^-} f(x) = \lim_{x \to 0^+} f(x) = f(0) = 3.$$

所以 $a=3$.

9. 令 $F(x) = f(x) - g(x)$，因为 $f(x)$ 和 $g(x)$ 在 $[a, b]$ 上连续，所以函数 $F(x)$ 在 $[a, b]$ 上连续. 又 $f(a) < g(a)$，$f(b) > g(b)$，因此 $F(a) < 0$，$F(b) > 0$.

由根的存在定理（零点定理）得：至少存在一点 $\xi \in (a, b)$，使 $F(\xi) = 0$，即 $f(\xi) = g(\xi)$. 命题得证.

B. 考研提高题

1. 因为

$$\left(\frac{a^x + b^x + c^x}{3}\right)^{\frac{1}{x}} = e^{\frac{1}{x} \ln\left(\frac{a^x + b^x + c^x}{3}\right)}, \quad \text{且} \lim_{x \to 0} \frac{a^x - 1}{x} = \ln a,$$

$$\lim_{x \to 0} \frac{1}{x} \ln\left(\frac{a^x + b^x + c^x}{3}\right) = \lim_{x \to 0} \frac{1}{x} \ln\left(1 + \frac{a^x + b^x + c^x - 3}{3}\right)$$

$$= \lim_{x \to 0} \frac{1}{x} \cdot \frac{a^x + b^x + c^x - 3}{3} \quad (\text{在此 } \ln(1+x) \sim x, x \to 0)$$

$$= \lim_{x \to 0} \frac{1}{x} \cdot \frac{(a^x - 1) + (b^x - 1) + (c^x - 1)}{3}$$

$$=\frac{\ln a+\ln b+\ln c}{3}=\frac{\ln(abc)}{3},$$

所以

$$\lim_{x\to 0}\left(\frac{a^x+b^x+c^x}{3}\right)^{\frac{1}{x}}=e^{\frac{\ln(abc)}{3}}=\sqrt[3]{abc}.$$

2. $\lim\limits_{x\to+\infty}(3x-\sqrt{ax^2+bx+1})=\lim\limits_{x\to+\infty}x\left(3-\sqrt{a+\frac{b}{x}+\frac{1}{x^2}}\right)=2.$

由于上式成立，因此

$$\lim_{x\to+\infty}\left(3-\sqrt{a+\frac{b}{x}+\frac{1}{x^2}}\right)=0, \text{即 } 3-\sqrt{a}=0, a=9.$$

将 $a=9$ 代入原式，并有理化，得

$$\lim_{x\to+\infty}(3x-\sqrt{9x^2+bx+1})=\lim_{x\to+\infty}\frac{-bx-1}{3x+\sqrt{9x^2+bx+1}}$$

$$=\lim_{x\to+\infty}\frac{-b-\frac{1}{x}}{3+\sqrt{9+\frac{b}{x}+\frac{1}{x^2}}}=-\frac{b}{6}=2,$$

得 $b=-12$. 故 $a=9, b=-12$.

3. 由题意得 $\lim\limits_{x\to 0}\dfrac{\sqrt{1+f(x)\sin x}-1}{e^{2x}-1}=1.$

当 $x\to 0$ 时，$\sqrt{1+f(x)\sin x}-1\sim\dfrac{1}{2}f(x)\sin x$，$e^{2x}-1\sim 2x$，且 $\lim\limits_{x\to 0}f(x)$ 存在，有

$$\lim_{x\to 0}\frac{\sqrt{1+f(x)\sin x}-1}{e^{2x}-1}=\lim_{x\to 0}\frac{1}{2}\times\frac{f(x)\sin x}{2x}=\lim_{x\to 0}\frac{f(x)}{4}=1,$$

由此可得 $\lim\limits_{x\to 0}f(x)=4.$

4. 函数 $f(x)$ 在 $x=0$ 处的左、右极限为

$$\lim_{x\to 0^-}f(x)=\lim_{x\to 0^-}\frac{\sqrt{a}-\sqrt{a-x}}{x}=\lim_{x\to 0^-}\frac{(\sqrt{a}-\sqrt{a-x})(\sqrt{a}+\sqrt{a-x})}{x(\sqrt{a}+\sqrt{a-x})}$$

$$=\lim_{x\to 0^-}\frac{x}{x(\sqrt{a}+\sqrt{a-x})}$$

$$=\lim_{x\to 0^-}\frac{1}{\sqrt{a}+\sqrt{a-x}}=\frac{1}{2\sqrt{a}},$$

$$\lim_{x\to 0^+}f(x)=\lim_{x\to 0^+}\frac{\cos x}{x+2}=\frac{1}{2}.$$

当 $\lim\limits_{x\to 0^+}f(x)\neq \lim\limits_{x\to 0^-}f(x)$，即 $\dfrac{1}{2}\neq \dfrac{1}{2\sqrt{a}}$，亦即 $a\neq 1$ 时，$x=0$ 是 $f(x)$ 的间断点，由于 a 为大于零的实数，故 $f(0^+)$ 与 $f(0^-)$ 均存在，只是 $f(0^+)\neq f(0^-)$，故 $x=0$ 为 $f(x)$ 的跳跃间断点.

5. $f(x)=\lim\limits_{n\to\infty}\dfrac{x^n-x^{-n}}{x^n+x^{-n}}=\lim\limits_{n\to\infty}\dfrac{x^{2n}-1}{x^{2n}+1}=\begin{cases}-1, & |x|<1\\ 0, & |x|=1.\\ 1, & |x|>1\end{cases}$

只需判断函数在分界点 $x=-1$，$x=0$，$x=1$ 处的连续性. 因为

$$\lim\limits_{x\to -1^-}f(x)=\lim\limits_{x\to -1^-}1=1,\ \lim\limits_{x\to -1^+}f(x)=\lim\limits_{x\to -1^+}(-1)=-1,$$

$$\lim\limits_{x\to 0}f(x)=\lim\limits_{x\to 0}(-1)=-1,\ f(0)\ \text{无定义},$$

$$\lim\limits_{x\to 1^-}f(x)=\lim\limits_{x\to 1^-}(-1)=-1,\ \lim\limits_{x\to 1^+}f(x)=\lim\limits_{x\to 1^+}1=1,$$

所以函数在 $x=-1$，$x=0$，$x=1$ 处不连续，且 $x=-1$ 和 $x=1$ 为函数 $f(x)$ 的跳跃间断点，$x=0$ 为函数 $f(x)$ 的可去间断点.

6. 由 $a_{n+1}=\dfrac{1}{2}\left(a_n+\dfrac{1}{a_n}\right)\geqslant \sqrt{a_n}\cdot\dfrac{1}{\sqrt{a_n}}=1$，得数列 $\{a_n\}$ 有下界. 又由 $a_{n+1}-a_n=\dfrac{1}{2}\left(\dfrac{1}{a_n}-a_n\right)=\dfrac{1-a_n^2}{2a_n}\leqslant 0$ 可知数列 $\{a_n\}$ 单调减少. 由单调有界定理得 $\lim\limits_{n\to\infty}a_n$ 存在.

令 $\lim\limits_{n\to\infty}a_n=b$，在 $a_{n+1}=\dfrac{1}{2}\left(a_n+\dfrac{1}{a_n}\right)$ 两端令 $n\to\infty$ 取极限，得 $b=\dfrac{1}{2}\left(b+\dfrac{1}{b}\right)$，解得 $b=1$，$b=-1$（舍去），所以 $\lim\limits_{n\to\infty}a_n=1$.

7. 因极限 $\lim\limits_{x\to +\infty}f(x)$ 存在，记 $\lim\limits_{x\to +\infty}f(x)=A$，则对于任意给定的正数 ε，存在 $X>0$，使得当 $x>X$ 时，总有 $|f(x)-A|<\varepsilon$，即 $A-\varepsilon<f(x)<A+\varepsilon$，由此可得：函数 $f(x)$ 在 $(X, +\infty)$ 内有界.

又函数 $f(x)$ 在区间 $[0, +\infty)$ 内连续，显然也在 $[0, X]$ 上连续，由闭区间上连续函数的性质可得：函数 $f(x)$ 在 $[0, X]$ 上有界.

综上可得：函数 $f(x)$ 在区间 $[0, +\infty)$ 内有界.

8. **方法 1** （1）令 $F(x)=2f(x)-f(c)-f(d)$，由函数 $f(x)$ 在区间 $[a, b]$ 上连续可得，函数 $F(x)$ 在区间 $[c, d]$ 上连续.

又

$$F(c)=2f(c)-f(c)-f(d)=f(c)-f(d),$$
$$F(d)=2f(d)-f(c)-f(d)=f(d)-f(c).$$

若 $f(c)=f(d)$，取 $\xi=c$ 或 $\xi=d$，则 $f(c)+f(d)=2f(\xi)$，结论（1）成立.

若 $f(c)\neq f(d)$，则 $F(c)$ 与 $F(d)$ 一定异号，由零点定理得：函数 $F(x)$ 在区间 (c, d) 内至少存在一点 ξ，使得 $F(\xi)=0$，即 $f(c)+f(d)=2f(\xi)$，因为 $a<c<d<b$，

所以 ξ 亦属于区间 (a,b). 结论（1）成立.

(2) 令 $G(x)=pf(c)+qf(d)-(p+q)f(x)$，由函数 $f(x)$ 在区间 $[a,b]$ 上连续可得，函数 $G(x)$ 在区间 $[c,d]$ 上连续.

又

$$G(c)=pf(c)+qf(d)-(p+q)f(c)=q[f(d)-f(c)],$$
$$G(d)=pf(c)+qf(d)-(p+q)f(d)=p[f(c)-f(d)].$$

若 $f(c)=f(d)$，取 $\xi=c$ 或 $\xi=d$，则 $pf(c)+qf(d)=(p+q)f(\xi)$，结论（2）成立.

若 $f(c)\neq f(d)$，因为 $p>0$，$q>0$，所以 $G(c)$ 与 $G(d)$ 一定异号，由零点定理得，函数 $G(x)$ 在区间 (c,d) 内至少存在一点 ξ，使得 $G(\xi)=0$，即 $pf(c)+qf(d)=(p+q)f(\xi)$，因为 $a<c<d<b$，所以 ξ 亦属于区间 (a,b). 结论（2）成立.

方法 2 （1）因为 $f(x)$ 在区间 $[a,b]$ 上连续，所以存在最大值 M 与最小值 m，又 $a<c<d<b$，所以

$$m\leqslant f(c)\leqslant M,\quad m\leqslant f(d)\leqslant M,$$

两式相加，得

$$2m\leqslant f(c)+f(d)\leqslant 2M,$$

即 $m\leqslant \dfrac{f(c)+f(d)}{2}\leqslant M.$

由介值定理，在区间 (a,b) 内至少存在一点 ξ，使得 $f(\xi)=\dfrac{f(c)+f(d)}{2}$，即

$$f(c)+f(d)=2f(\xi),\ \xi\in(a,b).$$

(2) 因为 $p>0$，$q>0$，所以有

$$pm\leqslant pf(c)\leqslant pM,\quad qm\leqslant qf(d)\leqslant qM,$$

两式相加，得

$$(p+q)m\leqslant pf(c)+qf(d)\leqslant (p+q)M,$$

即

$$m\leqslant \frac{pf(c)+qf(d)}{p+q}\leqslant M.$$

由介值定理，在区间 (a,b) 内至少存在一点 ξ，使得 $f(\xi)=\dfrac{pf(c)+qf(d)}{p+q}$，即

$$pf(c)+qf(d)=(p+q)f(\xi),\ \xi\in(a,b).$$

9. **方法 1** 因为 $f(x)$ 在区间 $[a,b]$ 上连续，所以存在最大值 M 与最小值 m，又 $a\leqslant x_1<x_2<\cdots<x_n\leqslant b$，所以

$$m \leqslant f(x_1) \leqslant M, \ m \leqslant f(x_2) \leqslant M, \cdots, m \leqslant f(x_n) \leqslant M$$

上式相加，得

$$nm \leqslant f(x_1)+f(x_2)+\cdots+f(x_n) \leqslant nM,$$

即

$$m \leqslant \frac{1}{n}[f(x_1)+f(x_2)+\cdots+f(x_n)] \leqslant M.$$

由介值定理，在区间 (a,b) 内至少存在一点 ξ，使得

$$f(\xi)=\frac{1}{n}[f(x_1)+f(x_2)+\cdots+f(x_n)], \ \xi \in (a,b).$$

方法 2 令 $F_1(x)=2f(x)-f(x_1)-f(x_2)$，由题 8（1）可知存在 $\xi_1 \in (x_1, x_2)$，使得 $f(x_1)+f(x_2)=2f(\xi_1)$，即 $f(\xi_1)=\frac{1}{2}[f(x_1)+f(x_2)]$.

又 $\xi_1<x_2<x_3<x_4$，令 $F_2(x)=3f(x)-2f(\xi_1)-f(x_3)$，利用题 8（2）结论可得存在 $\xi_2 \in (\xi_1, x_3)$，使得 $2f(\xi_1)+f(x_3)=3f(\xi_2)$，把 $f(\xi_1)=\frac{1}{2}[f(x_1)+f(x_2)]$ 代入，即得 $f(\xi_2)=\frac{1}{3}[f(x_1)+f(x_2)+f(x_3)]$.

同理一直做下去，令 $F_{n-1}(x)=nf(x)-(n-1)f(\xi_{n-2})-f(x_n)$，可得：存在 $\xi \in (\xi_{n-2}, x_n)$，使得 $f(\xi)=\frac{1}{n}[f(x_1)+f(x_2)+\cdots+f(x_n)]$，此时 $\xi \in (a,b)$，命题得证.

第3章 导数与微分

微分学是微积分的重要组成部分，导数与微分是微分学的两个基本概念．导数反映了函数相对于自变量变化的快慢程度，即变化率问题；而微分刻画了当自变量有微小变化时，函数变化的近似值．学习中应注意理解导数与微分的概念及其关系，熟练掌握各种求导法则．

一、知识要点

本章各节的主要内容和学习要点如表3-1所示．

表3-1 导数与微分的主要内容与学习要点

章节	主要内容	学习要点
3.1 导数的概念	导数的概念	★导数的概念及几何意义
	函数可导性与连续性的关系	★函数可导性与连续性的关系
3.2 求导法则	函数的四则运算求导法则	★导数的四则运算法则及应用
	复合函数求导法则	★复合函数求导法则及应用
	求导公式与初等函数的导数	★基本初等函数的求导公式
3.3 高阶导数	高阶导数	☆高阶导数的概念与求导法
3.4 隐函数与参变量函数的导数	隐函数求导法	☆隐函数求导法及应用
	参变量函数求导法	☆参变量函数求导法及应用
3.5 微分	微分的概念与几何意义	★微分的概念与几何意义
	微分公式与微分的运算法则	★微分公式与微分的运算法则
	用微分作近似计算	☆利用微分作近似计算
3.6 导数在经济分析中的简单应用	边际函数的概念	☆边际函数的概念
	边际成本、边际收益与边际利润	☆边际成本、边际收益与边际利润

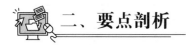

二、要点剖析

1. 导数与微分对比概括

导数与微分是微分学中的两个重要概念,导数表示的是函数在一点处的变化率,微分描述的是函数在一点处的改变量的线性主部. 导数与微分是两个完全不同的概念,但两者又是等价的,且具有类似的运算法则. 导数与微分的概念与运算对比如表 3-2 所示.

表 3-2 导数与微分

	导数	微分
概念	$f'(x)=\lim\limits_{\Delta x \to 0}\dfrac{f(x+\Delta x)-f(x)}{\Delta x}$	$\Delta y = f'(x)\Delta x + o(\Delta x)$,$dy = f'(x)dx$
几何意义	函数 $y=f(x)$ 在点 x_0 处的导数等于函数曲线在相应点 (x_0, y_0) 处的切线斜率	曲线 $y=f(x)$ 在点 (x_0, y_0) 处的切线的纵坐标的改变量即为微分 dy
基本公式	基本初等函数的求导公式 14 个	基本初等函数的微分公式 14 个
运算法则	$[u(x) \pm v(x)]' = u'(x) \pm v'(x)$ $[u(x)v(x)]' = u'(x)v(x) + u(x)v'(x)$ $\left[\dfrac{u(x)}{v(x)}\right]' = \dfrac{u'(x)v(x)-u(x)v'(x)}{v^2(x)}$ $\dfrac{d}{dx}f[\varphi(x)] = f'(\varphi(x)) \cdot \varphi'(x)$	$d[u(x) \pm v(x)] = du(x) \pm dv(x)$ $d[u(x)v(x)] = v(x)du(x) + u(x)dv(x)$ $d\left[\dfrac{u(x)}{v(x)}\right] = \dfrac{v(x)du(x)-u(x)dv(x)}{v^2(x)}$ $dy = f'(\varphi(x))\varphi'(x)dx$
微分方法	隐函数求导法: 　在 $F(x, y)=0$ 两边对 x 求导,求出 y' 参数方程求导法:$\dfrac{dy}{dx}=\dfrac{\psi'(t)}{\varphi'(t)}$	隐函数微分法: 　在 $F(x, y)=0$ 两边求微分,求出 dy 参数方程微分法:$\dfrac{dy}{dx}=\dfrac{d\psi(t)}{d\varphi(t)}=\dfrac{\psi'(t)}{\varphi'(t)}$
关系	导数 $\rightleftharpoons$ 微分:$dy = f'(x)dx$;$\dfrac{dy}{dx}=f'(x)$	

基本初等函数的求导公式与微分公式如表 3-3 所示.

表 3-3 求导公式与微分公式

基本初等函数的求导公式	基本初等函数的微分公式
$(C)'=0$(C 为常数)	$dC=0$(C 为常数)
$(x^\alpha)' = \alpha x^{\alpha-1}$	$dx^\alpha = \alpha x^{\alpha-1}dx$
$(\log_a x)' = \dfrac{1}{x\ln a}$	$d\log_a x = \dfrac{1}{x\ln a}dx$
$(\ln x)' = \dfrac{1}{x}$	$d\ln x = \dfrac{1}{x}dx$
$(a^x)' = a^x \ln a$	$da^x = a^x \ln a\, dx$

续表

基本初等函数的求导公式	基本初等函数的微分公式
$(e^x)' = e^x$	$de^x = e^x dx$
$(\sin x)' = \cos x$	$d\sin x = \cos x \, dx$
$(\cos x)' = -\sin x$	$d\cos x = -\sin x \, dx$
$(\tan x)' = \dfrac{1}{\cos^2 x} = \sec^2 x$	$d\tan x = \dfrac{1}{\cos^2 x} dx = \sec^2 x \, dx$
$(\cot x)' = -\dfrac{1}{\sin^2 x} = -\csc^2 x$	$d\cot x = -\dfrac{1}{\sin^2 x} dx = -\csc^2 x \, dx$
$(\arcsin x)' = \dfrac{1}{\sqrt{1-x^2}}$	$d\arcsin x = \dfrac{1}{\sqrt{1-x^2}} dx$
$(\arccos x)' = -\dfrac{1}{\sqrt{1-x^2}}$	$d\arccos x = -\dfrac{1}{\sqrt{1-x^2}} dx$
$(\arctan x)' = \dfrac{1}{1+x^2}$	$d\arctan x = \dfrac{1}{1+x^2} dx$
$(\text{arccot}\, x)' = -\dfrac{1}{1+x^2}$	$d\,\text{arccot}\, x = -\dfrac{1}{1+x^2} dx$

2. 导数概念

导数概念是本章中重要的基本概念. 对于导数概念要明确其定义形式, 导数的定义可表述为:

$$f'(x_0) = \lim_{\Delta x \to 0} \frac{f(x_0 + \Delta x) - f(x_0)}{\Delta x} \quad \text{或} \quad f'(x_0) = \lim_{x \to x_0} \frac{f(x) - f(x_0)}{x - x_0}.$$

(1) 导数 $f'(x_0)$ 只是 x_0 的函数, 取决于 f 和 x_0, 与 Δx 无关, 在导数定义的极限表达式中 Δx 只是无穷小量, 与它的具体形式无关, 因此

$$f'(x_0) = \lim_{\Delta x \to 0} \frac{f(x_0 - 2\Delta x) - f(x_0)}{-2\Delta x} = \lim_{h \to x_0} \frac{f(3h) - f(x_0)}{3h - x_0}.$$

(2) 函数改变量 Δy 与自变量改变量 Δx 的比值 $\dfrac{\Delta y}{\Delta x}$ 是函数 y 在以 x_0 及 $x_0 + \Delta x$ 为端点的区间上的平均变化率, 而导数 $f'(x_0)$ 则是函数 y 在点 x_0 处的瞬时变化率, 它反映了函数随自变量变化而变化的快慢程度.

(3) 求 $f'(x_0)$ 可以直接从定义计算, 也可以先求出 $f'(x)$ 的一般表达式, 再计算 $f'(x_0)$, 即 $f'(x_0) = f'(x)\big|_{x=x_0}$.

(4) 导数的定义一般用于讨论函数在某一点处的可导性, 尤其是分段函数在分段点处的可导性要通过左、右导数的定义进行讨论.

(5) 对于导数概念的理解,还要把握导数的几何意义以及导数与连续的关系(见表3-4).

表 3-4 导数的几何意义、导数与连续的关系

导数的几何意义	函数 $y=f(x)$ 在点 x_0 处的导数等于函数 $y=f(x)$ 所表示的曲线 L 在相应点 (x_0, y_0) 处的切线斜率. 切线方程为 $y-y_0=f'(x_0)(x-x_0)$.
可导的充分必要条件	函数 $y=f(x)$ 在点 x_0 处的左、右导数存在且相等是 $f(x)$ 在点 x_0 处可导的充分必要条件,即 $f'(x_0)=A \Leftrightarrow f'_-(x_0)=f'_+(x_0)=A$.
可导与连续的关系	若函数 $y=f(x)$ 在某点处的导数存在,那么它一定在该点处连续. 反过来,在点 x 处连续的函数未必在点 x 处可导.

3. 微分概念

对于微分概念要明确微分存在的条件是函数的改变量可以表示成 $\Delta y = A\Delta x + o(\Delta x)$,即函数的改变量可以表示成两部分:一部分是关于 Δx 的线性主部,另一部分是比 Δx 高阶的无穷小 $o(\Delta x)$. 微分的形式为 $dy = f'(x)dx$,即微分为导数 $f'(x)$ 与自变量微分 dx 的乘积.

微分概念的几个特征:

(1) 微分 dy 与增量 Δx 成线性关系,即 dy 随 Δx 均匀变化;

(2) 微分 dy 与函数增量 Δy 的关系是:若 $f'(x_0) \neq 0$,则当 $\Delta x \to 0$ 时,dy 是 Δy 的线性主部 $\Delta y = dy + o(\Delta x)$;

(3) 当 $|\Delta x|$ 很小时,可用 dy 近似代替 Δy,即 $\Delta y \approx dy$,亦即用线性代替非线性.

导数与微分的区别与联系:

(1) 函数 $f(x)$ 在点 x 处的导数与微分等价. 导数 $\dfrac{dy}{dx}$ 也可理解为函数微分 dy 与自变量微分 dx 之商.

(2) 导数与微分是两个完全不同的概念,导数 $f'(x_0)$ 是函数增量与自变量增量比的极限,是只与 x_0 有关的一个确定值;而微分 $dy = f'(x_0)dx$ 是自变量增量 $\Delta x = dx$ 的线性函数,是函数增量 Δy 的近似值,它同时依赖于 x_0 和 Δx.

(3) 在几何上,$f'(x_0)$ 为 $f(x)$ 在点 $(x_0, f(x_0))$ 处的切线斜率,而微分 dy 表示曲线 $f(x)$ 在点 $(x_0, f(x_0))$ 处切线纵坐标的增量.

(4) 一阶全微分具有形式不变形,导数则不然,求导时必须指明对哪个变量求导.

(5) 利用导数求微分,即先求出 $f'(x)$,再写出微分 $dy = f'(x)dx$;反之,也可以利用微分求导数,即先求出 $dy = f'(x)dx$,再写出导数 $f'(x)$.

4. 复合函数求导法则

复合函数求导法则是求导的核心,在应用复合函数求导法则时,根据复合函数的导数公式,要正确地求复合函数的导数.

复合函数求导法则:如果函数 $u = \varphi(x)$ 在点 x 处可导,而函数 $y = f(u)$ 在对应的点 u 处可导,那么复合函数 $y = f[\varphi(x)]$ 也在点 x 处可导,且有

$$\frac{\mathrm{d}y}{\mathrm{d}x} = \frac{\mathrm{d}y}{\mathrm{d}u} \cdot \frac{\mathrm{d}u}{\mathrm{d}x} \quad \text{或} \quad \{f[\varphi(x)]\}' = f'(u)\varphi'(x).$$

此法则也可用于多次复合的情形，设 $y=f(u)$，$u=\varphi(v)$，$v=\psi(x)$ 都可导，则

$$\frac{\mathrm{d}y}{\mathrm{d}x} = \frac{\mathrm{d}y}{\mathrm{d}u}\frac{\mathrm{d}u}{\mathrm{d}v}\frac{\mathrm{d}v}{\mathrm{d}x} \quad \text{或} \quad \{f[\varphi(\psi(x))]\}' = f'(u)\varphi'(v)\psi'(x).$$

复合函数求导法则使用要点：

(1) 必须首先正确分析函数的复合过程，将复合函数分解成一系列带有中间变量的基本初等函数，弄清因变量通过中间变量与最终变量的联系路径和层次.

(2) 沿着这条路径，从复合的最外层开始由外到里逐层求导，不要遗漏，直至求到最里层的最终变量的导数为止并将这些导数相乘.

(3) 对于由基本初等函数经过四则运算和复合运算构成的函数，求导时要注意分清四则运算与复合运算的先后次序，综合运用四则运算求导法则和复合函数求导法则.

5. 复合函数微分法则

设函数 $y=f(u)$ 及 $u=\varphi(x)$ 都可导，则复合函数 $y=f[\varphi(x)]$ 的微分为

$$\mathrm{d}y = \{f[\varphi(x)]\}'\mathrm{d}x = f'(u)\varphi'(x)\mathrm{d}x = f'(\varphi(x))\varphi'(x)\mathrm{d}x.$$

复合函数微分法则特性：对于函数 $y=f(u)$，不论 u 是自变量还是函数（中间变量），函数 $y=f(u)$ 的微分总保持同一形式 $\mathrm{d}y=f'(u)\mathrm{d}u$，这一性质称为一阶全微分形式不变性.

微分法则特性的使用：对于函数 $y=f(u)$，在求微分时，若 u 是自变量，则微分 $\mathrm{d}y=f'(u)\mathrm{d}u$；若 u 是中间变量，则还需继续求 u 的微分 $\mathrm{d}u$，直至关于最终变量的微分. 例如，若 $u=\varphi(x)$，则继续对 u 求微分，即 $\mathrm{d}y=f'(u)\mathrm{d}u=f'(\varphi(x))\varphi'(x)\mathrm{d}x$.

6. 隐函数微分法

如果方程 $F(x,y)=0$ 确定了隐函数 $y=f(x)$，则求 y' 或 $\mathrm{d}y$ 的方法有如下几种.

(1) 求导法.

对包含隐函数关系的方程两边关于变量 x 求导时，要将方程中的函数（因变量）y 当作中间变量，将方程 $F(x,y(x))=0$ 两边对 x 求导，再解出 y'. 注意，一定要指明对哪个变量求导.

(2) 微分法.

利用微分运算法则和一阶全微分形式不变性对方程 $F(x,y)=0$ 两边求微分，再解出 $\mathrm{d}y$. 利用一阶全微分形式不变性，在求微分时不需指明对哪个变量微分.

(3) 对数法.

对于幂指函数 $y=u(x)^{v(x)}$，可先取对数 $\ln y=v(x)\ln u(x)$，化为隐函数再求导数.

7. 参变量函数微分法

设参数方程 $\begin{cases} x=\varphi(t) \\ y=\psi(t) \end{cases}$ 确定 $y=f(x)$，其中 $\varphi(t)$ 与 $\psi(t)$ 可导，且 $\varphi'(t)\neq 0$，则求 y'

或 dy 的方法有如下两种.

（1）导数公式法.

求导数 $\varphi'(t)$，$\psi'(t)$，再代入求导公式 $\dfrac{dy}{dx}=\dfrac{\psi'(t)}{\varphi'(t)}$.

（2）微商法.

将导数视为微分之商，即 $\dfrac{dy}{dx}=\dfrac{\psi'(t)dt}{\varphi'(t)dt}=\dfrac{\psi'(t)}{\varphi'(t)}$.

8. 高阶导数的计算

求高阶导数并没有新的求导法则或公式，完全是利用一般导数公式及法则，在低阶导数的基础上求得更高阶的导数. 求高阶导数主要有两种方法：直接法和间接法.

（1）直接法是指对所给函数求出相应的一、二、三阶等导数，从中找到规律后归纳出 n 阶导数的公式.

（2）间接法是指利用已知的一些函数的高阶导数公式，通过四则运算法则、变量代换等方法求出 n 阶导数.

三、例题精解

题型一　有关导数定义的命题

例1 设 $f(x)$ 在点 x_0 处可导，求 $\lim\limits_{x\to 0}\dfrac{f(x_0+x)-f(x_0-2x)}{x}$.

解：$f(x)$ 在点 x_0 处可导，所以根据导数定义有

$$\lim_{x\to 0}\dfrac{f(x_0+x)-f(x_0-2x)}{x}$$
$$=\lim_{x\to 0}\dfrac{[f(x_0+x)-f(x_0)]+[f(x_0)-f(x_0-2x)]}{x}$$
$$=\lim_{x\to 0}\dfrac{[f(x_0+x)-f(x_0)]}{x}+2\lim_{x\to 0}\dfrac{f(x_0-2x)-f(x_0)}{-2x}$$
$$=f'(x_0)+2f'(x_0)=3f'(x_0).$$

【注记】导数实质上是一种特殊形式的函数极限. 对于极限而言，极限值与自变量用什么字母表示无关，因此，在利用导数定义表达式时，必须凑成导数定义形式再求极限，即有：

$$f'(x_0)=\lim_{\Delta x\to 0}\dfrac{f(x_0+\Delta x)-f(x_0)}{\Delta x}=\lim_{\Delta x\to 0}\dfrac{f(x_0+A\Delta x)-f(x_0)}{A\Delta x}.$$

例2 设 $f(x)$ 在点 $x=0$ 处连续，且 $\lim\limits_{x\to 0}\dfrac{f(x)}{x}=A$（$A$ 为常数）. 证明：$f(x)$ 在

点 $x=0$ 处可导.

分析 要证 $f(x)$ 在点 $x=0$ 处可导,由定义需证极限 $\lim\limits_{x\to 0}\dfrac{f(x)-f(0)}{x-0}$ 存在,由于 $\lim\limits_{x\to 0}\dfrac{f(x)}{x}=A$,故只要证 $f(0)=0$ 即可.

证:因为 $\lim\limits_{x\to 0}\dfrac{f(x)}{x}=A$,所以

$$\lim_{x\to 0}f(x)=\lim_{x\to 0}\left(\dfrac{f(x)}{x}\cdot x\right)=A\cdot 0=0.$$

因为 $f(x)$ 在点 $x=0$ 处连续,所以 $f(0)=\lim\limits_{x\to 0}f(x)=0$. 故

$$f'(0)=\lim_{x\to 0}\dfrac{f(x)-f(0)}{x-0}=\lim_{x\to 0}\dfrac{f(x)}{x}=A,$$

即 $f(x)$ 在点 $x=0$ 处可导,且 $f'(0)=A$.

题型二 讨论函数的可导性

例 3 证明函数 $f(x)=\begin{cases}\sqrt{x}, & 0\leqslant x\leqslant 1\\ 2x-1, & 1\leqslant x<+\infty\end{cases}$ 在点 $x=1$ 处连续但不可导.

分析 对于分段函数在分段点处的连续性与可导性的讨论需要考察 $\lim\limits_{x\to 1^-}f(x)=\lim\limits_{x\to 1^+}f(x)=f(1)$ 与 $f'_-(1)=f'_+(1)$ 是否成立.

证:因为

$$\lim_{x\to 1^-}f(x)=\lim_{x\to 1^-}\sqrt{x}=1,\ \lim_{x\to 1^+}f(x)=\lim_{x\to 1^+}(2x-1)=1\ \text{且}\ f(1)=1,$$

所以 $\lim\limits_{x\to 1^-}f(x)=\lim\limits_{x\to 1^+}f(x)=f(1)$,故 $f(x)$ 在点 $x=1$ 处连续.

又

$$f'_-(1)=\lim_{x\to 1^-}\dfrac{f(x)-f(1)}{x-1}=\lim_{x\to 1^-}\dfrac{\sqrt{x}-1}{x-1}=\lim_{x\to 1^-}\dfrac{1}{\sqrt{x}+1}=\dfrac{1}{2},$$

$$f'_+(1)=\lim_{x\to 1^+}\dfrac{f(x)-f(1)}{x-1}=\lim_{x\to 1^+}\dfrac{(2x-1)-1}{x-1}=\lim_{x\to 1^+}2=2,$$

即 $f'_-(1)\neq f'_+(1)$,故 $f(x)$ 在点 $x=1$ 处不可导.

例 4 讨论函数 $f(x)=\begin{cases}\ln(1+x), & -1<x\leqslant 0\\ \sqrt{1+x}-\sqrt{1-x}, & 0<x<1\end{cases}$ 在点 $x=0$ 处的可导性.

解:由左右导数定义,得

$$\lim_{x\to 0^-}\dfrac{f(x)-f(0)}{x-0}=\lim_{x\to 0^-}\dfrac{\ln(1+x)}{x}=\lim_{x\to 0^-}\ln(1+x)^{\frac{1}{x}}=\ln e=1=f'_-(0),$$

$$\lim_{x \to 0^+} \frac{f(x)-f(0)}{x-0} = \lim_{x \to 0^+} \frac{\sqrt{1+x}-\sqrt{1-x}}{x} = \lim_{x \to 0^+} \frac{2x}{x(\sqrt{1+x}+\sqrt{1-x})} = 1 = f'_+(0),$$

因为 $f'_-(0)=f'_+(0)=1$，所以函数在点 $x=0$ 处可导.

【注记】 对于分段函数在分界点处的可导性的讨论必须用导数的定义，分界点左右两侧函数表达式不同时，需计算左右导数，视其是否存在且相等来判断该点的可导性. 另外，根据可导与连续的关系，若经分析得知函数在某点处不连续，则直接可得函数在该点不可导的结论，不必再用导数定义分析.

例 5 若函数 $f(x)=\begin{cases} x^2, & x \leqslant 1 \\ ax+b, & x>1 \end{cases}$ 在点 $x=1$ 处可导，试求参数 a, b 的值.

解：因为 $f(x)$ 在点 $x=1$ 处可导，所以 $f(x)$ 在点 $x=1$ 处连续，因而有

$$\lim_{x \to 1^-} f(x) = \lim_{x \to 1^+} f(x) = f(1),$$

而

$$\lim_{x \to 1^-} f(x) = \lim_{x \to 1^-} x^2 = 1, \quad \lim_{x \to 1^+} f(x) = \lim_{x \to 1^+} (ax+b) = a+b,$$

所以 $a+b=1$.

又

$$f'_-(1) = \lim_{\Delta x \to 0^-} \frac{f(1+\Delta x)-f(1)}{\Delta x} = \lim_{\Delta x \to 0^-} \frac{(1+\Delta x)^2-1}{\Delta x} = 2,$$

$$f'_+(1) = \lim_{\Delta x \to 0^+} \frac{f(1+\Delta x)-f(1)}{\Delta x} = \lim_{\Delta x \to 0^+} \frac{a(1+\Delta x)+b-1}{\Delta x} = a.$$

因 $f(x)$ 在点 $x=1$ 处可导，故有 $f'_-(1)=f'_+(1)$，即得 $a=2$，于是可知 $b=1-a=-1$，故所求参数为 $a=2, b=-1$.

题型三 利用求导法则求导数

例 6 求下列函数的导数.

(1) $y=\dfrac{(x-2)^2}{\sqrt{x}}+x\ln x^2$； (2) $y=\sin^2(1-\sqrt{x})$.

解：(1) 由题意，得

$$y = x^{\frac{3}{2}} - 4x^{\frac{1}{2}} + 4x^{-\frac{1}{2}} + 2x\ln|x|,$$

$$y' = \frac{3}{2}x^{\frac{1}{2}} - 2x^{-\frac{1}{2}} - 2x^{-\frac{3}{2}} + 2\ln|x| + 2 = \frac{3}{2}\sqrt{x} - \frac{2}{\sqrt{x}} - \frac{2}{x\sqrt{x}} + \ln x^2 + 2.$$

【注记】 利用导数的四则运算法则求导数必须熟记基本初等函数的求导公式，在使用求导法则之前要先对函数进行化简，然后求导，求完导数之后将结果化成与原题相近的形式.

(2) 将函数 $y = \sin^2(1-\sqrt{x})$ 分解成基本初等函数 $y = u^2$，$u = \sin v$，$v = 1 - \sqrt{x}$. 由复合函数求导法则，得

$$\frac{dy}{dx} = \frac{dy}{du} \cdot \frac{du}{dv} \cdot \frac{dv}{dx} = 2u\cos v \left(-\frac{1}{2\sqrt{x}}\right) = -\sin(1-\sqrt{x})\cos(1-\sqrt{x}) \cdot \frac{1}{\sqrt{x}}$$

$$= -\frac{1}{2\sqrt{x}} \cdot \sin 2(1-\sqrt{x}).$$

也可不写出中间变量，直接求导：

$$\frac{dy}{dx} = 2\sin(1-\sqrt{x})[\sin(1-\sqrt{x})]' = 2\sin(1-\sqrt{x})\cos(1-\sqrt{x})[1-\sqrt{x}]'$$

$$= 2\sin(1-\sqrt{x})\cos(1-\sqrt{x}) \cdot \left(-\frac{1}{2\sqrt{x}}\right) = -\frac{1}{2\sqrt{x}} \cdot \sin 2(1-\sqrt{x}).$$

【注记】 运用复合函数求导法则求复合函数的导数时，首先要分清复合函数是由哪些基本初等函数复合而成，这是正确使用复合函数求导法则的关键；其次是由外到里，逐层求导。使用时可以如例6（2）写出中间变量再求导，也可不写出中间变量直接求导。

例7 设 $f(x)$ 可导，$y = f(\sin^2 x)$，求 $\dfrac{dy}{dx}$.

解：设 $y = f(u)$，$u = v^2$，$v = \sin x$，则

$$\frac{dy}{dx} = \frac{dy}{du} \cdot \frac{du}{dv} \cdot \frac{dv}{dx} = f'(u) \cdot 2v \cdot \cos x = 2\sin x \cos x \cdot f'(\sin^2 x) = \sin 2x \cdot f'(\sin^2 x).$$

也可不写出中间变量，直接求导：

$$\frac{dy}{dx} = f'(\sin^2 x) \cdot (\sin^2 x)' = f'(\sin^2 x) \cdot 2\sin x(\sin x)'$$

$$= 2\sin x\cos x \cdot f'(\sin^2 x) = \sin 2x \cdot f'(\sin^2 x).$$

【注记】 注意 $f'(\sin^2 x)$ 与 $[f(\sin^2 x)]'$ 是不同的，前者表示函数 f 对中间变量 u 求导，后者则是函数 f 对变量 x 求导，即 $\dfrac{dy}{dx}$. 因此在这类问题中一定要注意记号的含义并正确使用。

例8 解答下列各题：

(1) 设 $f(x) = x(x-1)(x-2)\cdots(x-100)$，求 $f'(0)$；

(2) 设 $f'(\cos x) = \cos 2x$，求 $f''(x)$；

(3) 设函数 $\varphi(u)$ 可导，求函数 $y = x^2 \ln \varphi(\sin x)$ 的导数 y'.

解：(1) **方法1** 由乘积求导法则，得

$$f'(x) = (x-1)(x-2)\cdots(x-100) + x(x-2)\cdots(x-100)$$

$$+\cdots+x(x-1)\cdots(x-99),$$

故 $f'(0)=100!$.

方法 2 由导数定义

$$f'(0)=\lim_{x\to 0}\frac{f(x)-f(0)}{x-0}=\lim_{x\to 0}(x-1)(x-2)\cdots(x-100)=100!.$$

(2) 因为 $f'(\cos x)=\cos 2x=2\cos^2 x-1$，所以 $f'(x)=2x^2-1$，其中 $|x|\leqslant 1$. 故 $f''(x)=4x$，$|x|\leqslant 1$.

(3) 由复合函数求导法则有

$$y'=2x\ln\varphi(\sin x)+x^2\frac{1}{\varphi(\sin x)}\varphi'(\sin x)\cos x.$$

题型四 求高阶导数

例 9 求下列函数的高阶导数.

(1) 设 $y=e^{-x}\sin 2x$，求 y''；

(2) 设 $y=f(x)=\ln\sqrt[3]{\dfrac{1+x}{1-x}}$，求 $f^{(10)}(0)$，$f^{(11)}(0)$；

(3) 设 $y=\dfrac{1}{x^2-1}$，求 $y^{(n)}$.

解：(1) 由题意，得

$$y'=-e^{-x}\sin 2x+2e^{-x}\cos 2x,$$
$$y''=e^{-x}\sin 2x-2e^{-x}\cos 2x-2e^{-x}\cos 2x-4e^{-x}\sin 2x$$
$$=-e^{-x}(3\sin 2x+4\cos x).$$

(2) 由题意，得

$$y=\frac{1}{3}[\ln(1+x)-\ln(1-x)],$$
$$y'=\frac{1}{3}\left(\frac{1}{1+x}-\frac{-1}{1-x}\right),$$
$$y''=\frac{1}{3}\left[-\frac{1}{(1+x)^2}-\frac{(-1)^2}{(1-x)^2}\right],$$
$$y'''=\frac{1}{3}\left[\frac{(-1)^2\cdot 2}{(1+x)^3}-\frac{(-1)^3\cdot 2}{(1-x)^3}\right],$$
……
$$y^{(n)}=\frac{1}{3}\left[\frac{(-1)^{n-1}(n-1)!}{(1+x)^n}-\frac{(-1)^n(n-1)!}{(1-x)^n}\right],$$
$$f^{(10)}(0)=-\frac{2\cdot 9!}{3},\quad f^{(11)}(0)=\frac{2\cdot 10!}{3}.$$

(3) $y = \dfrac{1}{2}\left(\dfrac{1}{x-1} - \dfrac{1}{x+1}\right)$，于是

$$y^{(n)} = \dfrac{1}{2}\left[\left(\dfrac{1}{x-1}\right)^{(n)} - \left(\dfrac{1}{x+1}\right)^{(n)}\right],$$

而

$$\left(\dfrac{1}{x-1}\right)^{(n)} = \dfrac{(-1)^n n!}{(x-1)^{n+1}},\quad \left(\dfrac{1}{x+1}\right)^{(n)} = \dfrac{(-1)^n n!}{(x+1)^{n+1}},$$

所以

$$y^{(n)} = \dfrac{(-1)^n}{2}\left[\dfrac{n!}{(x-1)^{n+1}} - \dfrac{n!}{(x+1)^{n+1}}\right].$$

【注记】归纳公式时要注意寻找规律，将求出的几阶导数写成统一的形式.

题型五　导数的几何应用

例 10　求曲线 $y = \ln x$ 上与直线 $x + y = 1$ 垂直的切线方程.

解：因所求切线与 $x + y = 1$ 垂直，于是可知切线斜率 $k = 1$.

设切点横坐标是 x，该点处的导数 $y' = \dfrac{1}{x} = k \Rightarrow x = 1$，所以切点是 $(1, 0)$. 于是切线方程为 $y = x - 1$.

【注记】求切线和法线问题的关键是找切点和斜率，而斜率就是该点的导数值，切点根据问题的具体条件而定.

题型六　求函数的微分

例 11　求下列函数的微分 dy.

(1) $y = x^3 e^{2x}$；　　(2) $y = x^2 \ln\sin\dfrac{1-x}{x}$；　　(3) $y = (1+x)^x \cdot \sin^2 x$.

解：(1) **方法 1**　先求导数：

$$y' = 3x^2 e^{2x} + 2x^3 e^{2x} = (3x^2 + 2x^3)e^{2x},$$

所以

$$dy = (3x^2 + 2x^3)e^{2x} dx.$$

方法 2　直接用微分运算法则求微分：

$$dy = d(x^3 e^{2x}) = e^{2x} d(x^3) + x^3 d e^{2x} = e^{2x} \cdot 3x^2 dx + x^3 e^{2x} d(2x)$$
$$= e^{2x} \cdot 3x^2 dx + 2x^3 e^{2x} dx = e^{2x}(3x^2 + 2x^3) dx.$$

（2）由微分运算法则，得

$$dy = \ln\sin\frac{1-x}{x}dx^2 + x^2 d\ln\sin\frac{1-x}{x}$$

$$= 2x\ln\sin\frac{1-x}{x}dx + x^2 \frac{1}{\sin\frac{1-x}{x}}d\sin\frac{1-x}{x}$$

$$= 2x\ln\sin\frac{1-x}{x}dx + x^2 \frac{1}{\sin\frac{1-x}{x}}\cos\frac{1-x}{x} \cdot \frac{-1}{x^2}dx$$

$$= \left(2x\ln\sin\frac{1-x}{x} - \cot\frac{1-x}{x}\right)dx.$$

（3）由

$$\ln y = x\ln(1+x) + 2\ln\sin x,$$

求微分，得

$$\frac{1}{y}dy = \ln(1+x)dx + \frac{x}{1+x}dx + 2\frac{\cos x}{\sin x}dx,$$

所以

$$dy = (1+x)^x \sin^2 x \left[\ln(1+x) + \frac{x}{1+x} + 2\cot x\right]dx.$$

【注记】求函数的微分时，可以先求函数的导数 $f'(x)$，然后写出微分 $dy = f'(x)dx$；也可以直接应用微分运算法则来求微分．对于复合函数的微分可以根据一阶全微分形式不变性，通过中间变量一步一步微分到底．

例12 设 $y = f(\ln x)e^{f(x)}$，且 $f(x)$ 可导，求 dy．

解：由微分运算法则，得

$$dy = e^{f(x)}df(\ln x) + f(\ln x)de^{f(x)} = e^{f(x)}f'(\ln x)d\ln x + f(\ln x)e^{f(x)}df(x)$$

$$= e^{f(x)}\left[\frac{f'(\ln x)}{x} + f(\ln x)f'(x)\right]dx.$$

【注记】按照一阶全微分形式不变性求复合函数的微分时，关键是要清楚每一步微分是将函数视为哪一个基本初等函数．对于复合函数与函数的四则运算法则结合在一起的函数，要注意正确的微分顺序．

题型七 隐函数的导数与微分

例13 设方程 $xy^2 + e^y = \cos(x+y^2)$ 确定隐函数 $y = y(x)$，求 $\dfrac{dy}{dx}$．

解：方法1（求导法） 方程两边对 x 求导，得
$$y^2+x\cdot 2yy'+e^y y'=-\sin(x+y^2)\cdot(1+2yy'),$$
即
$$[2xy+e^y+2y\sin(x+y^2)]y'=-y^2-\sin(x+y^2),$$
所以
$$y'=\frac{-y^2-\sin(x+y^2)}{[2xy+e^y+2y\sin(x+y^2)]}.$$

方法2（微分法） 对方程两边进行微分，得
$$y^2\mathrm{d}x+x\mathrm{d}y^2+\mathrm{d}e^y=\mathrm{d}\cos((x+y^2)),$$
即
$$y^2\mathrm{d}x+2xy\mathrm{d}y+e^y\mathrm{d}y=-\sin(x+y^2)(\mathrm{d}x+2y\mathrm{d}y),$$
也即
$$[2xy+e^y+2y\sin(x+y^2)]\mathrm{d}y=-[y^2+\sin(x+y^2)]\mathrm{d}x,$$
所以
$$\frac{\mathrm{d}y}{\mathrm{d}x}=\frac{-[y^2+\sin(x+y^2)]}{2xy+e^y+2y\sin(x+y^2)}.$$

【注记】 用求导法在方程两边关于 x 求导时，需将 y 当作 x 的复合函数 $y(x)$，而用微分法时，由于一阶全微分具有形式不变性，故不必指明对哪个变量微分．

例14 设 $y^2 f(x)+xf(y)=x^2$，其中 $f(x)$ 可微，求 $\mathrm{d}y$．

解： 方程两边进行微分，得
$$y^2\mathrm{d}f(x)+f(x)\mathrm{d}y^2+x\mathrm{d}f(y)+f(y)\mathrm{d}x=\mathrm{d}x^2$$
$$\Rightarrow y^2 f'(x)\mathrm{d}x+2yf(x)\mathrm{d}y+xf'(y)\mathrm{d}y+f(y)\mathrm{d}x=2x\mathrm{d}x$$
$$\Rightarrow [2yf(x)+xf'(y)]\mathrm{d}y=[2x-f(y)-y^2 f'(x)]\mathrm{d}x,$$
所以
$$\mathrm{d}y=\frac{2x-f(y)-y^2 f'(x)}{2yf(x)+xf'(y)}\mathrm{d}x.$$

例15 求下列函数的导数．

(1) $y=\dfrac{\sqrt{2x+1}}{(x^2+1)^2 e^{\sqrt{x}}}$；

(2) $y=\left(\dfrac{x}{1+x}\right)^x$．

解： (1) 由 $\ln y=\dfrac{1}{2}\ln(2x+1)-2\ln(x^2+1)-\sqrt{x}$ 关于 x 求导，得

$$\frac{1}{y}y' = \frac{1}{2x+1} - \frac{4x}{x^2+1} - \frac{1}{2\sqrt{x}},$$

所以

$$y' = \frac{\sqrt{2x+1}}{(x^2+1)^2 e^{\sqrt{x}}} \cdot \left(\frac{1}{2x+1} - \frac{4x}{x^2+1} - \frac{1}{2\sqrt{x}}\right).$$

(2) **方法 1** 对函数 $y = \left(\dfrac{x}{1+x}\right)^x$ 两边取对数，得

$$\ln y = x \ln \frac{x}{1+x}.$$

两边关于 x 求导，得

$$\frac{1}{y}y' = \ln\frac{x}{1+x} + x \cdot \frac{1+x}{x} \cdot \left(\frac{x}{1+x}\right)' = \ln\frac{x}{1+x} + \frac{1}{1+x},$$

所以

$$y' = \left(\ln\frac{x}{1+x} + \frac{1}{1+x}\right) \cdot y = \left(\frac{x}{1+x}\right)^x \left(\ln\frac{x}{1+x} + \frac{1}{1+x}\right).$$

方法 2 原函数可化为 $y = e^{x\ln\frac{x}{1+x}}$，则

$$\begin{aligned}
y' &= e^{x\ln\frac{x}{1+x}} \cdot \left(x\ln\frac{x}{1+x}\right)' \\
&= e^{x\ln\frac{x}{1+x}} \cdot \left[\ln\frac{x}{1+x} + x \cdot \frac{1+x}{x} \cdot \left(\frac{x}{1+x}\right)'\right] \\
&= \left(\frac{x}{1+x}\right)^x \left[\ln\frac{x}{1+x} + \frac{1}{1+x}\right].
\end{aligned}$$

【注记】当函数表达式由多项式的积、商、幂组成，以及函数为幂指函数时，通常应用对数求导法，通过先对函数取对数再求导来简化函数的求导.

题型八　参变量函数的导数与微分

例 16 求曲线 $\begin{cases} x = \ln\sin t \\ y = \cos t \end{cases}$ 在 $t = \dfrac{\pi}{2}$ 处的切线和法线方程.

解：当 $t = \dfrac{\pi}{2}$ 时，$x = 0$，$y = 0$，又

$$\frac{\mathrm{d}y}{\mathrm{d}x} = \frac{\mathrm{d}\cos t}{\mathrm{d}\ln\sin t} = \frac{-\sin t\, \mathrm{d}t}{\frac{\cos t}{\sin t}\mathrm{d}t} = -\sin t \cdot \tan t,$$

所以 $\dfrac{dy}{dx}\Big|_{t=\frac{\pi}{2}}=\infty$，故切线方程 $x=0$，法线方程为 $y=0$.

例 17 设方程 $\begin{cases} x=a(\cos t+t\sin t) \\ y=a(\sin t-t\cos t) \end{cases}$ 确定 $y=y(x)$，求 $\dfrac{d^2y}{dx^2}$.

解：方法 1 由参数方程求导公式，得

$$\frac{dy}{dx}=\frac{[a(\sin t-t\cos t)]'}{[a(\cos t+t\sin t)]'}=\frac{\sin t}{\cos t}=\tan t.$$

由复合函数及反函数求导法则，得

$$\frac{d^2y}{dx^2}=\frac{d}{dx}\left(\frac{dy}{dx}\right)=\frac{d}{dt}\left(\frac{dy}{dx}\right)\frac{dt}{dx}=\frac{d(\tan t)}{dt}\Big/\left(\frac{dx}{dt}\right)=\frac{\sec^2 t}{at\cos t}=\frac{1}{at\cos^3 t}.$$

方法 2 由导数为微分之商可得

$$\frac{dy}{dx}=\frac{[a(\sin t-t\cos t)]'dt}{[a(\cos t+t\sin t)]'dt}=\frac{\sin t}{\cos t}=\tan t,$$

$$\frac{d^2y}{dx^2}=\frac{d}{dx}\left(\frac{dy}{dx}\right)=\frac{d\left(\frac{dy}{dx}\right)}{dx}=\frac{d(\tan t)}{dx}=\frac{\sec^2 t\, dt}{at\cos t\, dt}=\frac{1}{at\cos^3 t}.$$

例 18 设 $y=y(x)$ 由方程 $\begin{cases} x=3t^2+2t+3 \\ e^y\sin t-y+1=0 \end{cases}$ 所确定，求 $\dfrac{dy}{dx}\Big|_{t=0}$.

解： 由 $x=3t^2+2t+3$ 得 $\dfrac{dx}{dt}=6t+2$. 由 $e^y\sin t-y+1=0$ 且两边对 t 求导，得

$$e^y y'\cos t+e^y\cos t-y'=0,$$

所以

$$\frac{dy}{dt}=\frac{e^y\cos t}{1-e^y\sin t}=\frac{e^y\cos t}{2-y}.$$

因此

$$\frac{dy}{dx}=\frac{\dfrac{dy}{dt}}{\dfrac{dx}{dt}}=\frac{e^y\cos t}{(2-y)(6t+2)}.$$

由于 $t=0$ 时 $y=1$，所以

$$\frac{dy}{dx}\Big|_{t=0}=\frac{e}{(2-1)(6\times 0+2)}=\frac{e}{2}.$$

【注记】 求参数方程 $\begin{cases} x=\varphi(t) \\ y=\psi(t) \end{cases}$ 所确定的函数 $y=y(x)$ 的导数时，一方面可以利用公

式 $\dfrac{dy}{dx}=\dfrac{\psi'(t)}{\varphi'(t)}$ 及 $\dfrac{d^2y}{dx^2}=\dfrac{\psi''(t)\varphi'(t)-\psi'(t)\varphi''(t)}{[\varphi'(t)]^2}$ 进行计算,另一方面也可以利用导数为微分之商进行计算.

题型九 微分的近似计算

例 19 求下列各式的近似值.

(1) $\ln 1.002$；　　　　(2) $\tan 136°$；　　　　(3) $\sqrt[3]{996}$.

解：(1) 由近似公式 $\ln(1+x)\approx x$（$|x|$ 很小），得

$$\ln 1.002 = \ln(1+0.002) \approx 0.002.$$

(2) 由近似公式 $f(x)\approx f(x_0)+f'(x_0)(x-x_0)$，取

$$f(x)=\tan x,\ x_0=135°=\dfrac{3}{4}\pi,\ x=136°=135°+1°=\dfrac{3\pi}{4}+\dfrac{\pi}{180},$$

得

$$\tan 136°=\tan\left(\dfrac{3\pi}{4}+\dfrac{\pi}{180}\right)\approx \tan\dfrac{3\pi}{4}+\sec^2\dfrac{3\pi}{4}\cdot\dfrac{\pi}{180}\approx -0.965\,09.$$

(3) **方法 1** 令

$$f(x)=\sqrt[3]{x},\ f'(x)=\dfrac{1}{3}x^{-\frac{2}{3}}.$$

取 $x_0=1\,000$，$\Delta x=-4$，由近似公式

$$f(x_0+\Delta x)\approx f(x_0)+f'(x_0)\Delta x,$$

得

$$\sqrt[3]{996}=\sqrt[3]{1\,000-4}\approx \sqrt[3]{1\,000}+\dfrac{1}{3}\times 1\,000^{-\frac{2}{3}}\times(-4)=10-\dfrac{4}{300}\approx 9.986\,7.$$

方法 2 当 $|x|$ 很小时，有

$$\sqrt[n]{1+x}\approx 1+\dfrac{x}{n},$$

故

$$\sqrt[3]{996}=\sqrt[3]{1\,000-4}=10\sqrt[3]{1+\left(-\dfrac{4}{1\,000}\right)}\approx 10\left[1+\dfrac{1}{3}\left(-\dfrac{4}{1\,000}\right)\right]\approx 9.986\,7.$$

【注记】 求函数值的近似值时，常用的公式有：

(1) $f(x)\approx f(x_0)+f'(x_0)(x-x_0)$（$x$ 为 x_0 附近的点）；

(2) $f(x)\approx f(0)+f'(0)x$（$|x|$ 很小）.

应用这组公式就可以计算出点函数值的近似值.

四、错解分析

例 20 设 $f(x)=(x-a)g(x)$,其中 $g(x)$ 在点 $x=a$ 处连续,求 $f'(a)$.

错误解法 因为 $f(x)=(x-a)g(x)$,故 $f'(x)=g(x)+(x-a)g'(x)$.

令 $x=a$,则 $f'(a)=g(a)$.

错解分析 $g(x)$ 仅在点 $x=a$ 处连续,在任意点 x 处未必可导,即 $f'(x)$ 未必存在,因此 $f(x)=(x-a)g(x)$ 是否可导难以判断,故上述解法不成立.

正确解法 利用导数的定义,得

$$f'(a)=\lim_{x\to a}\frac{f(x)-f(a)}{x-a}=\lim_{x\to a}\frac{(x-a)g(x)-0}{x-a}=g(a).$$

例 21 设 $f(x)=\begin{cases}\ln(1+x),&x>0\\0,&x=0\\\dfrac{1}{x}\sin^2 x,&x<0\end{cases}$,求 $f'(x)$.

错误解法 当 $x>0$ 时,$f'(x)=\dfrac{1}{x+1}$;当 $x=0$ 时,$f'(x)=f'(0)=0$;当 $x<0$ 时,$f'(x)=\dfrac{x\sin 2x-\sin^2 x}{x^2}$. 故

$$f'(x)=\begin{cases}\dfrac{1}{x+1},&x>0\\0,&x=0\\\dfrac{x\sin 2x-\sin^2 x}{x^2},&x<0\end{cases}.$$

错解分析 问题出现在分界点 $x=0$ 处的导数没有用定义求.

正确解法 当 $x>0$ 时,$f'(x)=\dfrac{1}{x+1}$;当 $x<0$ 时,$f'(x)=\dfrac{x\sin 2x-\sin^2 x}{x^2}$. 由于 $x=0$ 是该函数的分界点,由导数的定义,有

$$f'_+(0)=\lim_{x\to 0^+}\frac{f(x)-f(0)}{x-0}=\lim_{x\to 0^+}\frac{\ln(1+x)-0}{x-0}=1,$$

$$f'_-(0)=\lim_{x\to 0^-}\frac{f(x)-f(0)}{x-0}=\lim_{x\to 0^-}\frac{\sin^2 x}{x^2}=1,$$

因此 $f'(0)=1$,于是

$$f'(x)=\begin{cases}\dfrac{1}{x+1},&x>0\\1,&x=0\\\dfrac{x\sin 2x-\sin^2 x}{x^2},&x<0\end{cases}.$$

例 22 设 $f(x)=\begin{cases} x^2\sin\dfrac{1}{x}, & x\neq 0 \\ 0, & x=0 \end{cases}$, 求 $f'(x)$.

错误解法 1 当 $x\neq 0$ 时, $f'(x)=2x\sin\dfrac{1}{x}-\cos\dfrac{1}{x}$; 当 $x=0$ 时, 由 $f'(x)=2x\sin\dfrac{1}{x}-\cos\dfrac{1}{x}$ 可知 $f'(0)$ 无意义, 于是 $f'(0)$ 不存在. 所以

$$f'(x)=\begin{cases} 2x\sin\dfrac{1}{x}-\cos\dfrac{1}{x}, & x\neq 0 \\ 不存在, & x=0 \end{cases}.$$

错误解法 2 当 $x\neq 0$ 时, $f'(x)=2x\sin\dfrac{1}{x}-\cos\dfrac{1}{x}$; 又

$$\lim_{x\to 0}f'(x)=\lim_{x\to 0}\left(2x\sin\dfrac{1}{x}-\cos\dfrac{1}{x}\right),$$

因为 $\lim\limits_{x\to 0}2x\sin\dfrac{1}{x}=0$, $\lim\limits_{x\to 0}\cos\dfrac{1}{x}$ 不存在, 所以 $\lim\limits_{x\to 0}f'(x)$ 不存在, 故 $f'(0)$ 不存在.

错解分析 结果 $f'(0)$ 不存在的错解原因是将极限值与函数值等同起来.

事实上, $f'(x)=2x\sin\dfrac{1}{x}-\cos\dfrac{1}{x}$ 是在 $x\neq 0$ 时求得的, 因此不能根据它在点 $x=0$ 处无意义来判别 $f(x)$ 在点 $x=0$ 处不可导.

而由 $\lim\limits_{x\to 0}f'(x)$ 不存在也不能推出 $f'(0)$ 不存在, 因为极限值不存在并不能说明函数值不存在.

对于分段函数在分段点处的导数, 应该利用导数定义来求.

正确解法 当 $x\neq 0$ 时, $f'(x)=2x\sin\dfrac{1}{x}-\cos\dfrac{1}{x}$; 当 $x=0$ 时, 由导数定义有

$$f'(0)=\lim_{x\to 0}\dfrac{f(x)-f(0)}{x-0}=\lim_{x\to 0}\dfrac{x^2\sin\dfrac{1}{x}}{x}=\lim_{x\to 0}x\sin\dfrac{1}{x}=0,$$

所以

$$f'(x)=\begin{cases} 2x\sin\dfrac{1}{x}-\cos\dfrac{1}{x}, & x\neq 0 \\ 0, & x=0 \end{cases}.$$

例 23 已知 $f'(x_0)$ 存在, 求极限 $\lim\limits_{\Delta x\to 0}\dfrac{f(x_0-2\Delta x)-f(x_0+3\Delta x)}{\Delta x}$.

错误解法

$$\lim_{\Delta x\to 0}\dfrac{f(x_0-2\Delta x)-f(x_0+3\Delta x)}{\Delta x}$$

$$= \lim_{\Delta x \to 0} \frac{f(x_0 - 2\Delta x) - f(x_0 + 3\Delta x)}{-5\Delta x}(-5) = -5f'(x_0).$$

错解分析 $f(x_0 - 2\Delta x) - f(x_0 + 3\Delta x)$ 表示两点 $x_0 - 2\Delta x$ 和 $x_0 + 3\Delta x$ 函数值之差，而与 $f(x)$ 在点 $x = x_0$ 处的取值无关，因此 $\lim\limits_{\Delta x \to 0} \dfrac{f(x_0 - 2\Delta x) - f(x_0 + 3\Delta x)}{-5\Delta x}$ 存在与否和 $f(x_0)$ 无关，所以不能把它作为 $f(x)$ 在点 $x = x_0$ 处的导数.

正确解法
$$\lim_{\Delta x \to 0} \frac{f(x_0 - 2\Delta x) - f(x_0 + 3\Delta x)}{\Delta x}$$
$$= \lim_{\Delta x \to 0}\left[\frac{f(x_0 - 2\Delta x) - f(x_0)}{-2\Delta x}(-2) - \frac{f(x_0 + 3\Delta x) - f(x_0)}{3\Delta x} \times 3\right]$$
$$= -2f'(x_0) - 3f'(x_0) = -5f'(x_0).$$

例 24 求函数 $y = x^x$ 的导数.

错误解法 1 因为函数 $y = x^x$ 是幂函数，故 $y' = xx^{x-1}$.

错误解法 2 因为函数 $y = x^x$ 是指数函数，故 $y' = x^x \ln x$.

错解分析 该函数既不是指数函数也不是幂函数，应该两边取对数后再求导.

正确解法 两边取对数，得 $\ln y = x \ln x$，再两边求导，得

$$\frac{y'}{y} = \ln x + x \cdot \frac{1}{x} = 1 + \ln x,$$

故有

$$y' = y(1 + \ln x) = x^x(1 + \ln x).$$

例 25 设 $\begin{cases} x = a\cos^3 t \\ y = a\sin^3 t \end{cases}$，求 $\dfrac{d^2 y}{dx^2}$.

错误解法 由于

$$\frac{dx}{dt} = -3a\cos^2 t \sin t, \quad \frac{dy}{dt} = 3a\sin^2 t \cos t,$$

故

$$\frac{dy}{dx} = \frac{\dfrac{dy}{dt}}{\dfrac{dx}{dt}} = \frac{3a\sin^2 t \cos t}{-3a\cos^2 t \sin t} = -\tan t, \quad \frac{d^2 y}{dx^2} = \frac{d(-\tan t)}{dx} = -\frac{1}{\cos^2 t}.$$

错解分析 $\dfrac{d^2 y}{dx^2} = \dfrac{d(-\tan t)}{dx} = -\dfrac{1}{\cos^2 t}$ 的错误在于没有搞清楚是对 x 还是对 t 求导，以 t 为自变量的函数 $\tan t$ 不能直接对 x 求导数.

正确解法 由于

$$\frac{dx}{dt} = -3a\cos^2 t \sin t, \quad \frac{dy}{dt} = 3a\sin^2 t \cos t,$$

故
$$\frac{d^2y}{dx^2} = \frac{d(-\tan t)}{dx} = \frac{d(-\tan t)}{dt}\frac{dt}{dx} = \frac{1}{3a\cos^4 t \sin t}.$$

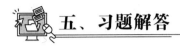

五、习题解答

习题 3.1

1. (1) $f'(1) = \lim\limits_{x \to 1}\dfrac{f(x)-f(1)}{x-1} = \lim\limits_{x \to 1}\dfrac{x^3+1-2}{x-1} = \lim\limits_{x \to 1}\dfrac{x^3-1}{x-1}$
   $= \lim\limits_{x \to 1}(x^2+x+1) = 3.$

   (2) $f'(2) = \lim\limits_{x \to 2}\dfrac{f(x)-f(2)}{x-2} = \lim\limits_{x \to 2}\dfrac{\sqrt{x-1}-1}{x-2} = \lim\limits_{x \to 2}\dfrac{x-2}{(x-2)(\sqrt{x-1}+1)} = \dfrac{1}{2}.$

2. (1) $(\cos x)' = \lim\limits_{\Delta x \to 0}\dfrac{\cos(x+\Delta x)-\cos x}{\Delta x}$
   $= \lim\limits_{\Delta x \to 0}\dfrac{\cos x \cos \Delta x - \sin x \sin \Delta x - \cos x}{\Delta x}$
   $= \lim\limits_{\Delta x \to 0}\dfrac{\cos x(\cos \Delta x - 1) - \sin x \sin \Delta x}{\Delta x}$
   $= \lim\limits_{\Delta x \to 0}\left(\cos x \dfrac{\cos \Delta x - 1}{\Delta x} - \sin x \dfrac{\sin \Delta x}{\Delta x}\right)$
   $= \cos x \lim\limits_{\Delta x \to 0}\dfrac{\cos \Delta x - 1}{\Delta x} - \sin x \lim\limits_{\Delta x \to 0}\dfrac{\sin \Delta x}{\Delta x} = -\sin x.$

   (2) 由于 $\Delta x \to 0$ 时 $e^{\Delta x} - 1 \sim \Delta x$,所以
   $(e^x)' = \lim\limits_{\Delta x \to 0}\dfrac{e^{x+\Delta x}-e^x}{\Delta x} = \lim\limits_{\Delta x \to 0}\dfrac{e^x(e^{\Delta x}-1)}{\Delta x} = e^x.$

3. $v(t) = \dfrac{ds}{dt} = \lim\limits_{\Delta t \to 0}\dfrac{s(t+\Delta t)-s(t)}{\Delta t} = \lim\limits_{\Delta t \to 0}\dfrac{\frac{1}{2}(t+\Delta t)^2+(t+\Delta t)-\frac{1}{2}t^2-t}{\Delta t}$
   $= \lim\limits_{\Delta t \to 0}\dfrac{t\Delta t + \frac{1}{2}(\Delta t)^2 + \Delta t}{\Delta t} = \lim\limits_{\Delta t \to 0}\left(t + \dfrac{1}{2}\Delta t + 1\right) = t+1,$

   所以 $v(2) = 3$.

4. 因为 $\dfrac{dy}{dx} = \dfrac{1}{2\sqrt{x}}$,$\left.\dfrac{dy}{dx}\right|_{x=1} = \dfrac{1}{2}$,所以,切线方程为

   $y - 1 = \dfrac{1}{2}(x-1)$,即 $y = \dfrac{1}{2}x + \dfrac{1}{2}$;

法线方程为
$$y-1=-2(x-1),\ \text{即}\ y=-2x+3.$$

5. (1) $\lim\limits_{\Delta x\to 0}\dfrac{f(x_0-\Delta x)-f(x_0)}{\Delta x}=\lim\limits_{-\Delta x\to 0}-\dfrac{f(x_0-\Delta x)-f(x_0)}{-\Delta x}=-f'(x_0).$

(2) $\lim\limits_{h\to 0}\dfrac{f(x_0+h)-f(x_0-2h)}{h}$

$=\lim\limits_{h\to 0}\dfrac{f(x_0+h)-f(x_0)+f(x_0)-f(x_0-2h)}{h}$

$=\lim\limits_{h\to 0}\left[\dfrac{f(x_0+h)-f(x_0)}{h}+\dfrac{f(x_0-2h)-f(x_0)}{-2h}\cdot 2\right]=3f'(x_0).$

6. (1) $\lim\limits_{x\to 0}f(x)=\lim\limits_{x\to 0}x\sin\dfrac{1}{x}=0=f(0),$ 而

$$f'(0)=\lim\limits_{x\to 0}\dfrac{f(x)-f(0)}{x}=\lim\limits_{x\to 0}\sin\dfrac{1}{x}$$

不存在. 所以，$f(x)$ 在点 $x=0$ 处连续但不可导.

(2) $f(x)=x|x|=\begin{cases}-x^2, & x<0\\ x^2 & x\geq 0\end{cases}.$

因为
$$\lim\limits_{x\to 0^+}f(x)=\lim\limits_{x\to 0^+}x^2=0,\ \lim\limits_{x\to 0^-}f(x)=\lim\limits_{x\to 0^-}(-x^2)=0,$$

所以 $\lim\limits_{x\to 0^+}f(x)=\lim\limits_{x\to 0^-}f(x)=f(0)=0,$ 即 $f(x)$ 在点 $x=0$ 处连续.

又 $\lim\limits_{x\to 0}\dfrac{f(x)-f(0)}{x}=\lim\limits_{x\to 0}|x|=0,$ 所以 $f(x)$ 在点 $x=0$ 处可导.

7. 因为 $\lim\limits_{x\to 0}\dfrac{f(x)-1}{x}=-1,$ 所以 $\lim\limits_{x\to 0}f(x)=1,$ 又因为 $f(x)$ 在点 $x=0$ 处连续, 所以 $\lim\limits_{x\to 0}f(x)=f(0)=1,$ 即 $f(0)=1.$

因为 $\lim\limits_{x\to 0}\dfrac{f(x)-f(0)}{x-0}=\lim\limits_{x\to 0}\dfrac{f(x)-1}{x}=-1,$ 所以, $f(x)$ 在点 $x=0$ 处可导, 且 $f'(0)=-1.$

8. 边际成本 $C'(x)=4,$ 边际收益 $R'(x)=50-x,$ 边际利润
$$L'(x)=R'(x)-C'(x)=46-x.$$

$L'(20)=26$ 的经济含义是如果产量在 20 单位的基础上增加 1 个单位, 则利润为 26.

9. 设 (x_0,y_0) 为双曲线 $xy=a^2$ 上任一点, 由 $y=\dfrac{a^2}{x},$ $y'=-\dfrac{a^2}{x^2},$ 得切点处的切线斜率为 $k=-\dfrac{a^2}{x_0^2},$ 所以切线方程为

$$y-y_0=-\frac{a^2}{x_0^2}(x-x_0) \text{ 或 } \frac{x}{2x_2}+\frac{y}{2y_0}=1,$$

从而切线与两坐标轴构成的三角形的面积为 $A=\frac{1}{2}|2x_0||2y_0|=2a^2$.

习题 3.2

1. （奇数号题解答）

(1) $y'=3x^2-3-\dfrac{3}{x^2}$.

(3) $y'=\left(x^{-\frac{3}{2}}-x^{-2}\right)'=-\dfrac{3}{2}x^{-\frac{5}{2}}+2x^{-3}$.

(5) $y'=\dfrac{2\cdot\frac{1}{x}\cdot x-2\ln x}{x^2}=\dfrac{2-2\ln x}{x^2}$.

(7) $y'=\dfrac{1}{\sqrt{x}}+\arctan x+\dfrac{x}{1+x^2}$.

2. (1) $f'(x)=\dfrac{5}{(3-x)^2}+x$, $f'(2)=7$.

(2) $s'(t)=\sin t+t\cos t-\dfrac{1}{2}\sin t$, $s'\left(\dfrac{\pi}{4}\right)=\dfrac{\sqrt{2}}{4}\left(1+\dfrac{\pi}{2}\right)$.

3. （奇数号题解答）

(1) $y'=3(2x+3)^2\cdot 2=6(2x+3)^2$.

(3) $y'=e^{-3x^2+1}(-6x)=-6x e^{-3x^2+1}$.

(5) $y'=\dfrac{1}{\sqrt{1-x}}\dfrac{1}{2\sqrt{x}}=\dfrac{1}{2\sqrt{x}\sqrt{1-x}}$.

(7) $y'=\dfrac{1}{2\sqrt{\tan\frac{x}{2}}}\cdot\sec^2\dfrac{x}{2}\cdot\dfrac{1}{2}=\dfrac{1}{4}\sec^2\dfrac{x}{2}\sqrt{\cot\dfrac{x}{2}}$.

(9) $y'=\dfrac{1}{2\sqrt{x+\ln^2 x}}\left(1+\dfrac{2\ln x}{x}\right)=\dfrac{x+2\ln x}{2x\sqrt{x+\ln^2 x}}$.

(11) $y'=2(\arctan^2 x+\tan x)\cdot\left(\dfrac{2\arctan x}{1+x^2}+\sec^2 x\right)$.

(13) $y'=\dfrac{1}{2\sqrt{x+\sqrt{x+\sqrt{x}}}}\left(1+\dfrac{1}{2\sqrt{x+\sqrt{x}}}\left(1+\dfrac{1}{2\sqrt{x}}\right)\right)$

$=\dfrac{4\sqrt{x}\sqrt{x+\sqrt{x}}+2\sqrt{x}+1}{8\sqrt{x}\sqrt{x+\sqrt{x}}\sqrt{x+\sqrt{x+\sqrt{x}}}}$.

4.（奇数号题解答）

(1) $y' = f'(\sqrt{x}+1) \cdot (\sqrt{x}+1)' = \dfrac{f'(\sqrt{x}+1)}{2\sqrt{x}}$.

(3) $y' = f'(e^x)e^x \cdot e^{f(x)} + f(e^x)e^{f(x)}f'(x) = e^{f(x)}[e^x f'(e^x) + f(e^x)f'(x)]$.

(5) $y = \ln|f(x)| = \begin{cases} \ln f(x), & f(x) > 0 \\ \ln[-f(x)], & f(x) < 0 \end{cases}$.

当 $f(x) > 0$ 时，$y' = \dfrac{f'(x)}{f(x)}$；当 $f(x) < 0$ 时，$y' = \dfrac{-f'(x)}{-f(x)} = \dfrac{f'(x)}{f(x)}$. 所以 $(\ln|f(x)|)' = \dfrac{f'(x)}{f(x)}$ ($f(x) \neq 0$).

5. **方法 1** 设 $f(x)$ 为偶函数且可导，由导数定义有

$$f'(-x) = \lim_{\Delta x \to 0} \dfrac{f(-x+\Delta x) - f(-x)}{\Delta x} = \lim_{\Delta x \to 0} \dfrac{f[-(x-\Delta x)] - f(-x)}{\Delta x}$$

$$= \lim_{\Delta x \to 0} \dfrac{f(x-\Delta x) - f(x)}{\Delta x} = -\lim_{\Delta x \to 0} \dfrac{f(x-\Delta x) - f(x)}{-\Delta x} = -f'(x),$$

从而 $f'(x)$ 是一个奇函数. 同理可证，可导的奇函数的导数是偶函数.

方法 2 设 $f(x)$ 为偶函数且可导，则 $f(-x) = f(x)$ 两边对 x 求导，得

$$f'(-x)(-1) = f'(x),$$

即 $f'(-x) = -f'(x)$，从而 $f'(x)$ 是一个奇函数.

6. $y' = 2\cos x + 2x$，从而斜率为 $k = y'\big|_{(0,0)} = 2$，所以切线方程为 $2x - y = 0$；法线方程为 $x + 2y = 0$.

7. 由 $M = -0.001t^3 + 0.1t^2$ 得，记住的单词数关于时间的变化率为

$$\dfrac{dM}{dt} = -0.003t^2 + 0.2t,$$

在 $t = 10$ 分钟时的记忆率为 $\dfrac{dM}{dt}\big|_{t=10} = 1.7$.

8. (1) 卖出的件数关于花在广告上的总费用的变化率为 $N'(x) = -2x + 300$；

(2) 花费 10 000 元（10 千元）广告费以后卖出的产品件数为

$$N(10) = -10^2 + 300 \times 10 + 6 = 2\,906 (\text{件})；$$

(3) $x = 10$ 时的变化率是

$$N'(10) = -2 \times 10 + 300 = 280 \text{ （件/千元）}.$$

9. $\lim\limits_{t \to \infty} p(t) = \lim\limits_{t \to \infty} \dfrac{1}{1 + a e^{-kt}} = 1$.

传闻传播的速度为

$$p'(t) = \frac{1}{(1+ae^{-kt})^2} \cdot ake^{-kt} = \frac{ake^{-kt}}{(1+ae^{-kt})^2}.$$

习题 3.3

1. （奇数号题解答）

(1) $y' = e^{-x^2}(-2x) = -2xe^{-x^2}$, $y'' = -2e^{-x^2} + 4x^2 e^{-x^2} = 2e^{-x^2}(2x^2 - 1)$.

(3) $y' = -e^{-x}\cos 2x - 2e^{-x}\sin 2x$.

$$y'' = e^{-x}\cos 2x + 2e^{-x}\sin 2x + 2e^{-x}\sin 2x - 4e^{-x}\cos 2x$$
$$= e^{-x}(4\sin 2x - 3\cos 2x).$$

(5) $y' = \dfrac{1 + \dfrac{x}{\sqrt{1+x^2}}}{x + \sqrt{1+x^2}} = \dfrac{1}{\sqrt{1+x^2}}$, $y'' = \dfrac{-x}{\sqrt{(1+x^2)^3}}$.

2. 因为

$$f'(x) = e^{\sin x}\cos x \cdot \cos(\sin x) - e^{\sin x} \cdot \sin(\sin x)\cos x.$$
$$f''(x) = e^{\sin x}\cos(\sin x)\cos^2 x - e^{\sin x}\sin(\sin x)\cos^2 x - e^{\sin x}\cos(\sin x)\sin x$$
$$- e^{\sin x}\sin(\sin x)\cos^2 x - e^{\sin x}\cos(\sin x)\cos^2 x + e^{\sin x}\sin(\sin x)\sin x,$$

所以 $f(0) = 1$, $f'(0) = 1$, $f''(0) = 0$.

3. (1) $y' = 2xf'(x^2)$, $y'' = 2f'(x^2) + 4x^2 f''(x^2)$.

(2) $y' = \dfrac{f'(x)}{f(x)}$, $y'' = \dfrac{f''(x)f(x) - [f'(x)]^2}{f^2(x)}$.

(3) $y' = -f'(x)e^{-f(x)}$, $y'' = -f''(x)e^{-f(x)} + [f'(x)]^2 e^{-f(x)}$.

4. $y' = e^x \sin x + e^x \cos x$, $y'' = e^x \sin x + e^x \cos x + e^x \cos x - e^x \sin x = 2e^x \cos x$，所以

$$y'' - 2y' + 2y = 2e^x \cos x - 2(e^x \sin x + e^x \cos x) + 2e^x \sin x = 0,$$

即函数 $y = e^x \sin x$ 满足关系式 $y'' - 2y' + 2y = 0$.

5. $y' = C_2 e^x + (C_1 + C_2 x)e^x$, $y'' = 2C_2 e^x + (C_1 + C_2 x)e^x$，所以

$$y'' - 2y' + y = 2C_2 e^x + (C_1 + C_2 x)e^x - 2[C_2 e^x + (C_1 + C_2 x)e^x]$$
$$+ (C_1 + C_2 x)e^x = 0,$$

即函数 $y = (C_1 + C_2 x)e^x$ （C_1, C_2 是常数）满足关系式 $y'' - 2y' + y = 0$.

6. （奇数号题解答）

(1) $y' = \dfrac{-a}{(ax+b)^2}$, $y'' = \dfrac{a^2 2!}{(ax+b)^3}$, $y''' = \dfrac{a^3(-1)^3 3!}{(ax+b)^4}$, ..., $y^{(n)} = \dfrac{(-1)^n n! a^n}{(ax+b)^{n+1}}$.

(3) $y' = -2\cos x \sin x = -\sin 2x$，$y'' = -2\cos 2x = 2\cos(2x+\pi)$，

$y''' = 4\sin 2x = 4\cos\left(2x+\dfrac{3}{2}\pi\right)$，$\cdots$，$y^{(n)} = 2^{n-1}\cos\left(2x+\dfrac{n}{2}\pi\right)$.

习题 3.4

1. (奇数号题解答)

(1) 方程两边分别对 x 求导，得

$$2x - y - xy' + 2yy' = 0,$$

所以 $y' = \dfrac{y-2x}{2y-x}$.

(3) 方程两边分别对 x 求导，得

$$y'\sin x + y\cos x + \sin(x-y)\cdot(1-y') = 0,$$

所以 $y' = \dfrac{\sin(x-y) + y\cos x}{\sin(x-y) - \sin x}$.

2. 方程两边分别对 x 求导，得

$$\dfrac{y'}{y} = y + xy' - \sin x,$$

所以 $\dfrac{dy}{dx} = \dfrac{y^2 - y\sin x}{1-xy}$，从而 $\left.\dfrac{dy}{dx}\right|_{(0,e)} = e^2$.

3. (1) 方程两边分别对 x 求导，得

$$\dfrac{1}{1+\left(\dfrac{x}{y}\right)^2}\cdot\dfrac{y-xy'}{y^2} = \dfrac{1}{\sqrt{x^2+y^2}}\cdot\dfrac{2x+2yy'}{2\sqrt{x^2+y^2}}.$$

所以

$$y' = \dfrac{y-x}{y+x},\quad y'' = \dfrac{(y'-1)(x+y)-(y-x)(1+y')}{(x+y)^2} = -\dfrac{2(x^2+y^2)}{(x+y)^3}.$$

(2) 方程两边分别对 x 求导，得 $y' = e^y + xe^y y'$，所以

$$y' = \dfrac{e^y}{1-xe^y};$$

$$y'' = \dfrac{e^y y'(1-xe^y) + e^y(e^y+xy'e^y)}{(1-xe^y)^2} = \dfrac{e^{2y}(2-xe^y)}{(1-xe^y)^3} = \dfrac{e^{2y}(3-y)}{(2-y)^3}.$$

4. (1) 方程两边分别对 x 求导，得 $y + xy' + \dfrac{y'}{y} = 0$，所以

$$y' = -\dfrac{y^2}{1+xy},\quad \left.y'\right|_{(1,1)} = -\dfrac{1}{2}.$$

所以切线方程为 $y-1=-\dfrac{1}{2}(x-1)$，即 $x+2y-3=0$.

(2) 方程两边分别对 x 求导，得
$$2x+2yy'+y+xy'=0,$$
所以 $y'=-\dfrac{2x+y}{2y+x}$.

将 $x=2$ 代入方程 $x^2+y^2+xy=4$，解得 $y=0$ 或 -2，所以 $y'|_{(2,0)}=-2$，$y'|_{(2,-2)}=1$，所以，切线方程为 $2x+y-4=0$ 或 $y-x+4=0$.

5. (1) 方程两边取对数，得
$$\ln y=\dfrac{1}{x}\ln(1+\cos x),$$

方程两边分别对 x 求导，得
$$\dfrac{1}{y}y'=-\dfrac{1}{x^2}\ln(1+\cos x)+\dfrac{1}{x}\dfrac{-\sin x}{1+\cos x},$$

所以 $y'=-(1+\cos x)^{\frac{1}{x}}\left[\dfrac{\ln(1+\cos x)}{x^2}+\dfrac{1}{x}\tan\dfrac{x}{2}\right]$.

(2) 方程两边取对数，得
$$\ln y=\dfrac{1}{2}\ln(x+2)+4\ln(3-x)-5\ln(x+1),$$

方程两边分别对 x 求导，得
$$\dfrac{1}{y}y'=\dfrac{1}{2}\dfrac{1}{x+2}-\dfrac{4}{3-x}-\dfrac{5}{x+1}.$$

所以
$$y'=\dfrac{\sqrt{x+2}(3-x)^4}{(1+x)^5}\left[\dfrac{1}{2(x+2)}-\dfrac{4}{3-x}-\dfrac{5}{x+1}\right].$$

(3) 方程两边取对数，得
$$\ln y=\ln(1-x)+\dfrac{1}{2}\ln\sin x-(2x-1)-3\ln(2+x),$$

方程两边分别对 x 求导，得
$$\dfrac{1}{y}y'=-\dfrac{1}{1-x}+\dfrac{1}{2}\cot x-2-\dfrac{3}{2+x}.$$

所以
$$y'=\dfrac{(1-x)\sqrt{\sin x}}{e^{2x-1}(2+x)^3}\left(-\dfrac{1}{1-x}+\dfrac{1}{2}\cot x-2-\dfrac{3}{2+x}\right).$$

6. (1) $\dfrac{dy}{dx}=\dfrac{dy}{dt}\cdot\dfrac{1}{\frac{dx}{dt}}=\dfrac{b\cos t}{-a\sin t}=-\dfrac{b}{a}\cot t.$

(2) $\dfrac{dy}{dx}=\dfrac{dy}{dt}\cdot\dfrac{1}{\frac{dx}{dt}}=\dfrac{1-3t^2}{-3t^2}=1-\dfrac{1}{3t^2}.$

(3) $\dfrac{dy}{dx}=\dfrac{dy}{dt}\cdot\dfrac{1}{\frac{dx}{dt}}=\dfrac{1-\frac{1}{1+t^2}}{\frac{2t}{1+t^2}}=\dfrac{t}{2}.$

7. 因为

$$\dfrac{dy}{dx}=\dfrac{dy}{dt}\cdot\dfrac{1}{\frac{dx}{dt}}=\dfrac{-2\sin 2t}{\cos t}=-4\sin t,$$

所以 $\dfrac{dy}{dx}\Big|_{t=\frac{\pi}{4}}=-2\sqrt{2}$,切点坐标为 $\left(\dfrac{\sqrt{2}}{2},0\right)$. 因此,切线方程为 $y=-2\sqrt{2}\left(x-\dfrac{\sqrt{2}}{2}\right)$,法线方程为 $y=\dfrac{\sqrt{2}}{4}\left(x-\dfrac{\sqrt{2}}{2}\right)$.

习题 3.5

1. 函数改变量为

$$\Delta y=[(x+\Delta x)^2+(x+\Delta x)]-(x^2+x)=(2x+1)\Delta x+(\Delta x)^2,$$

函数微分为

$$dy=(2x+1)\Delta x,$$

$x=1$ 处的函数改变量与微分分别为

$$\Delta y=3\Delta x+(\Delta x)^2,\quad dy=3\Delta x.$$

当 $\Delta x=10$ 时,$\Delta y=130$,$dy=30$;当 $\Delta x=1$ 时,$\Delta y=4$,$dy=3$;当 $\Delta x=0.1$ 时,$\Delta y=0.31$,$dy=0.30$;当 $\Delta x=0.01$ 时,$\Delta y=0.0301$,$dy=0.03$. 显然 $\Delta y-dy\to 0\;(\Delta x\to 0)$.

2. (奇数号题解答)

(1) $dy=y'dx=\dfrac{x}{\sqrt{1+x^2}}dx.$

(3) $dy=y'dx=\dfrac{2e^{2x}}{e^{2x}-1}dx.$

(5) $dy = y'dx = \dfrac{\sqrt{1+x^2} - x\dfrac{x}{\sqrt{1+x^2}}}{1+x^2}dx = (1+x^2)^{-\frac{3}{2}}dx.$

(7) $dy = \cos(3-x)de^{-x} + e^{-x}d\cos(3-x) = e^{-x}[\sin(3-x) - \cos(3-x)]dx.$

3. （奇数号题解答）

(1) $3x$； (3) $\dfrac{1}{2}\sin 2x$； (5) $\ln(1+x)$.

4. (1) 方程两边分别对 x 求导，得
$$2xy + x^2 y' - 2e^{2x} = \cos y \cdot y'.$$

所以 $y' = \dfrac{2xy - 2e^{2x}}{\cos y - x^2}$，从而

$$dy = y'dx = \dfrac{2xy - 2e^{2x}}{\cos y - x^2}dx.$$

(2) 方程两边求微分，得
$$e^{xy}(ydx + xdy) + \ln x\, dy + \dfrac{y}{x}dx = 2\cos 2x\, dx,$$

所以
$$dy = \dfrac{2x\cos 2x - y - xye^{xy}}{x^2 e^{xy} + x\ln x}dx.$$

5. (1) 令 $f(x) = \tan x$，则 $f'(x) = \sec^2 x$，于是 $f(0) = 0$，$f'(0) = 1$. 由近似公式 $f(x) \approx f(0) + f'(0)x$，可得 $\tan x \approx x$.

(2) 令 $f(x) = \ln(1+x)$，则 $f'(x) = \dfrac{1}{1+x}$，于是 $f(0) = 0$，$f'(0) = 1$. 由近似公式 $f(x) \approx f(0) + f'(0)x$，可得 $\ln(1+x) \approx x$.

6. （奇数号题解答）

(1) 由近似公式 $\sqrt[n]{1+x} \approx 1 + \dfrac{1}{n}x$，得

$$\sqrt[3]{1.02} = \sqrt[3]{1+0.02} \approx 1 + \dfrac{1}{3} \times 0.02 \approx 1.006\,7.$$

(3) 由近似公式 $f(x_0 + \Delta x) \approx f(x_0) + f'(x_0)\Delta x$，得

$$\sin 30°30' = \sin\left(\dfrac{\pi}{6} + \dfrac{\pi}{360}\right) \approx \sin\dfrac{\pi}{6} + \cos\dfrac{\pi}{6} \cdot \dfrac{\pi}{360} \approx 0.507\,6.$$

7. $A'(q) = -\dfrac{100}{q^2}$，由 $\Delta A(q) \approx dA(q) = A'(q)dq$，得

$$\Delta A(100) \approx dA(100) = A'(100)dq = A'(100) \cdot 1 = -0.01.$$

8. 由题意得

$$N'(t) = \frac{0.8 \cdot (5t+4) - (0.8t+1\,000) \cdot 5}{(5t+4)^2} = -\frac{4\,996.8}{(5t+4)^2}.$$

$$\Delta N(2.8) \approx \mathrm{d}N(2.8) = N'(2.8)\mathrm{d}t = (-15.4) \times 0.1 = -1.54.$$

9. 设地球的半径为 R，由 $L = 2\pi R$，有 $R = \dfrac{L}{2\pi}$，则

$$\Delta R = \frac{L+15}{2\pi} - \frac{L}{2\pi} = \frac{15}{2\pi} \approx 2.387 < 2.39.$$

所以在赤道的任何地方，一个身高 2.39 米的巨人可以在绳子下自由穿过.

习题 3.6

1. 当 $q = 10$ 时的总成本、平均成本分别为

$$C(10) = 100 + \frac{10^2}{4} = 125, \quad \bar{C}(10) = \frac{C(10)}{10} = 12.5,$$

边际成本为 $C'(q) = \dfrac{q}{2}$，$C'(10) = 5$.

$C'(10) = 5$ 的经济意义是当 $q = 10$ 时，若 q 改变一个单位，则成本改变 5 个单位.

2. 当 $q = 50$ 时的总收益为 $R(50) = 200 \times 50 - 0.01 \times 50^2 = 9\,975$.

边际收益为 $R'(q) = 200 - 0.02q$，$R'(50) = 200 - 0.02 \times 50 = 199$.

边际收益 $R'(q)$ 的经济意义是：增加一单位产品的销售所增加的收益，即最后一单位产品的售出所取得的收益.

3. （1）利润函数为

$$L(q) = \left(60 - \frac{q}{1\,000}\right)q - (60\,000 + 20q) = 40q - \frac{q^2}{1\,000} - 60\,000.$$

边际利润为 $L'(q) = 40 - \dfrac{q}{500}$.

（2）收益函数为

$$R(P) = Pq = 1\,000P(60 - P) = 60\,000P - 1\,000P^2,$$

于是

$$R'(P) = 60\,000 - 2\,000P,$$
$$R(10) = 500\,000, \quad R'(10) = 40\,000,$$
$$\mathrm{d}R = R'(P)\mathrm{d}P = R'(10)\Delta P = 4\,000,$$

从而收益增加的百分数为 $\dfrac{4000}{500\,000} \times 100\% = 0.8\%$.

总习题三

A. 基础测试题

1. 填空题

(1) $f(t) = \lim\limits_{x\to\infty} t\left(1+\dfrac{1}{x}\right)^{2tx} = t\left[\lim\limits_{x\to\infty}\left(1+\dfrac{1}{x}\right)^x\right]^{2t} = t\mathrm{e}^{2t}$,从而

$$f'(t) = (t\mathrm{e}^{2t})' = \mathrm{e}^{2t} + 2t\mathrm{e}^{2t} = (1+2t)\mathrm{e}^{2t}.$$

(2) 由于函数 $f(x)$ 与 $y=\sin x$ 在原点处相切,$f(0)=0$,$f'(0)=1$,所以

$$\lim_{n\to\infty} nf\left(\dfrac{2}{n}\right) = 2\lim_{n\to\infty}\dfrac{f\left(\dfrac{2}{n}\right)-f(0)}{\dfrac{2}{n}} = 2f'(0) = 2.$$

(3) $\lim\limits_{x\to 2}\dfrac{f(4-x)-f(2)}{x-2} = -\lim\limits_{x\to 2}\dfrac{f[2+(2-x)]-f(2)}{2-x} = -f'(2).$

(4) $y' = 1+2\sin x\cos x = 1+\sin 2x$,所以在点 $\left(\dfrac{\pi}{2},1+\dfrac{\pi}{2}\right)$ 处切线的斜率为 $k=1+\sin\pi=1$,从而切线方程为 $y=x+1$.

(5) $\dfrac{\mathrm{d}y}{\mathrm{d}x} = \dfrac{\mathrm{d}y}{\mathrm{d}t}\dfrac{1}{\dfrac{\mathrm{d}x}{\mathrm{d}t}} = \dfrac{1}{1+t^2}\dfrac{1}{\dfrac{2t}{1+t^2}} = \dfrac{1}{2t}.$

(6) $y' = \cos f(x) f'(x);$

$$y'' = [\cos f(x)]' f'(x) + \cos f(x) f''(x)$$
$$= -\sin f(x) [f'(x)]^2 + \cos f(x) f''(x).$$

(7) $f(x) = \dfrac{2-(1+x)}{1+x} = \dfrac{2}{1+x} - 1$,$f'(x) = -2\times\dfrac{1}{(1+x)^2}$,

$$f''(x) = 2\times\dfrac{(-1)(-2)}{(1+x)^3},\quad\cdots,\quad f^{(n)}(x) = 2\times\dfrac{(-1)^n n!}{(1+x)^{n+1}}.$$

(8) 由于 $f(x)$ 在点 $x=0$ 处可导,所以 $\lim\limits_{x\to 0}\dfrac{f(x)-f(0)}{x-0} = \lim\limits_{x\to 0} x^{\alpha-1}\sin\dfrac{1}{x}$ 存在,从而有 $\alpha-1>0$,故 $\alpha>1$.

(9) 方程两边分别对 x 求导,得

$$(1+y')\cdot\mathrm{e}^{x+y} + \sin xy\cdot(y+xy') = 0,$$

所以

$$y' = -\frac{e^{x+y} + y\sin xy}{e^{x+y} + x\sin xy},$$

故 $y'(0) = -1$.

(10) 对方程 $x = y^y$ 两边取对数，得 $\ln x = y\ln y$，求微分，得

$$\frac{1}{x}dx = \ln y\, dy + y \cdot \frac{1}{y}dy,$$

所以 $dy = \dfrac{dx}{x(1+\ln y)}$.

2. 单项选择题

(1) 函数 $y = \sqrt[3]{x}$ 在点 $x = 0$ 处连续，又 $y' = \dfrac{1}{3\sqrt[3]{x^2}}$ $(x \neq 0)$，所以函数在点 $x = 0$ 处不可导，但有垂直切线，故选择选项（C）.

(2) 因为

$$f'_+(0) = \lim_{x \to 0^+} \frac{x \cdot x}{x} = 0, \quad f'_-(0) = \lim_{x \to 0^-} \frac{x \cdot (-x)}{x} = 0,$$

从而 $f'_+(0) = f'_-(0) = f'(0) = 0$，故选择选项（C）.

(3) 因为函数 $f(x)$ 在点 $x = 0$ 处连续，所以 $\lim\limits_{x \to 0} f(x) = f(0)$.

因为 $\lim\limits_{x \to 0} \dfrac{f(x)}{x} = a\,(a \neq 0)$，所以 $\lim\limits_{x \to 0} f(x) = 0$，故 $f(0) = 0$.

因此 $f'(0) = \lim\limits_{x \to 0} \dfrac{f(x) - f(0)}{x - 0} = \lim\limits_{x \to 0} \dfrac{f(x)}{x} = a$，故选择选项（B）.

(4) $\lim\limits_{x \to 0} \dfrac{f(a+x) - f(a-x)}{x} = \lim\limits_{x \to 0} \dfrac{f(a+x) - f(a) + f(a) - f(a-x)}{x}$

$$= \lim_{x \to 0} \frac{f(a+x) - f(a)}{x} + \lim_{x \to 0} \frac{f(a-x) - f(a)}{-x}$$
$$= f'(a) + f'(a) = 2f'(a).$$

故选择选项（B）.

(5) $f'(x) = 2\cos 2x$，$f'[f(x)] = 2\cos(2\sin 2x)$，故选择选项（D）.

(6) $dy = f'(e^{\varphi(x)})de^{\varphi(x)} = f'(e^{\varphi(x)})e^{\varphi(x)}d\varphi(x) = f'(e^{\varphi(x)})e^{\varphi(x)}\varphi'(x)dx$.

故选择选项（A）.

(7) 在 $t = \dfrac{\pi}{2}$ 处曲线上对应点的坐标为 $\left(0, \dfrac{\pi}{2}\right)$. 又

$$\frac{dy}{dx} = \frac{dy}{dt} \cdot \frac{1}{\frac{dx}{dt}} = \frac{\sin t + t\cos t}{\cos t - t\sin t}, \quad \left.\frac{dy}{dx}\right|_{t=\frac{\pi}{2}} = -\frac{2}{\pi},$$

所以法线斜率为 $k = \dfrac{\pi}{2}$，法线方程为 $y - \dfrac{\pi}{2} = \dfrac{\pi}{2}x$，即 $y = \dfrac{\pi}{2}(x+1)$，故选择选项（C）.

(8) 对 $y=x^2+ax+b$ 与 $2y=xy^3-1$ 分别求导数，得

$$y'=2x+a, \quad 2y'=y^3+x\cdot 3y^2\cdot y' \Rightarrow y'=\frac{y^3}{2-3xy^2}.$$

因为 $y=x^2+ax+b$ 与 $2y=xy^3-1$ 在点 $(1,-1)$ 处相切，所以其切线斜率相等. 于是

$$2+a=\frac{(-1)^2}{2-3\times 1\cdot (-1)^2} \Rightarrow a=-1.$$

将点 $(1,-1)$ 的坐标代入 $y=x^2+ax+b$，得 $b=-1$，故选择选项 (D).

(9) $\lim\limits_{\Delta x\to 0}\dfrac{\mathrm{d}y}{\Delta x}=\lim\limits_{\Delta x\to 0}\dfrac{f'(x_0)\Delta x}{\Delta x}=f'(x_0)=2$，故选择选项 (B).

(10) $\lim\limits_{h\to 0}\dfrac{\Delta y-\mathrm{d}y}{h}=\lim\limits_{h\to 0}\dfrac{f(a+h)-f(a)-f'(a)h}{h}$

$$=\lim\limits_{h\to 0}\left[\frac{f(a+h)-f(a)}{h}-f'(a)\right]=0,$$

故选择选项 (B).

3. (1) $y'=\dfrac{1}{\mathrm{e}^x+\sqrt{1+\mathrm{e}^{2x}}}(\mathrm{e}^x+\sqrt{1+\mathrm{e}^{2x}})'=\dfrac{1}{\mathrm{e}^x+\sqrt{1+\mathrm{e}^{2x}}}\left(\mathrm{e}^x+\dfrac{\mathrm{e}^{2x}}{\sqrt{1+\mathrm{e}^{2x}}}\right).$

(2) 两边取对数，得

$$\ln y=\sin x\ln(1+x^2).$$

上式两边分别对 x 求导，得

$$\frac{1}{y}y'=\cos x\ln(1+x^2)+\sin x\cdot \frac{2x}{1+x^2}.$$

所以

$$y'=(1+x^2)^{\sin x}\left[\cos x\cdot \ln(1+x^2)+\sin x\cdot \frac{2x}{1+x^2}\right].$$

(3) $y'=(f[f(x)])'+[f(\sin^2 x)]'$
$=f'[f(x)]f'(x)+f'(\sin^2 x)\cdot 2\sin x\cos x$
$=f'[f(x)]\cdot f'(x)+\sin 2x\cdot f'(\sin^2 x).$

(4) 当 $x\geqslant 0$ 时，$y=f(x^2)$，从而 $y'=2xf'(x^2)$；当 $x<0$ 时，$y=f(-x^2)$，从而 $y'=-2xf'(-x^2)$. 所以

$$y'=\begin{cases}2xf'(x^2), & x\geqslant 0\\ -2xf'(-x^2), & x<0\end{cases}.$$

4. 要使得 $f(x)$ 在点 $x=0$ 处可导，则 $f(x)$ 必在点 $x=0$ 处连续，所以 $\lim\limits_{x\to 0^-}f(x)=\lim\limits_{x\to 0^+}f(x)=f(0)$，即有 $b=1$.

又

$$f'_-(0) = \lim_{x \to 0^-} \frac{f(x) - f(0)}{x - 0} = \lim_{x \to 0^-} \frac{e^{-x} - 1}{x} = -1,$$

$$f'_+(0) = \lim_{x \to 0^+} \frac{f(x) - f(0)}{x - 0} = \lim_{x \to 0^+} \frac{x^2 + ax}{x} = a.$$

由 $f'_+(0) = f'_-(0)$ 得 $a = -1$,所以 $a = -1, b = 1$.

5. 由两条曲线过点 $(-1, 0)$,得 $\begin{cases} 0 = -1 - a \\ 0 = b + c \end{cases}$.

因为 $f'(x) = 2x^2 + a$,$g'(x) = 2bx$,由两条曲线在点 $(-1, 0)$ 处的切线斜率相等,得

$$f'(-1) = 3 + a = g'(-1) = -2b,$$

从而解得 $a = -1, b = -1, c = 1$.

6. 因为 $\varphi(x)$ 在点 $x = a$ 处连续,所以

$$f'_-(a) = \lim_{x \to a^-} \frac{f(x) - f(a)}{x - a} = \lim_{x \to a^-} \frac{-(x-a)\varphi(x)}{x - a} = -\varphi(a),$$

$$f'_+(a) = \lim_{x \to a^+} \frac{f(x) - f(a)}{x - a} = \lim_{x \to a^+} \frac{(x-a)\varphi(x)}{x - a} = \varphi(a).$$

由于 $\varphi(a) \neq 0$,所以 $f(x)$ 在点 $x = a$ 处左右导数不等,因此 $f(x)$ 在点 $x = a$ 处不可导.

7. 方程两边分别对 x 求导,得

$$e^{2x+y}(2 + y') + \sin(xy) \cdot (y + xy') = 0.$$

因此

$$y' = -\frac{2e^{2x+y} + y\sin(xy)}{e^{2x+y} + x\sin(xy)}, \quad y'|_{x=0} = -2.$$

所以切线方程为 $y - 1 = -2x$,即 $y + 2x - 1 = 0$.

8. (1) 边际成本函数为 $C'(q) = 5 + 4q$;边际收入函数为 $R'(q) = 200 + 2q$;边际利润函数为 $L'(q) = R'(q) - C'(q) = 195 - 2q$.

(2) $L'(25) = 195 - 2 \times 25 = 145$.

9. 利润函数为 $L(q) = 40q - C(q) = 28q - 100 - q^2$,从而 $L'(q) = 28 - 2q$,令 $L'(q) = 0$,解得 $q = 14$. 所以,利润函数及边际利润为零时每周产量为 14(百件).

B. 考研提高题

1. 由 $f\left(\dfrac{x}{2}\right) = \sin x$ 可得 $f(x) = \sin 2x$,从而有 $f'(x) = 2\cos 2x$. 所以

$$f[f'(x)] = \sin[4\cos(2x)], \quad f'[f(x)] = 2\cos[2\sin(2x)],$$

$$(f[f(x)])' = f'[f(x)] \cdot f'(x) = 4\cos(2\sin 2x) \cdot \cos 2x.$$

2. 由导数定义及 $\varphi(x)$ 在点 $x = x_0$ 处连续有

$$F'(x_0) = \lim_{x \to x_0} \frac{F(x) - F(x_0)}{x - x_0} = \lim_{x \to x_0} \frac{\varphi(x)\sin(x - x_0)}{x - x_0}$$
$$= \lim_{x \to x_0} \varphi(x) \lim_{x \to x_0} \frac{\sin(x - x_0)}{x - x_0} = \varphi(x_0).$$

3. 由导数定义可得

$$f'(0) = \lim_{x \to 0} \frac{f(x) - f(0)}{x - 0} = \lim_{x \to 0} \frac{\varphi(a + bx) - \varphi(a - bx) - 0}{x}$$
$$= \lim_{x \to 0} b \cdot \frac{\varphi(a + bx) - \varphi(a) + \varphi(a) - \varphi(a - bx)}{bx} = 2b\varphi'(a).$$

4. 因为 $\lim\limits_{x \to 0} \dfrac{f(x) - \cos x}{\sin^2 x} = 2$，所以 $\lim\limits_{x \to 0}(f(x) - \cos x) = 0$，又由 $f(x)$ 连续，有 $\lim\limits_{x \to 0}(f(x) - \cos x) = f(0) - 1$，所以 $f(0) = 1$.

$$f'(0) = \lim_{x \to 0} \frac{f(x) - f(0)}{x - 0} = \lim_{x \to 0} \frac{f(x) - 1}{x} = \lim_{x \to 0} \frac{f(x) - \cos x + \cos x - 1}{x}$$
$$= \lim_{x \to 0} \frac{f(x) - \cos x + \cos x - 1}{\sin^2 x} \frac{\sin^2 x}{x}$$
$$= \lim_{x \to 0} \left[\frac{f(x) - \cos x}{\sin^2 x} + \frac{\cos x - 1}{\sin^2 x} \right] \frac{\sin x}{x} \sin x = 0.$$

5. 方程两边微分，得

$$y^2 df(x) + f(x) dy^2 + x df(y) + f(y) dx = dx^2,$$
$$y^2 f'(x) dx + 2y f(x) dy + x f'(y) dy + f(y) dx = 2x dx,$$
$$[2y f(x) + x f'(y)] dy = [2x - f(y) - y^2 f'(x)] dx,$$

所以

$$dy = \frac{2x - f(y) - y^2 f'(x)}{2y f(x) + x f'(y)} dx.$$

6. 方程两边分别对 x 求导，得 $y' = 1 - e^y \cdot y'$，即 $y' = \dfrac{1}{1 + e^y}$，所以

$$\frac{du}{dx} = f'[\varphi(x) + e^y](\varphi'(x) + e^y \cdot y') = f'[\varphi(x) + e^y] \cdot \left[\varphi'(x) + \frac{e^y}{1 + e^y} \right].$$

7. 由 $f(x + y) = f(x) + f(y)$，令 $x = 0$ 得 $f(0) = 0$. 又

$$f'(0) = \lim_{\Delta x \to 0} \frac{f(0 + \Delta x) - f(0)}{\Delta x} = \lim_{x \to 0} \frac{f(\Delta x)}{\Delta x} = a,$$

因此
$$f'(x)=\lim_{\Delta x\to 0}\frac{f(x+\Delta x)-f(x)}{\Delta x}=\lim_{\Delta x\to 0}\frac{f(x)+f(\Delta x)-f(x)}{\Delta x}$$
$$=\lim_{\Delta x\to 0}\frac{f(\Delta x)}{\Delta x}=a.$$

所以 $f(x)=ax+b$，由 $f(0)=0$，得 $b=0$，从而有 $f(x)=ax$.

8. 由于 $f(x)$ 在 $(-\infty,+\infty)$ 上可导，从而 $f(x)$ 在 $(-\infty,+\infty)$ 上连续，$f(1+\sin x)-3f(1-\sin x)=8x+o(x)$ 两边求极限，得
$$\lim_{x\to 0}[f(1+\sin x)-3f(1-\sin x)]=\lim_{x\to 0}[8x+o(x)],$$

从而 $f(1)-3f(1)=0$，得 $f(1)=0$.

$f(1+\sin x)-3f(1-\sin x)=8x+o(x)$ 两边同除以 $\sin x$ 且取极限，得
$$\lim_{x\to 0}\frac{f(1+\sin x)-3f(1-\sin x)}{\sin x}=\lim_{x\to 0}\frac{8x+o(x)}{\sin x}=\lim_{x\to 0}\left[\frac{8x}{\sin x}+\frac{o(x)}{x}\frac{x}{\sin x}\right]=8,$$

由导数定义及 $f(1)=0$，得
$$\lim_{x\to 0}\frac{f(1+\sin x)-3f(1-\sin x)}{\sin x}=\lim_{x\to 0}\left[\frac{f(1+\sin x)-f(1)}{\sin x}+3\cdot\frac{f(1-\sin x)-f(1)}{-\sin x}\right]$$
$$=f'(1)+3f'(1)=4f'(1),$$

所以 $f'(1)=2$，故切线方程为 $2x-y-2=0$.

9. 由于 $g(x)$ 有界，$f(0)=0$，故
$$f'_-(0)=\lim_{x\to 0^-}\frac{f(x)-f(0)}{x}=\lim_{x\to 0^-}\frac{x^2g(x)}{x}=\lim_{x\to 0^-}xg(x)=0,$$
$$f'_+(0)=\lim_{x\to 0^+}\frac{f(x)-f(0)}{x}=\lim_{x\to 0^+}\frac{\frac{1-\cos x}{\sqrt{x}}}{x}=\lim_{x\to 0^+}\frac{1-\cos x}{x\sqrt{x}}=\lim_{x\to 0^+}\frac{\frac{1}{2}x^2}{x\sqrt{x}}=0,$$

由于 $f'_-(0)=f'_+(0)=0$，所以 $f'(0)=0$.

10. 由于对任意的 $x_1,x_2\in(-\infty,+\infty)$ 都有 $f(x_1+x_2)=f(x_1)f(x_2)$，所以取 $x_1=x_2=0$，有 $f(0)=f^2(0)$，由于 $f(0)\neq 0$（否则对任意 x，都有 $f(x)=f(x+0)=f(0)f(x)=0$，$f'(0)=0$），从而有 $f(0)=1$.

由导数定义有
$$f'(x)=\lim_{\Delta x\to 0}\frac{f(x+\Delta x)-f(x)}{\Delta x}=\lim_{\Delta x\to 0}\frac{f(\Delta x)f(x)-f(x)}{\Delta x}$$
$$=f(x)\lim_{\Delta x\to 0}\frac{f(\Delta x)-1}{\Delta x}=f(x)\lim_{\Delta x\to 0}\frac{f(\Delta x)-f(0)}{\Delta x}=f'(0)f(x)=f(x),$$

即对任意 $x\in(-\infty,+\infty)$，有 $f'(x)=f(x)$.

第 4 章　一元函数微分学的应用

微分中值定理是用导函数研究函数在区间上整体性质的有力工具，以微分中值定理为基础，利用导数可以研究未定式的极限、函数的性态、函数图形的描绘以及实际问题中的优化问题.

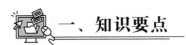
一、知识要点

本章各节的主要内容和学习要点如表 4-1 所示.

表 4-1　一元函数微分学的应用的主要内容与学习要点

章节	主要内容	学习要点
4.1　微分中值定理	微分中值定理	★罗尔定理、拉格朗日中值定理、柯西中值定理及应用
4.2　洛必达法则	洛必达法则与未定式极限	★洛必达法则，利用洛必达法则求两种未定式的极限
	其他未定式的极限	☆利用洛必达法则求其他未定式的极限
4.3　函数的单调性与极值	函数单调性的判别	★函数单调性的判别及应用
	函数的极值	★函数极值的概念，求函数极值的方法
	利用函数单调性证明不等式	☆利用函数单调性或极值证明不等式
4.4　曲线的凹凸性与拐点	曲线的凹凸性与拐点	☆曲线凹凸性的概念，曲线凹凸性与拐点确定
4.5　函数图形的描绘	曲线的渐近线	☆曲线的渐近线的确定
	函数作图	☆利用微分法描绘函数的图形
4.6　泰勒公式	泰勒公式	★泰勒公式与应用
4.7　优化问题	函数的最值	☆函数最值的求法
	实际问题的最值	☆实际问题最值的求法
	经济学中的优化问题	☆经济学中优化问题的求解

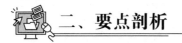

二、要点剖析

1. 微分中值定理

罗尔定理、拉格朗日中值定理、柯西中值定理是微分学的理论基础,尤其是拉格朗日中值定理建立了函数值与导数之间的定量关系,是利用导数研究函数性态的理论基础. 罗尔定理是证明拉格朗日中值定理、柯西中值定理的基础,而柯西中值定理导出了确定未定式极限的有效法则——洛必达法则. 微分中值定理及其几何特征见表 4-2.

表 4-2 微分中值定理

定理	罗尔定理	拉格朗日中值定理	柯西中值定理
条件	若 $f(x)$ 在闭区间 $[a,b]$ 上连续,在开区间 (a,b) 内可导,且 $f(a)=f(b)$	若 $f(x)$ 在闭区间 $[a,b]$ 上连续,在开区间 (a,b) 内可导	若 $f(x)$ 与 $g(x)$ 在闭区间 $[a,b]$ 上连续,在开区间 (a,b) 内可导,在 (a,b) 内 $g'(x)\neq 0$
结论	在 (a,b) 内至少有一点 ξ,使得 $f'(\xi)=0$	在 (a,b) 内至少有一点 ξ,使得 $f(b)-f(a)=f'(\xi)\cdot(b-a)$	在 (a,b) 内至少有一点 ξ,使得 $\dfrac{f(b)-f(a)}{g(b)-g(a)}=\dfrac{f'(\xi)}{g'(\xi)}$
几何特征	(图)	(图)	(图)
关系	罗尔定理 $\xrightarrow[\text{特例}]{\text{推广}}$ 拉格朗日中值定理 $\xrightarrow[\text{特例}]{\text{推广}}$ 柯西中值定理		

拉格朗日中值定理的推论:

(1) 如果函数 $f(x)$ 在区间 (a,b) 内满足 $f'(x)\equiv 0$,则在 (a,b) 内 $f(x)=C$ (C 为常数).

(2) 如果对 (a,b) 内任意 x,均有 $f'(x)=g'(x)$,则在 (a,b) 内 $f(x)$ 与 $g(x)$ 之间只差一个常数,即 $f(x)=g(x)+C$ (C 为常数).

微分中值定理特征说明:

(1) 微分中值定理建立了函数在一个区间上的增量(整体性)与函数在该区间内某点处的导数(局部性)之间的联系,从而使导数成为研究函数性态(单调性、极值、凹凸性)的工具.

(2) 微分中值定理的条件是充分而非必要的,这就是说,当条件满足时,结论一定成立,但当条件不满足时,结论可能成立也可能不成立.

(3) 微分中值定理的证明提供了一个用构造法证明数学命题的经典范例,体现了将一般问题特殊化、将复杂问题简单化的数学思想，利用构造法可以证明许多命题．

（4）拉格朗日中值定理结论的增量表示：

$$f(x+\Delta x)-f(x)=f'(\xi)\Delta x \ (\xi \text{ 介于 } x \text{ 与 } x+\Delta x \text{ 之间})$$
$$f(x+\Delta x)-f(x)=f'(x+\theta\Delta x)\Delta x \ (0<\theta<1)$$

它们反映了函数改变量与区间内某点处的导数之间的等量关系．

（5）运用微分中值定理证明命题是学习中的一个难点，利用罗尔定理可以证明方程根的存在性，利用拉格朗日中值定理可以证明等式和不等式，学习中要注意掌握构造函数的规律．

2. 洛必达法则

洛必达法则是求未定式极限的强有力的工具，可以解决各种类型的未定式的极限问题．洛必达法则的条件与结论如表 4-3 所示．

表 4-3 洛必达法则

	洛必达法则 $\left(\dfrac{0}{0}\text{型}\right)$	洛必达法则 $\left(\dfrac{\infty}{\infty}\text{型}\right)$
条件	若函数 $f(x)$ 与 $g(x)$ 满足条件： (1) $\lim\limits_{x\to x_0}f(x)=0$，$\lim\limits_{x\to x_0}g(x)=0$； (2) $f(x)$ 与 $g(x)$ 在点 x_0 的某邻域内（点 x_0 可除外）可导，且 $g'(x)\neq 0$； (3) $\lim\limits_{x\to x_0}\dfrac{f'(x)}{g'(x)}=A$（$A$ 可以为 ∞）．	若函数 $f(x)$ 与 $g(x)$ 满足条件： (1) $\lim\limits_{x\to x_0}f(x)=\infty$，$\lim\limits_{x\to x_0}g(x)=\infty$； (2) $f(x)$ 与 $g(x)$ 在点 x_0 的某邻域内（点 x_0 可除外）可导，且 $g'(x)\neq 0$； (3) $\lim\limits_{x\to x_0}\dfrac{f'(x)}{g'(x)}=A$（$A$ 可以为 ∞）．
结论	$\lim\limits_{x\to x_0}\dfrac{f(x)}{g(x)}=\lim\limits_{x\to x_0}\dfrac{f'(x)}{g'(x)}=A$	$\lim\limits_{x\to x_0}\dfrac{f(x)}{g(x)}=\lim\limits_{x\to x_0}\dfrac{f'(x)}{g'(x)}=A$

注：对 $x\to x_0^{\pm}$，$x\to\infty$，$x\to\pm\infty$ 时的其他极限形式，洛必达法则同样适用．

洛必达法则主要解决 $\dfrac{0}{0}$ 型和 $\dfrac{\infty}{\infty}$ 型未定式极限，在应用洛必达法则求 $\dfrac{0}{0}$ 型和 $\dfrac{\infty}{\infty}$ 型极限时应注意以下几点：

（1）每次使用法则前，必须检验是否属于 $\dfrac{0}{0}$ 型或 $\dfrac{\infty}{\infty}$ 型未定式，若不是这两类未定式，就不能使用该法则．

（2）使用法则求导之后仍为 $\dfrac{0}{0}$ 型和 $\dfrac{\infty}{\infty}$ 型未定式时，洛必达法则可以继续使用，直到求出极限值或得出不符合法则条件的情形为止．

（3）使用法则时要注意必要的化简，如果有可约因子，则可先约去；如果有非零极限值的乘积因子，则可先按乘积极限法则分出，以简化演算步骤．

（4）洛必达法则要注意与重要极限、无穷小等价代换等方法结合使用，以简化法则的使用过程．

（5）使用法则后所得极限不存在（不包括极限为 ∞ 的情况）时，不能肯定原极限不存在，此时洛必达法则失效，应改用其他方法求极限．

（6）其他类型的未定式，如 $\infty-\infty$ 型、$0\cdot\infty$ 型、0^0 型、1^∞ 型、∞^0 型的极限可以转化为 $\dfrac{0}{0}$ 型与 $\dfrac{\infty}{\infty}$ 型未定式，然后使用洛必达法则．处理方法如图 4-1 所示．

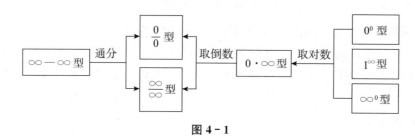

图 4-1

① 对于 $\infty-\infty$ 型未定式，常常须经通分等方法将其变为 $\dfrac{\infty}{\infty}$ 型或 $\dfrac{0}{0}$ 型；

② 对于 $0\cdot\infty$ 型未定式，需要将其中的一个因子调到分母上，变为 $\dfrac{\infty}{\infty}$ 型或 $\dfrac{0}{0}$ 型，至于应选择 0 因子还是 ∞ 因子调到分母上，要根据函数的具体情况而定．

③ 对于 0^0 型、1^∞ 型和 ∞^0 型未定式，一般需要先对函数取对数，变 0^0 型、1^∞ 型和 ∞^0 型为 $0\cdot\infty$ 型，再按照 ② 的方法解决．

3. 泰勒公式

泰勒公式的主要公式见表 4-4．

表 4-4 泰勒公式

	公式	余项
泰勒公式	设 $f(x)$ 在点 x_0 的邻域内有 $n+1$ 阶导数，则 $f(x)=f(x_0)+\dfrac{f'(x_0)}{1!}(x-x_0)$ $+\dfrac{f''(x_0)}{2!}(x-x_0)^2+\cdots$ $+\dfrac{f^{(n)}(x_0)}{n!}(x-x_0)^n+r_n(x)$	拉格朗日余项（ξ 在 x_0 与 x 之间）： $r_n(x)=\dfrac{f^{(n+1)}(\xi)}{(n+1)!}(x-x_0)^{n+1}$ 皮亚诺余项： $r_n(x)=o((x-x_0)^n)$ （$x\to x_0$）
麦克劳林公式	设 $f(x)$ 在点 $x_0=0$ 的邻域内有 $n+1$ 阶导数，则 $f(x)=f(0)+\dfrac{f'(0)}{1!}x+\dfrac{f''(0)}{2!}x^2$ $+\cdots+\dfrac{f^{(n)}(0)}{n!}x^n+r_n(x)$	拉格朗日余项： $r_n(x)=\dfrac{f^{(n+1)}(\theta x)}{(n+1)!}x^{n+1}$ （$0<\theta<1$） 皮亚诺余项： $r_n(x)=o(x^n)$ （其中 $x\to 0$）

常用的麦克劳林公式（$0<\theta<1$）：

(1) $e^x=1+x+\dfrac{x^2}{2!}+\cdots+\dfrac{x^n}{n!}+\dfrac{e^{\theta x}}{(n+1)!}x^{n+1}$；

(2) $\sin x = x - \dfrac{x^3}{3!} + \dfrac{x^5}{5!} - \cdots + (-1)^{m-1}\dfrac{x^{2m-1}}{(2m-1)!} + \dfrac{\sin\left(\theta x + (2m+1)\dfrac{\pi}{2}\right)}{(2m+1)!}x^{2m+1}$;

(3) $\cos x = 1 - \dfrac{x^2}{2!} + \dfrac{x^4}{4!} - \cdots + (-1)^m\dfrac{x^{2m}}{(2m)!} + \dfrac{\cos(\theta x + (m+1)\pi)}{(2m+2)!}x^{2m+2}$;

(4) $\ln(1+x) = x - \dfrac{x^2}{2} + \dfrac{x^3}{3} - \cdots + (-1)^n\dfrac{x^{n+1}}{n+1} + (-1)^{n+1}\dfrac{x^{n+1}}{(n+1)(1+\theta x)^{n+1}}$.

泰勒公式要点:

(1) 泰勒公式是拉格朗日中值定理的推广,当 $n=0$ 时,泰勒公式即为拉格朗日公式;在近似计算中它可以提高近似值的精度,是微分代替增量近似公式的进一步推广.

(2) 带皮亚诺余项的泰勒公式的特点是只能反映 $x \to a$ 时的函数性态,即函数 $f(x)$ 在点 a 处的局部性态,因此多用于函数在点 a 处的定性分析.

(3) 带拉格朗日余项的泰勒公式的特点是在 $f(x)$ 的 $n+1$ 阶可导的区间上,公式均成立,它可用于函数在该区间上的定性分析.

(4) 将函数展开成泰勒公式的方法有:直接按公式展开,或者利用麦克劳林公式,通过适当的变换、四则运算、复合运算以及微分和积分将函数间接展开.

(5) 利用泰勒公式还可以求极限,利用泰勒公式展开式还可以求高阶导数、讨论函数的极值等.

4. 函数的单调性与单调区间的确定

函数的单调性是函数的主要特性,在函数的研究上具有重要应用. 函数单调性的概念与判别法见表 4-5.

表 4-5 函数的单调性及其判别法

单调性的定义	函数 $y = f(x)$ 在区间 I 上有定义,对于区间 I 内任意两点 x_1, x_2, (1) 当 $x_1 < x_2$ 时,有 $f(x_1) < f(x_2)$,则称 $f(x)$ 在 I 上单调递增; (2) 当 $x_1 < x_2$ 时,有 $f(x_1) > f(x_2)$,则称 $f(x)$ 在 I 上单调递增.
单调性的判别法	设函数 $f(x)$ 在 $[a,b]$ 上连续,在 (a,b) 内可导, (1) 如果在 (a,b) 内 $f'(x) > 0$,则 $f(x)$ 在 $[a,b]$ 上单调递增; (2) 如果在 (a,b) 内 $f'(x) < 0$,则 $f(x)$ 在 $[a,b]$ 上单调递减.

说明:(1) 定理中的区间 $[a,b]$ 换成其他各种类型的区间时结论仍成立.

(2) 将定理中的导数符号条件 $f'(x) > 0$(或 $f'(x) < 0$)改成 $f'(x) \geq 0$(或 $f'(x) \leq 0$),但等号只在有限个点 x 处成立,定理的结论依然成立.

确定函数 $y = f(x)$ 单调区间的步骤:

(1) 确定函数的定义域,求出驻点和不可导点.

(2) 用这些点将 $f(x)$ 的定义域分成若干个子区间,再在每个子区间上依据单调性判别法判别一阶导数 $f'(x)$ 的符号. 若 $f'(x) > 0$, $x \in (a,b)$,则 $f(x)$ 单调递增;若 $f'(x) < 0$, $x \in (a,b)$,则 $f(x)$ 单调递减.

(3) 写出函数的单调区间.

利用函数的单调性证明不等式. 如证明：对于 $x\in(a,b)$, $f(x)>g(x)$ 成立. 证明方法是：

(1) 根据要证明的不等式构造函数 $F(x)=f(x)-g(x)$；

(2) 利用导数符号判别函数 $F(x)$ 的单调性；

(3) 利用单调性的概念说明不等式成立.

5. 函数的极值点与极值的确定

函数的极值点与极值是函数的重要特性，具有重要应用. 函数极值的概念和极值的充分与必要条件见表 4-6.

表 4-6 极值概念和极值的充分与必要条件

极值的定义	设函数 $f(x)$ 在点 x_0 的某邻域 $U(x_0)$ 内有定义，任取 $x\in U(x_0)(x\neq x_0)$. (1) 若 $f(x)<f(x_0)$，则称点 x_0 为 $f(x)$ 的极大值点，$f(x_0)$ 为 $f(x)$ 的一个极大值； (2) 若 $f(x)>f(x_0)$，则称点 x_0 为 $f(x)$ 的极小值点，$f(x_0)$ 为 $f(x)$ 的一个极小值.
极值的必要条件	设 $f(x_0)$ 在点 x_0 处可导，且在点 x_0 处取得极值，则 $f'(x_0)=0$.
极值的充分条件 (1)	设 $f(x)$ 在点 x_0 处连续，在点 x_0 的去心邻域 $U^{\circ}(x_0)$ 内可导，且 $f'(x_0)=0$ 或 $f'(x_0)$ 不存在，则： (1) 若当 $x<x_0$ 时 $f'(x)>0$，当 $x>x_0$ 时 $f'(x)<0$，则 $f(x_0)$ 为极大值； (2) 若当 $x<x_0$ 时 $f'(x)<0$，当 $x>x_0$ 时 $f'(x)>0$，则 $f(x_0)$ 为极小值.
极值的充分条件 (2)	设 $f(x)$ 在点 x_0 处具有二阶导数，且 $f'(x_0)=0$，$f''(x_0)\neq 0$. (1) 若 $f''(x_0)<0$，则 $f(x)$ 在点 x_0 处取得极大值； (2) 若 $f''(x_0)>0$，则 $f(x)$ 在点 x_0 处取得极小值.

求函数 $y=f(x)$ 极值的步骤：

(1) 确定函数的定义域，求出驻点和不可导点.

(2) 用极值判别法一判别驻点和不可导点左右导数的符号，或用极值判别法二判别二阶可导函数在驻点处的导数符号.

(3) 求出极值点处的函数值，得函数的极值.

需要指出的是，函数的极值点可能从函数的驻点和不可导点中产生. 若可导函数 $f(x)$ 在点 x_0 处取得极值，则点 x_0 为函数的驻点；反之，函数的驻点未必是函数的极值点. 函数的驻点和不可导点是否为极值点需要用极值判别法一进行判别.

6. 曲线的凹凸区间和拐点的确定

凹凸性是函数曲线的主要特征，曲线的凹凸性与拐点的定义和判别法如表 4-7 所示.

表 4-7 曲线的凹凸性与拐点的定义和判别法

曲线凹凸的定义	设函数 $y=f(x)$ 在区间 I 上连续，对 I 上任意两点 x_1, x_2，若 (1) $f\left(\dfrac{x_1+x_2}{2}\right)<\dfrac{f(x_1)+f(x_2)}{2}$，则称曲线弧 $y=f(x)$ 在 I 内是凹的； (2) $f\left(\dfrac{x_1+x_2}{2}\right)>\dfrac{f(x_1)+f(x_2)}{2}$，则称曲线弧 $y=f(x)$ 在 I 内是凸的. 若曲线在区间 I 内具有凹凸性，则区间 I 称为**凹凸区间**.

续表

拐点的定义	设曲线 $y=f(x)$ 在点 $(x_0,f(x_0))$ 处有穿过曲线的切线，且在切点两侧近旁曲线的凹向不同，这时称点 $(x_0,f(x_0))$ 为曲线 $y=f(x)$ 的拐点.
判别曲线凹凸	**充分条件**：设函数 $y=f(x)$ 在 $[a,b]$ 上连续，在 (a,b) 内具有二阶导数. (1) 若在 (a,b) 内 $f''(x)>0$，则曲线 $y=f(x)$ 在 (a,b) 内是凹的； (2) 若在 (a,b) 内 $f''(x)<0$，则曲线 $y=f(x)$ 在 (a,b) 内是凸的.
判别曲线拐点	**必要条件**：设函数 $y=f(x)$ 在点 x_0 处具有连续的二阶导数，若点 $(x_0,f(x_0))$ 为曲线 $y=f(x)$ 的拐点，则 $f''(x_0)=0$. **充分条件**：设函数 $y=f(x)$ 在点 x_0 的邻域 $(x_0-\delta,x_0+\delta)$ 内连续且二阶可导（$f'(x_0)$ 或 $f''(x_0)$ 可以不存在），若在点 x_0 两侧二阶导数 $f''(x)$ 的符号相反，则曲线上点 $(x_0,f(x_0))$ 为曲线 $y=f(x)$ 的拐点.

利用函数的二阶导数的符号可以判别曲线的凹凸性和拐点．确定连续曲线凹凸性与拐点的步骤如下：

(1) 先求出 $f''(x)$，找出在 (a,b) 内使 $f''(x)=0$ 的点和 $f''(x)$ 不存在的点 x_i；

(2) 用上述 x_i 按照从小到大的顺序依次将 (a,b) 分成小区间，再在每个小区间上考察 $f''(x)$ 的符号；

(3) 若 $f''(x)$ 在某点 x_i 两侧近旁异号，则点 $(x_i,f(x_i))$ 是曲线 $y=f(x)$ 的拐点；

(4) 写出具有凹凸性的区间.

需要指出的是，二阶导数为零的点只是可能的拐点，并不一定是拐点；另外，拐点还可能是二阶导数不存在的点．所以拐点要从二阶导数为零的点和二阶导数不存在的点中找，它们是否为拐点还需要用判别法进行判别.

7. 函数导数的应用

函数导数的应用主要有：利用微分法作函数的图形，求函数和实际问题的最值（见表 4-8）.

表 4-8　导数的应用

微分法作图	步骤如下： (1) 确定函数的定义域和值域，并考察函数是否有奇偶性、周期性； (2) 考察函数是否有渐近线； (3) 确定函数的单调区间和极值点、函数曲线的凹凸区间和拐点； (4) 求出曲线与坐标轴的交点的坐标，再根据需要求出曲线上一些辅助点的坐标； (5) 将以上诸点按所讨论的单调性和凹凸性用光滑曲线连接起来，即得所绘图形.
求实际问题的最值	步骤如下： (1) 根据实际问题的意义建立函数关系，即建立目标函数模型； (2) 应用函数极值的知识求目标函数的最大值或最小值； (3) 利用实际问题的意义对结论进行说明.
求实际问题时两个常用结论	(1) 对于可导函数 $f(x)$ 在定义区间内部（不是端点处），如果可以根据实际问题的性质断定存在最大值或最小值，且区间的内部有唯一驻点 x_0，即 $f'(x_0)=0$，则可断定 $f(x)$ 在点 x_0 处取得相应的最大值（最小值）. (2) 若连续函数 $f(x)$ 在定义区间内只有一个可能的极大值（极小值）点 x_0，则可断定 $f(x)$ 在点 x_0 处取得相应的最大值（最小值）.

作函数的图形时需用到渐近线，曲线的渐近线类型如表 4-9 所示．

表 4-9 曲线的渐近线

类型	定义
水平渐近线	若当 $x\to\infty$（或 $x\to\pm\infty$）时，$y\to C$（C 为常数），即 $\lim\limits_{x\to\infty}f(x)=C$，则称直线 $y=C$ 为曲线 $y=f(x)$ 的水平渐近线．
铅直渐近线	若当 $x\to C$（或 $x\to C^{\pm}$，C 为常数）时，$y\to\infty$（或 $y\to\pm\infty$），即 $\lim\limits_{x\to C}f(x)=\infty$，则称直线 $x=C$ 为曲线 $y=f(x)$ 的铅直渐近线．
斜渐近线	若函数 $f(x)$ 满足：(1) $\lim\limits_{x\to\infty}\dfrac{f(x)}{x}=k$，(2) $\lim\limits_{x\to\infty}[f(x)-kx]=b$，则称 $y=kx+b$ 为曲线 $y=f(x)$ 的斜渐近线．

函数的最值与极值的区别与联系：

(1) 函数的最大值和最小值与函数的极大值和极小值是两个不同的概念．最值是区间的整体概念，它指的是整个研究范围内的最大值或最小值．极值是区间内的局部概念，只是该极值点左右邻近范围内的最大值或最小值．

(2) 极值只在函数的定义区间内取得，而最值可能在取得极值的点和区间端点处取得．

(3) 极值不唯一，可以有多个极大值或极小值，并且极大值不一定大于极小值，而最大值和最小值如果存在，必是唯一的，当然最大（小）值点可以不唯一，但最大值一定不小于最小值．

(4) 函数的极值点是局部最值点，因此最值可能在极值点处取得，反之，若最值点恰是区间的内点，则该最值点也必是极值点．

求闭区间上连续函数最值的步骤如下：

(1) 求出函数的驻点和不可导点处的函数值；

(2) 求出函数在区间端点处的函数值；

(3) 比较驻点和不可导点处的函数值与端点处的函数值的大小，即可得出函数的最大值和最小值．

求解实际问题的关键是依据实际问题的特征建立目标函数模型，以及由实际问题的要求确定目标函数的定义区间．

三、例题精解

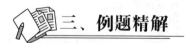

例 1 验证 $f(x)=x^2+2$ 在 $[-1,1]$ 上满足罗尔定理的条件，并求出 ξ 使得 $f'(\xi)=0$．

解：因为 $f(x)=x^2+2$ 为初等函数，所以 $f(x)$ 在 $[-1,1]$ 上连续，在 $(-1,1)$ 内可导，且 $f'(x)=2x$，又 $f(-1)=f(1)=3$，所以 $f(x)=x^2+2$ 满足罗尔定理的条件，

由 $f'(\xi)=2\xi=0$,得 $\xi=0$.

例2 验证 $f(x)=\arctan x$ 在 $[0,1]$ 上满足拉格朗日中值定理的条件,并求出相应的 ξ.

解: 显然 $f(x)=\arctan x$ 在 $[0,1]$ 上连续,$(0,1)$ 内可导,且 $f'(x)=\dfrac{1}{1+x^2}$,由 $f(1)-f(0)=f'(\xi)(1-0)$,即 $\dfrac{\pi}{4}-0=\dfrac{1}{1+\xi^2}$,得 $\xi=\sqrt{\dfrac{4-\pi}{\pi}}$.

【注记】验证中值定理要注意定理的条件是否满足.

题型二 利用中值定理证明有关方程的根的问题

1. 利用微分中值定理证明方程有唯一根

例3 设函数 $f(x)$ 在闭区间 $[0,1]$ 上可微,对于 $\forall x\in[0,1]$,$f(x)\in(0,1)$,且 $f'(x)\neq 1$,证明在 $(0,1)$ 内有且仅有一个 x,使得 $f(x)=x$.

证:(存在性)令 $F(x)=f(x)-x$,则 $F(x)$ 在闭区间 $[0,1]$ 上可微、连续. 又 $f(x)\in(0,1)$,即 $0<f(x)<1$,故 $F(0)=f(0)-0>0$,$F(1)=f(1)-1<0$,由连续函数的零点定理知,必存在 $x\in(0,1)$,使得 $F(x)=f(x)-x=0$,即 $f(x)=x$.

(唯一性)假设存在另一点 $t\in(0,1)$(不妨设 $t>x$),使得

$$F(t)=f(t)-t=0,$$

则由罗尔定理知,必存在 $\xi\in(x,t)\subset(0,1)$,使得 $F'(\xi)=f'(\xi)-1=0$,即 $f'(\xi)=1$,这与条件矛盾,故假设不成立.

综上可知,必存在唯一 $x\in(0,1)$,使得 $f(x)=x$.

【注记】证明根的唯一性,首先要根据问题构造恰当的连续函数,利用连续函数的零点定理证明根的存在性,再将罗尔定理用于反证法来证明根的唯一性.

2. 利用微分中值定理证明方程至少有一个根

例4 设 $a_1,a_2,\cdots,a_n$ 是满足 $a_1-\dfrac{a_2}{3}+\dfrac{a_3}{5}-\dfrac{a_5}{7}+\cdots+(-1)^{n-1}\dfrac{a_n}{2n-1}=0$ 的实数,证明方程 $a_1\cos x+a_2\cos 3x+a_3\cos 5x+\cdots+a_n\cos(2n-1)x=0$ 在 $\left(0,\dfrac{\pi}{2}\right)$ 内至少有一个根.

证: 考虑函数

$$f(x)=a_1\sin x+\dfrac{1}{3}a_2\sin 3x+\dfrac{1}{5}a_3\sin 5x+\cdots+\dfrac{1}{2n-1}a_n\sin(2n-1)x$$

在 $\left[0,\dfrac{\pi}{2}\right]$ 上连续,在 $\left(0,\dfrac{\pi}{2}\right)$ 内可导,且

$$f(0)=0, \quad f\left(\frac{\pi}{2}\right)=a_1-\frac{a_2}{3}+\frac{a_3}{5}-\frac{a_5}{7}+\cdots+(-1)^{n-1}\frac{a_n}{2n-1}=0,$$

由罗尔定理知，至少存在一个 $\xi \in \left(0, \frac{\pi}{2}\right)$，使得 $f'(\xi)=0$，即

$$f'(\xi)=a_1\cos\xi+a_2\cos 3\xi+a_3\cos 5\xi+\cdots+a_n\cos(2n-1)\xi=0,$$

所以

$$a_1\cos x+a_2\cos 3x+a_3\cos 5x+\cdots\cdots+a_n\cos(2n-1)x=0$$

在 $\left(0, \frac{\pi}{2}\right)$ 内至少有一个根.

题型三 运用微分中值定理证明含导数的等式问题

例5 设 $f(x)$ 在 $[0, 1]$ 上连续，在 $(0, 1)$ 内可微，且 $f(1)=0$. 证明：至少存在一点 $\xi \in (0, 1)$，使得 $f'(\xi) = -\frac{f(\xi)}{\xi}$.

分析 将等式 $f'(\xi)=-\frac{f(\xi)}{\xi}$ 变形为 $\xi f'(\xi)+f(\xi)=0$. 因为 $[xf(x)]'|_{x=\xi}=\xi f'(\xi)+f(\xi)$，所以构造函数 $F(x)=xf(x)$.

证：考虑 $F(x)=xf(x)$ 在 $[0, 1]$ 上连续，在 $(0, 1)$ 内可微，且 $F(0)=0$，$F(1)=0$，由罗尔定理知，必存在 $\xi \in (0, 1)$，使得 $F'(\xi)=f(\xi)+\xi f'(\xi)=0$，即 $f'(\xi)=-\frac{f(\xi)}{\xi}$.

【注记】根据问题的结论构造恰当的函数是关键一步. 利用拉格朗日中值定理证明这类问题的一般方法是：将所要证明的等式变形，使含有中值 ξ 的项归到等式一端，然后找出适当的函数 $F(x)$，使含有 ξ 的一端恰好等于 $F'(\xi)$.

例6 设 $f(x)$ 在 $[a, b]$ $(a>0)$ 上可导，证明：至少存在一点 $\xi \in (a, b)$，使得 $2\xi[f(b)-f(a)]=(b^2-a^2)f'(\xi)$.

分析 将等式 $2\xi[f(b)-f(a)]=(b^2-a^2)f'(\xi)$ 变形为

$$\frac{f(b)-f(a)}{b^2-a^2}=\frac{f'(\xi)}{2\xi}.$$

联想柯西中值定理，构造函数 $g(x)=x^2$，对 $f(x)$ 与 $g(x)=x^2$ 应用柯西中值定理.

证：设函数 $g(x)=x^2$，则 $f(x)$ 与 $g(x)=x^2$ 在 $[a, b]$ 上可导，则由柯西中值定理知，至少存在一点 $\xi \in (a, b)$ $(\xi>0)$，使得 $\frac{f(b)-f(a)}{g(b)-g(a)}=\frac{f'(\xi)}{g'(\xi)}$，即 $\frac{f(b)-f(a)}{b^2-a^2}=\frac{f'(\xi)}{2\xi}$，也即 $2\xi[f(b)-f(a)]=(b^2-a^2)f'(\xi)$.

【注记】利用柯西中值定理证明这类问题的一般方法是：将所要证明的等式变形，使含有中值 ξ 的项归到等式一端，然后找出两个适当的函数 $f(x)$、$g(x)$，使含有 ξ 的一端恰好等于 $\dfrac{f'(\xi)}{g'(\xi)}$.

题型四　利用微分中值定理证明不等式

例7　当 $x>1$ 时，证明：$e^x > e \cdot x$.

证：设 $F(x) = e^x - ex$，x 是 $(1, +\infty)$ 内的任一点，则 $F(x)$ 在 $[1, x]$ 上连续，在 $(1, x)$ 内可导，因此

$$\frac{F(x)-F(1)}{x-1} = F'(\xi) = e^\xi - e > 0, \quad \xi \in (1, x).$$

而 $x-1>0$，故 $F(x)-F(1)>0$，即 $F(x)>F(1)=e-e=0$，也即 $e^x > e \cdot x$.

另一种方法：当 $x>1$ 时，$F'(x) = e^x - e > 0$，故函数严格单调递增，而 $F(1) = e - e = 0$，所以当 $x > 1$ 时，由函数的单调性知，$F(x) > F(1) = 0$，即 $e^x > e \cdot x$.

【注记】证明这类不等式时，可先将所有项移到等式一边，构造函数 $F(x)$，在所研究区间的端点和区间内任一点之间的区间上应用拉格朗日中值定理.

例8　设函数 $f(x) = a_1 \sin x + a_2 \sin 2x + \cdots + a_n \sin nx$，且 $|f(x)| \leqslant |\sin x|$，$a_1$，$a_2$，$\cdots$，$a_n$ 为实常数，证明：$|a_1 + 2a_2 + \cdots + na_n| \leqslant 1$.

证：**方法1**　因为

$$f'(x) = a_1 \cos x + 2a_2 \cos 2x + \cdots + na_n \cos nx,$$

所以 $f'(0) = a_1 + 2a_2 + \cdots + na_n$，又 $f(0) = 0$，$|f(x)| \leqslant |\sin x|$，故

$$\left|\frac{f(x)-f(0)}{x}\right| = \left|\frac{f(x)}{x}\right| \leqslant \left|\frac{\sin x}{x}\right|,$$

从而

$$|f'(0)| = \left|\lim_{x \to 0} \frac{f(x)-f(0)}{x}\right| = \lim_{x \to 0}\left|\frac{f(x)}{x}\right| \leqslant \lim_{x \to 0}\left|\frac{\sin x}{x}\right| = 1,$$

即 $|a_1 + 2a_2 + \cdots + na_n| \leqslant 1$.

方法2　$f(0) = 0$，$f'(x) = a_1 \cos x + 2a_2 \cos 2x + \cdots + na_n \cos nx$. $f(x)$ 在区间 $[0, x]$ 或 $[x, 0]$ 上满足拉格朗日中值定理的条件，存在 $\xi \in (0, x)$ 或 $(x, 0)$，使

$$f(x) - f(0) = f'(\xi) x,$$

即

$$|f(x)| = |a_1 \cos \xi + 2a_2 \cos 2\xi + \cdots + na_n \cos n\xi| \cdot |x|,$$

则
$$|a_1\cos\xi+2a_2\cos2\xi+\cdots+na_n\cos n\xi|=\frac{|f(x)|}{|x|}\leqslant\left|\frac{\sin x}{x}\right|.$$

令 $x\to 0$，则 $\xi\to 0$，上式两边取极限可得 $|a_1+2a_2+\cdots+na_n|\leqslant 1$.

题型五　利用中值定理证明恒等式

例 9　证明：$\arcsin\sqrt{1-x^2}+\arctan\dfrac{x}{\sqrt{1-x^2}}=\dfrac{\pi}{2}$，$x\in[0,1]$.

证：设函数
$$F(x)=\arcsin\sqrt{1-x^2}+\arctan\frac{x}{\sqrt{1-x^2}},$$

则 $F(x)$ 在 $[0,1]$ 上连续，在 $(0,1)$ 内可导，且 $F(0)=\dfrac{\pi}{2}$. 因为对 $\forall x\in(0,1)$，有

$$F'(x)=\frac{-x}{x\sqrt{1-x^2}}+(1-x^2)\cdot\frac{\sqrt{1-x^2}+x\cdot\dfrac{2x}{2\sqrt{1-x^2}}}{1-x^2}=\frac{-1}{\sqrt{1-x^2}}+\frac{1}{\sqrt{1-x^2}}=0,$$

则由拉格朗日中值定理的推论知 $F(x)\equiv C$，由 $F(0)=\dfrac{\pi}{2}$，可得 $C=\dfrac{\pi}{2}$，所以
$$\arcsin\sqrt{1-x^2}+\arctan\frac{x}{\sqrt{1-x^2}}=\frac{\pi}{2},\ \forall x\in[0,1].$$

> **【注记】** 这种问题实际上就是要证明函数为常数，所以可通过该函数的导数为零来证明.

题型六　利用洛必达法则求未定式的极限

例 10　利用洛必达法则求下列极限.

(1) $\lim\limits_{x\to\frac{\pi}{2}}\dfrac{\ln\sin x}{(\pi-2x)^2}$；　　(2) $\lim\limits_{x\to 0}\dfrac{\tan x-x}{x-\sin x}$；　　(3) $\lim\limits_{x\to 0}\dfrac{1-\cos^2 x}{x(1-e^x)}$.

解：(1) 所求极限是 $\dfrac{0}{0}$ 型未定式.

$$\lim_{x\to\frac{\pi}{2}}\frac{\ln\sin x}{(\pi-2x)^2}=\lim_{x\to\frac{\pi}{2}}\frac{\dfrac{\cos x}{\sin x}}{-4(\pi-2x)}=-\frac{1}{4}\lim_{x\to\frac{\pi}{2}}\frac{\cos x}{(\pi-2x)\sin x}$$

$$= -\frac{1}{4} \lim_{x \to \frac{\pi}{2}} \frac{1}{\sin x} \lim_{x \to \frac{\pi}{2}} \frac{\cos x}{\pi - 2x} = -\frac{1}{4} \lim_{x \to \frac{\pi}{2}} \frac{\cos x}{\pi - 2x}$$

$$= -\frac{1}{4} \lim_{x \to \frac{\pi}{2}} \frac{-\sin x}{-2} = -\frac{1}{8}.$$

【注记】 洛必达法则可以连续使用多次，但每次使用时必须验证是否为 $\frac{0}{0}$ 型或 $\frac{\infty}{\infty}$ 型未定式；在运算过程中，注意要及时把具有非零极限的乘积因子分离出来，对剩余部分继续使用洛必达法则来简化运算过程.

(2) 所求极限是 $\frac{0}{0}$ 型未定式.

方法 1

$$\lim_{x \to 0} \frac{\tan x - x}{x - \sin x} = \lim_{x \to 0} \frac{\sec^2 x - 1}{1 - \cos x} = \lim_{x \to 0} \frac{2\sec^2 x \cdot \tan x}{\sin x} = \lim_{x \to 0} \frac{2}{\cos^3 x} = 2.$$

方法 2

$$\lim_{x \to 0} \frac{\tan x - x}{x - \sin x} = \lim_{x \to 0} \frac{\sec^2 x - 1}{1 - \cos x} = \lim_{x \to 0} \frac{1 - \cos^2 x}{\cos^2 x (1 - \cos x)} = \lim_{x \to 0} \frac{1 + \cos x}{\cos^2 x} = 2.$$

方法 3

$$\lim_{x \to 0} \frac{\tan x - x}{x - \sin x} = \lim_{x \to 0} \frac{\sec^2 x - 1}{1 - \cos x} = \lim_{x \to 0} \frac{\tan^2 x}{1 - \cos x} = \lim_{x \to 0} \frac{x^2}{\frac{1}{2}x^2} = 2.$$

【注记】 在使用洛必达法则求未定式极限时，要根据问题特点采取灵活的变形方法来简化法则的使用.

(3) 所求极限是 $\frac{0}{0}$ 型未定式.

方法 1

$$\lim_{x \to 0} \frac{1 - \cos^2 x}{x(1 - e^x)} = \lim_{x \to 0} \frac{2\cos x \sin x}{1 - e^x - xe^x} = 2\lim_{x \to 0} \cos x \lim_{x \to 0} \frac{\sin x}{1 - e^x - xe^x}$$

$$= 2\lim_{x \to 0} \frac{\cos x}{-2e^x - xe^x} = 2 \cdot \frac{1}{-2} = -1.$$

方法 2

$$\lim_{x \to 0} \frac{1 - \cos^2 x}{x(1 - e^x)} = \lim_{x \to 0} \frac{\sin^2 x}{x(-x)} = -\lim_{x \to 0} \left(\frac{\sin x}{x}\right)^2 = -1.$$

【注记】 在使用洛必达法则求未定式极限时，要根据问题的特点，与等价无穷小代换、重要极限等其他方法结合使用.

例11 利用洛必达法则求下列极限.

(1) $\lim\limits_{x \to \frac{\pi}{2}} \dfrac{\tan x - 6}{\sec x + 5}$; (2) $\lim\limits_{x \to +\infty} \dfrac{e^x + e^{-x}}{e^x - e^{-x}}$.

解：(1) 所求极限是 $\dfrac{\infty}{\infty}$ 型未定式.

$$\lim_{x \to \frac{\pi}{2}} \dfrac{\tan x - 6}{\sec x + 5} = \lim_{x \to \frac{\pi}{2}} \dfrac{(\tan x - 6)'}{(\sec x + 5)'} = \lim_{x \to \frac{\pi}{2}} \dfrac{\sec^2 x}{\sec x \tan x} = \lim_{x \to \frac{\pi}{2}} \dfrac{\sec x}{\tan x} = \lim_{x \to \frac{\pi}{2}} \dfrac{1}{\sin x} = 1.$$

【注记】 若在上式中求解到 $\lim\limits_{x \to \frac{\pi}{2}} \dfrac{\sec x}{\tan x}$ 时继续使用洛必达法则,有

$$\lim_{x \to \frac{\pi}{2}} \dfrac{\sec x}{\tan x} = \lim_{x \to \frac{\pi}{2}} \dfrac{\sec x \tan x}{\sec^2 x} = \lim_{x \to \frac{\pi}{2}} \dfrac{\tan x}{\sec x} = \lim_{x \to \frac{\pi}{2}} \dfrac{\sec^2 x}{\sec x \tan x},$$

出现循环,无法求得结果,所以不能以为洛必达法则是万能的. 运用洛必达法则时适当地结合其他求极限的方法(如等价无穷小代换、重要极限等)会更有效.

(2) 所求极限是 $\dfrac{\infty}{\infty}$ 型未定式.

$$\lim_{x \to +\infty} \dfrac{e^x + e^{-x}}{e^x - e^{-x}} = \lim_{x \to +\infty} \dfrac{1 + \dfrac{e^{-x}}{e^x}}{1 - \dfrac{e^x}{e^{-x}}} = \lim_{x \to +\infty} \dfrac{1 + e^{-2x}}{1 - e^{-2x}} = \dfrac{1+0}{1-0} = 1.$$

【注记】 若求解到 $\lim\limits_{x \to +\infty} \dfrac{1 + e^{-2x}}{1 - e^{-2x}}$ 时,继续使用洛必达法则,会得到错误的结果 -1,因为此时 $\lim\limits_{x \to +\infty} \dfrac{1 + e^{-2x}}{1 - e^{-2x}}$ 不是未定式,所以每一步都要检查未定式的条件是否满足.

例12 利用洛必达法则求下列极限.

(1) $\lim\limits_{x \to \infty} x(e^{\frac{1}{x}} - 1)$; (2) $\lim\limits_{x \to 0} e^{-\frac{1}{x^2}} x^{-100}$; (3) $\lim\limits_{x \to 1^-} \ln x \cdot \ln(1-x)$.

解：(1) 所求极限为 $\infty \cdot 0$ 型未定式,先转换成 $\dfrac{0}{0}$ 型未定式.

$$\lim_{x \to \infty} x(e^{\frac{1}{x}} - 1) = \lim_{x \to \infty} \dfrac{e^{\frac{1}{x}} - 1}{\dfrac{1}{x}} = \lim_{x \to \infty} \dfrac{e^{\frac{1}{x}} \left(-\dfrac{1}{x^2}\right)}{\left(-\dfrac{1}{x^2}\right)} = \lim_{x \to \infty} e^{\frac{1}{x}} = 1.$$

(2) 所求极限为 $0 \cdot \infty$ 型未定式,先转换成 $\dfrac{\infty}{\infty}$ 型未定式.

$$\lim_{x\to 0}e^{-\frac{1}{x^2}}x^{-100}=\lim_{x\to 0}\frac{x^{-100}}{e^{\frac{1}{x^2}}}=\lim_{x\to 0}\frac{(x^{-100})'}{(e^{\frac{1}{x^2}})'}=\lim_{x\to 0}\frac{-100x^{-101}}{e^{\frac{1}{x^2}}(-2)x^{-3}}$$

$$=\lim_{x\to 0}\frac{50x^{-98}}{e^{\frac{1}{x^2}}}=\lim_{x\to 0}\frac{50\cdot(-98)x^{-99}}{e^{\frac{1}{x^2}}(-2)x^{-3}}=\lim_{x\to 0}\frac{50\cdot 49 x^{-96}}{e^{\frac{1}{x^2}}}$$

$$=\cdots=50!\ \frac{1}{e^{\frac{1}{x^2}}}=0.$$

(3) 所求极限为 $0\cdot\infty$ 型未定式,当 $x\to 1^-$ 时,$\ln x=\ln[1+(x-1)]\sim x-1$,所以

$$\lim_{x\to 1^-}\ln x\cdot\ln(1-x)=\lim_{x\to 1^-}(x-1)\cdot\ln(1-x)=\lim_{x\to 1^-}\frac{\ln(1-x)}{\frac{1}{x-1}}$$

$$=\lim_{x\to 1^-}\frac{\frac{-1}{1-x}}{-\left(\frac{1}{x-1}\right)^2}=-\lim_{x\to 1^-}(x-1)=0.$$

【注记】对于 $0\cdot\infty$ 型未定式,可经过变形将其转换成 $\dfrac{0}{0}$ 型或 $\dfrac{\infty}{\infty}$ 型未定式,两种方案中通常选取求导较为简便的一种,再使用洛必达法则.

⚛ 例 13 利用洛必达法则求下列极限.

(1) $\lim\limits_{x\to 0}\left[\dfrac{1}{x}-\dfrac{1}{\ln(1+x)}\right]$; (2) $\lim\limits_{x\to 0}\left[\dfrac{\ln(1+x)^{1+x}}{x^2}-\dfrac{1}{x}\right]$.

解: (1) 所求极限为 $\infty-\infty$ 型未定式,对分式通分再利用洛必达法则,得

$$\lim_{x\to 0}\left[\frac{1}{x}-\frac{1}{\ln(1+x)}\right]=\lim_{x\to 0}\frac{\ln(1+x)-x}{x\ln(1+x)}=\lim_{x\to 0}\frac{\frac{1}{1+x}-1}{\ln(1+x)+\frac{x}{1+x}}$$

$$=\lim_{x\to 0}\frac{-x}{(1+x)\ln(1+x)+x}=\lim_{x\to 0}\frac{-1}{\ln(1+x)+2}=-\frac{1}{2}.$$

(2) 所求极限为 $\infty-\infty$ 型未定式,对分式通分化简,再用洛必达法则,得

$$\lim_{x\to 0}\left[\frac{\ln(1+x)^{1+x}}{x^2}-\frac{1}{x}\right]=\lim_{x\to 0}\frac{(1+x)\ln(1+x)-x}{x^2}$$

$$=\lim_{x\to 0}\frac{\ln(1+x)+1-1}{2x}=\lim_{x\to 0}\frac{\frac{1}{1+x}}{2}=\frac{1}{2}.$$

【注记】 对于 $\infty-\infty$ 型未定式，对分式通分化简后，将其转化为 $\dfrac{0}{0}$ 型未定式，再利用洛必达法则.

例 14 利用洛必达法则求下列极限.

(1) $\lim\limits_{x\to 0}\left(\dfrac{\sin x}{x}\right)^{\frac{1}{x^2}}$; (2) $\lim\limits_{x\to 0^+} x^{\frac{k}{1+\ln x}}$; (3) $\lim\limits_{x\to 0}\left(\dfrac{1}{x}\right)^{\tan x}$.

解：(1) 所求极限为 1^∞ 型未定式. 令 $y=\left(\dfrac{\sin x}{x}\right)^{\frac{1}{x^2}}$，则 $\ln y=\dfrac{1}{x^2}\ln\dfrac{\sin x}{x}$，所以

$$\lim_{x\to 0}\ln y = \lim_{x\to 0}\dfrac{1}{x^2}\ln\dfrac{\sin x}{x} = \lim_{x\to 0}\dfrac{\ln\dfrac{\sin x}{x}}{x^2} = \lim_{x\to 0}\dfrac{\dfrac{x}{\sin x}\cdot\dfrac{x\cos x-\sin x}{x^2}}{2x}$$

$$=\lim_{x\to 0}\dfrac{x}{\sin x}\cdot\dfrac{x\cos x-\sin x}{2x^3}=\lim_{x\to 0}\dfrac{x}{\sin x}\cdot\lim_{x\to 0}\dfrac{x\cos x-\sin x}{2x^3}$$

$$=\lim_{x\to 0}\dfrac{\cos x-x\sin x-\cos x}{6x^2}=-\lim_{x\to 0}\dfrac{\sin x}{6x}=-\dfrac{1}{6},$$

所以 $\lim\limits_{x\to 0}\left(\dfrac{\sin x}{x}\right)^{\frac{1}{x^2}}=\lim\limits_{x\to 0}e^{\ln y}=e^{-\frac{1}{6}}$.

(2) 所求极限为 0^0 型未定式，令 $y=x^{\frac{k}{1+\ln x}}$，则 $\ln y=\dfrac{k\ln x}{1+\ln x}$，故

$$\lim_{x\to 0^+}\ln y=\lim_{x\to 0^+}\dfrac{k\ln x}{1+\ln x}\overset{\frac{\infty}{\infty}}{=}\lim_{x\to 0^+}\dfrac{(k\ln x)'}{(1+\ln x)'}=\lim_{x\to 0^+}\dfrac{k\cdot\dfrac{1}{x}}{\dfrac{1}{x}}=k,$$

所以 $\lim\limits_{x\to 0^+} y=\lim\limits_{x\to 0^+} e^{\ln y}=e^{\lim\limits_{x\to 0^+}\ln y}=e^k$.

(3) 所求极限为 ∞^0 型未定式. 令 $y=\left(\dfrac{1}{x}\right)^{\tan x}$，则 $\ln y=\tan x\ln\dfrac{1}{x}$，故

$$\lim_{x\to 0}\ln y=\lim_{x\to 0}\tan x\ln\dfrac{1}{x}=\lim_{x\to 0}\dfrac{\ln\dfrac{1}{x}}{\cot x}=\lim_{x\to 0}\dfrac{x\cdot\left(-\dfrac{1}{x^2}\right)}{-\dfrac{1}{\sin^2 x}}=\lim_{x\to 0}\dfrac{\sin^2 x}{x}$$

$$=\lim_{x\to 0}\left(\dfrac{\sin x}{x}\cdot\sin x\right)=0,$$

所以 $\lim\limits_{x\to 0}\left(\dfrac{1}{x}\right)^{\tan x}=\lim\limits_{x\to 0}e^{\ln y}=e^0=1$.

【注记】 对于 1^∞ 型、0^0 型、∞^0 型未定式，可以通过取对数将其转化为 $0\cdot\infty$ 型未定式，然后化为 $\dfrac{0}{0}$ 型或 $\dfrac{\infty}{\infty}$ 型未定式，再用洛必达法则.

题型七 利用泰勒公式求未定式的极限

例 15 利用泰勒公式求下列极限.

(1) $\lim\limits_{x \to +\infty}\left[x - x^2\ln\left(1 + \dfrac{1}{x}\right)\right]$;

(2) $\lim\limits_{x \to 0}\dfrac{e^{x^3} - 1 - x^3}{\sin^6 2x}$.

解: (1) 利用泰勒公式, 得

$$\ln\left(1 + \frac{1}{x}\right) = \frac{1}{x} - \frac{1}{2} \cdot \frac{1}{x^2} + o\left(\frac{1}{x^2}\right)$$

$$x - x^2\ln\left(1 + \frac{1}{x}\right) = x - x + \frac{1}{2} - x^2 \cdot o\left(\frac{1}{x^2}\right),$$

所以 $\lim\limits_{x \to +\infty}\left[x - x^2\ln\left(1 + \dfrac{1}{x}\right)\right] = \dfrac{1}{2}$.

(2) 当 $x \to 0$ 时, $\sin^6 2x \sim (2x)^6$, $e^{x^3} = 1 + x^3 + \dfrac{1}{2!}(x^3)^2 + o(x^6)$, 所以

$$\lim_{x \to 0}\frac{e^{x^3} - 1 - x^3}{\sin^6 2x} = \lim_{x \to 0}\frac{1 + x^3 + \dfrac{1}{2!}(x^3)^2 + o(x^6) - 1 - x^3}{2^6 x^6}$$

$$= \lim_{x \to 0}\frac{\dfrac{1}{2}x^6 + o(x^6)}{2^6 x^6} = \frac{1}{128}.$$

【注记】 用泰勒公式求极限时, 要注意将分子或分母中的函数展开成适当阶数的带皮亚诺余项的泰勒公式, 然后计算. 泰勒公式的阶数不要过高或过低, 以不失去最低次为宜.

题型八 将函数表示成泰勒公式的形式

例 16 将函数 $f(x) = xe^x$ 展开为带拉格朗日余项的 n 阶麦克劳林公式.

解: (直接法) 因为

$$f(x) = xe^x, \quad f(0) = 0,$$
$$f'(x) = e^x + xe^x, \quad f'(0) = 1,$$
$$f''(x) = 2e^x + xe^x, \quad f''(0) = 2,$$
$$f'''(x) = 3e^x + xe^x, \quad f'''(0) = 3,$$
$$\cdots\cdots$$
$$f^{(n)}(x) = ne^x + xe^x, \quad f^{(n)}(0) = n,$$

所以函数 $f(x) = xe^x$ 的带拉格朗日余项的 n 阶麦克劳林公式为:

$$f(x) = f(0) + f'(0)x + \frac{f''(0)}{2!}x^2 + \cdots + \frac{f^{(n)}(0)}{n!}x^n + \frac{f^{(n+1)}(\xi)}{(n+1)!}x^{n+1}$$

$$=x+x^2+\frac{x^3}{2!}+\frac{x^4}{3!}+\cdots+\frac{x^n}{(n-1)!}+\frac{(n+1+\xi)e^\xi}{(n+1)!}x^{n+1} \quad (\xi \text{ 介于 } x \text{ 与 } 0 \text{ 之间}).$$

【注记】直接法就是先求出函数在指定点处的各阶导数，然后按照公式的形式写出该函数的泰勒公式．间接法是指利用已有简单函数的泰勒公式，将所给函数化成这几种形式中的一种，再套用已有公式．

例 17 求下列函数在 $x=0$ 处的带皮亚诺余项的三阶泰勒公式．

(1) $f(x)=e^x\cos x$；　　　　　　(2) $f(x)=\ln(1+x+x^2)$．

解：(1) 由泰勒公式

$$e^x=1+x+\frac{x^2}{2!}+\frac{x^3}{3!}+o(x^3),\quad \cos x=1-\frac{x^2}{2!}+o(x^3),$$

两式相乘，得

$$f(x)=e^x\cos x=1+x-\frac{1}{3}x^3-\frac{1}{4}x^4-\frac{1}{12}x^5+o(x^3)=1+x-\frac{1}{3}x^3+o(x^3).$$

【注记】化简中利用了无穷小阶的运算性质：$-\frac{1}{4}x^4-\frac{1}{12}x^5+o(x^3)=o(x^3)$．

(2) 由展开式 $\ln(1+t)=t-\frac{t^2}{2}+\frac{t^3}{3}+o(t^3)$，得

$$f(x)=\ln(1+x+x^2)=(x+x^2)-\frac{1}{2}(x+x^2)^2+\frac{1}{3}(x+x^2)^3+o(x^3)$$

$$=x+\frac{1}{2}x^2-\frac{2}{3}x^3+o(x^3).$$

题型九　讨论函数的单调性与极值

例 18 讨论函数 $y=\frac{x^2}{1+x}$ 的单调区间与极值．

解： 函数的定义域为 $(-\infty,-1)\cup(-1,+\infty)$，又 $y'=\frac{x(2+x)}{(1+x)^2}$，令 $y'=0$，得到 $x=0$ 或 $x=-2$．于是它们将定义域划分为 $(-\infty,-2]$，$[-2,-1)$，$(-1,0]$，$[0,+\infty)$ 四个区间．

因为在 $(-2,-1)$ 和 $(-1,0)$ 内 $y'<0$，所以函数单调递减，而在 $(-\infty,-2]$ 和 $[0,+\infty)$ 内 $y'>0$，所以函数单调递增．于是可知 $x=-2$ 是极大值点，$x=0$ 是极小值点．

所以，$[-2,-1)$ 和 $(-1,0]$ 是单调递减区间；$(-\infty,-2]$ 和 $[0,+\infty)$ 是单调递增区间．函数的极大值是 $f(-2)=-4$，极小值是 $f(0)=0$．

【注记】讨论单调区间时不能忽略定义域的要求，如本题中的定义域要求 $x\neq -1$，划分区间时要将此点也考虑进去.

例19 函数 $y=f(x)$ 由方程 $x^2+2xy-y^2+2=0$ 确定，求函数 $y=f(x)$ 的极值.

解： 方程 $x^2+2xy-y^2+2=0$ 两边对 x 求导，得 $2x+2y+2xy'-2yy'=0$，解得 $y'=\dfrac{x+y}{y-x}$. 令 $y'=0$，得 $y=-x$，将其代入方程，得 $\begin{cases}x=1\\y=-1\end{cases}$, $\begin{cases}x=-1\\y=1\end{cases}$. 又

$$y''=\left(\dfrac{x+y}{y-x}\right)'=\dfrac{(1+y')(y-x)-(x+y)(y'-1)}{(y-x)^2}=\dfrac{2y-2xy'}{(y-x)^2},$$

因为

$$y''\bigg|_{\substack{x=1\\y=-1}}=\dfrac{2y-2xy'}{(y-x)^2}\bigg|_{\substack{x=1\\y=-1\\y'=0}}=-\dfrac{1}{2}<0,$$

所以，$y=f(x)$ 在点 $(1,-1)$ 处取得极大值，极大值为 $f(1)=-1$. 因为

$$y''\bigg|_{\substack{x=-1\\y=1}}=\dfrac{2y-2xy'}{(y-x)^2}\bigg|_{\substack{x=-1\\y=1\\y'=0}}=\dfrac{1}{2}>0,$$

所以，$y=f(x)$ 在点 $(-1,1)$ 处取得极小值，极小值为 $f(-1)=1$.

【注记】当函数的二阶导数简洁时，可以用二阶导数的符号判别驻点处是否取得极值.

题型十 函数的单调性与极值的证明问题

例20 设函数 $f(x)$ 有二阶连续导数，且 $f'(0)=0$，$\lim\limits_{x\to 0}\dfrac{f''(x)}{|x|}=1$，证明：$f(0)$ 是极小值.

证： 因为 $\lim\limits_{x\to 0}\dfrac{f''(x)}{|x|}=1>0$，由极限的保号性知，$\exists \delta>0$，对 $\forall x\in \overset{\circ}{U}(0,\delta)$，有 $\dfrac{f''(x)}{|x|}>0$ 成立. 由 $|x|>0$ 可知 $f''(x)>0$，因此 $f'(x)$ 单调递增.

又 $f'(0)=0$，故当 $-\delta<x<0$ 时，由 $f'(x)$ 单调递增，按照函数单调递增的定义有 $f'(x)<f'(0)=0$，因此 $f(x)$ 单调递减；当 $0<x<\delta$ 时，由 $f'(x)$ 单调递增的定义有 $f'(x)>f'(0)=0$，因此 $f(x)$ 单调递增. 所以 $x=0$ 是 $f(x)$ 的极小值点.

题型十一 利用函数的单调性与最值证明不等式

1. 利用函数的单调性证明不等式

例21 证明：$\sin x+\tan x>2x\ \left(0<x<\dfrac{\pi}{2}\right)$.

证：令 $y=\sin x+\tan x-2x$，则在 $0<x<\dfrac{\pi}{2}$ 内

$$y'=\cos x+\sec^2 x-2>\cos^2 x+\sec^2 x-2$$
$$=\cos^2 x+\dfrac{1}{\cos^2 x}-2\geq 2\sqrt{\cos^2 x\cdot\dfrac{1}{\cos^2 x}}-2=0,$$

即 $y'>0$，所以在 $0<x<\dfrac{\pi}{2}$ 内，函数 $y=\sin x+\tan x-2x$ 单调递增．又当 $x=0$ 时，$y=0$，故当 $0<x<\dfrac{\pi}{2}$ 时，$y>0$，即 $\sin x+\tan x-2x>0$，也即 $\sin x+\tan x>2x$．

【注记】利用函数的单调性证明不等式的关键是根据不等式的特征构造辅助函数，判别辅助函数的单调性，然后根据单调性的定义说明不等式成立．

例 22 证明：$\dfrac{\ln(1+x)}{\ln x}>\dfrac{x}{1+x}$ $(x>1)$．

证：考虑函数 $y=x\ln x$ $(x>1)$，因为 $y'=\ln x+1>0$，所以函数 $y=x\ln x$ 单调递增，而 $x<x+1$，所以 $x\ln x<(x+1)\ln(x+1)$，即 $\dfrac{\ln(1+x)}{\ln x}>\dfrac{x}{1+x}$．

【注记】该题考虑到不等式形式的对称性，将其变形为 $(x+1)\ln(x+1)>x\ln x$，于是考虑用函数 $y=x\ln x$ 的单调性证明．

例 23 设 $b>a>e$，证明 $a^b>b^a$．

分析 当 $b>a>e$ 时，原不等式等价于 $b\ln a>a\ln b$，即 $\dfrac{\ln a}{a}>\dfrac{\ln b}{b}$．

证：设 $f(x)=\dfrac{\ln x}{x}$，$x\in(e,+\infty)$，则 $f'(x)=\dfrac{1-\ln x}{x^2}<0$，所以 $f(x)$ 在 $(e,+\infty)$ 上单调递减．因 $b>a>e$，故 $f(a)>f(b)$，即 $\dfrac{\ln a}{a}>\dfrac{\ln b}{b}$，也即 $b\ln a>a\ln b$，则 $\ln a^b>\ln b^a$，所以 $a^b>b^a$ 成立．

2. 利用函数的最值证明不等式

例 24 证明：$x^\alpha-1\leq\alpha(x-1)$，$x\in(0,+\infty)$，$0<\alpha<1$ 是常数．

证：令 $y=x^\alpha-1-\alpha(x-1)$，则 $y'=\alpha\left(\dfrac{1}{x^{1-\alpha}}-1\right)$，则当 $0<x<1$ 时，$y'>0$，函数单调递增；当 $x>1$ 时，$y'<0$，函数单调递减．所以当 $x=1$ 时，$y'=0$，函数达到最大值 $y(1)=0$．于是当 $0<x<1$ 及 $x>1$ 时就有 $y=x^\alpha-1-\alpha(x-1)<0$．所以当 $x\in(0,+\infty)$ 时，有 $y=x^\alpha-1-\alpha(x-1)\leq 0$，即 $x^\alpha-1\leq\alpha(x-1)$．

【注记】本题是利用"函数在所讨论范围内某点处有最大值，则其他点处的函数值均小于该最大值"这一点来证明不等式．

题型十二 讨论方程根的存在性与分布区间

例25 证明：方程 $x^3-3x^2+6x-1=0$ 在 $(0, 1)$ 内有唯一实根.

证：设 $y=x^3-3x^2+6x-1$，则

$$y(0)=-1<0,\quad y(1)=3>0.$$

又 $y'=3(x^2-2x+2)>0$，所以函数 y 严格单调递增，由连续函数的介值定理知，方程 $x^3-3x^2+6x-1=0$ 在 $(0, 1)$ 内有唯一实根.

【注记】对于证明函数在某区间内只有唯一根的问题，一般需要从存在性和唯一性两方面证明. 可以先说明区间两端点处函数值异号，由连续性可说明根的存在性；函数的单调性则可用于证明根的唯一性.

例26 设 $k>0$，证明函数 $f(x)=\ln x-\dfrac{x}{e}+k$ 在 $(0, +\infty)$ 内有且仅有两个零点.

证：函数 $f(x)=\ln x-\dfrac{x}{e}+k$ 在 $(0, +\infty)$ 内连续，且

$$f'(x)=\dfrac{1}{x}-\dfrac{1}{e}=\dfrac{e-x}{ex},$$

所以，当 $0<x<e$ 时，$f'(x)>0$，$f(x)$ 严格单调递增；当 $x>e$ 时，$f'(x)<0$，$f(x)$ 严格单调递减. 因此，当 $x=e$ 时，$f'(x)=0$，$f(x)$ 取极大值.

又

$$\lim_{x\to 0^+}f(x)=\lim_{x\to 0^+}\left(\ln x-\dfrac{x}{e}+k\right)=-\infty,\quad f(e)=k>0,$$

$$\lim_{x\to +\infty}f(x)=\lim_{x\to +\infty}\left(\ln x-\dfrac{x}{e}+k\right)=-\infty,$$

故在 $(0, e)$ 内，$f(x)$ 有且仅有一个零点；在 $(e, +\infty)$ 内，$f(x)$ 也有且仅有一个零点. 因此在 $(0, +\infty)$ 内，$f(x)$ 有且仅有两个零点.

【注记】若要证明的问题是有多个根的情况，则要找到几个根所在的区间，这些区间往往可以由驻点来划分（或者通过观察得到），判断在每个区间上是否有根，可按照例25的方法来研究.

例27 设 $a>\dfrac{1}{e}$，则方程 $\ln x=ax$ 无实根.

证：设 $y=\ln x-ax$，则 $y'=\dfrac{1}{x}-a$，令 $y'=0$，得 $x=\dfrac{1}{a}$.

当 $0<x<\dfrac{1}{a}$ 时，$y'>0$，函数单调递增；当 $x>\dfrac{1}{a}$ 时，$y'<0$，函数单调递减. 所以

$x = \dfrac{1}{a}$ 是函数唯一的极大值点，也是最大值点．最大值是

$$y(a) = \ln\dfrac{1}{a} - 1 < 0 \quad \left(因 a > \dfrac{1}{e}\right).$$

因为最大值是负值，所以函数 $y = \ln x - ax$ 不可能等于零，从而没有实根．

【注记】若要证明方程在某区间上无根，则只要说明该函数在此区间上同号即可，这常常可以通过最大值小于零（或最小值大于零）来实现．

题型十三　曲线的凹凸性与拐点的讨论

例 28　已知函数 $y = a - \sqrt[3]{x-b}$，试判断函数曲线的凹凸性及拐点．

解：函数的一阶、二阶导数分别为

$$y' = -\dfrac{1}{3\sqrt[3]{(x-b)^2}},\quad y'' = \dfrac{2}{9\sqrt[3]{(x-b)^5}}.$$

$x = b$ 是一阶、二阶导数均不存在的点（$x = b$，$y = a$）．

当 $x < b$ 时，$y'' < 0$，函数是凸的；当 $x > b$ 时，$y'' > 0$，函数是凹的．所以 (b, a) 是曲线的拐点．

【注记】判别凹凸性的标准：当 $y'' < 0$ 时，函数是凸的；当 $y'' > 0$ 时，函数是凹的．二阶导数为零和二阶导数不存在的点可能为拐点，这需要判断这些点两侧二阶导数的符号是否相异．

例 29　研究曲线 $y = (x-1)^4(x-6)$ 的凹凸性及拐点．

解：函数的一阶、二阶导数分别为

$$y' = 5(x-1)^3(x-5),\quad y'' = 20(x-1)^2(x-4).$$

令 $y'' = 0$，得 $x = 1$ 或 $x = 4$，则：

● 当 $x < 1$ 时 $y'' < 0$，当 $1 < x < 4$ 时 $y'' < 0$，$x = 1$ 的两侧二阶导数的符号不改变，曲线的凹凸性不改变，所以 $(1, 0)$ 不是拐点．

● 当 $1 < x < 4$ 时 $y'' < 0$，当 $x > 4$ 时 $y'' > 0$，$x = 4$ 的两侧二阶导数的符号改变，曲线的凹凸性改变，所以 $(4, -162)$ 是拐点．

【注记】若某点的左右邻域内二阶导数的符号不变（凹凸性不变），则该点不是拐点；只有当此点左右两侧的二阶导数的符号变了（凹凸性变了）时，该点才是拐点．

例 30　设曲线 $y = ax^3 + bx^2 + cx + 2$ 在点 $x = 1$ 处有极小值 0，且点 $(0, 2)$ 为拐点，试确定常数 a, b, c 的值．

解：由 $y=ax^3+bx^2+cx+2$ 得 $y'=3ax^2+2bx+c$，$y''=6ax+2b$. 由题意得

$$\begin{cases} y|_{x=1}=a+b+c+2=0 \\ y'|_{x=1}=3a+2b+c=0, \\ y''|_{x=0}=2b=0 \end{cases}$$

解得 $a=1$，$b=0$，$c=-3$.

例 31 证明不等式 $e^{\frac{x+y}{2}} \leqslant \dfrac{e^x+e^y}{2}$.

证：令 $f(x)=e^x$，则 $f'(x)=e^x$，$f''(x)=e^x$；易知 $f''(x)>0$，函数 $f(x)=e^x$ 是凹函数. 于是对于 $\forall x, y \in (-\infty, +\infty)$，有

$$f\left(\dfrac{x+y}{2}\right) < \dfrac{f(x)+f(y)}{2},$$

即 $e^{\frac{x+y}{2}} < \dfrac{e^x+e^y}{2}$，而当 $x=y$ 时，$e^{\frac{x+y}{2}} = \dfrac{e^x+e^y}{2}$，所以 $e^{\frac{x+y}{2}} \leqslant \dfrac{e^x+e^y}{2}$.

题型十四 求曲线的渐近线

例 32 求下列曲线的渐近线.

(1) $y=\dfrac{x}{x^2-1}$；　　　　　　(2) $y=x-2\arctan x$.

解：(1) 因为 $\lim\limits_{x\to\infty}\dfrac{x}{x^2-1}=0$，所以 $y=0$ 为水平渐近线，又因 $\lim\limits_{x\to 1}\dfrac{x}{x^2-1}=\infty$，$\lim\limits_{x\to -1}\dfrac{x}{x^2-1}=\infty$，所以曲线有铅直渐近线 $x=1$ 和 $x=-1$.

(2) 因为 $k=\lim\limits_{x\to\infty}\dfrac{x-2\arctan x}{x}=\lim\limits_{x\to\infty}\left(1-\dfrac{2\arctan x}{x}\right)=1$，$b=\lim\limits_{x\to\pm\infty}(-2\arctan x)=\mp\pi$，所以，$y=x\mp\pi$ 为曲线的两条斜渐近线.

【注记】(1) 曲线的水平渐近线考察 $\lim\limits_{x\to\infty}f(x)=c$ 是否存在；(2) 曲线的铅直渐近线考察函数是否存在无穷间断点 $x=x_0$，即 $\lim\limits_{x\to x_0}f(x)=\infty$（$\pm\infty$）；(3) 曲线的斜渐近线的斜率为 $\lim\limits_{x\to\infty}\dfrac{f(x)}{x}=k\neq 0$（某常数），截距为 $b=\lim\limits_{x\to\infty}[f(x)-kx]$.

例 33 求曲线 $f(x)=x\cdot\dfrac{e^x-e^{-x}}{e^x+e^{-x}}$ 的渐近线.

解：(1) 因为

$$\lim_{x\to-\infty}\dfrac{f(x)}{x}=\lim_{x\to-\infty}\dfrac{e^x-e^{-x}}{e^x+e^{-x}}=\lim_{x\to-\infty}\dfrac{e^{2x}-1}{e^{2x}+1}=-1=k,$$

且

$$\lim_{x \to -\infty} [f(x)-(-x)] = \lim_{x \to -\infty} \frac{xe^x - xe^{-x} + xe^x + xe^{-x}}{e^x + e^{-x}}$$

$$= \lim_{x \to -\infty} \frac{2xe^x}{e^x + e^{-x}} = \lim_{x \to -\infty} \frac{2x}{1 + e^{-2x}}$$

$$= \lim_{x \to -\infty} \frac{2}{e^{-2x}(-2)} = 0 = b,$$

所以有斜渐近线 $y = -x$.

同理 $\lim\limits_{x \to +\infty} \dfrac{f(x)}{x} = 1 = k$,且 $\lim\limits_{x \to +\infty} [f(x)-x] = 0 = b$,所以有斜渐近线 $y = x$.

(2) 又因为没有无穷间断点,所以没有铅直渐近线.

(3) 又 $x \to \infty$ 时,$f(x) \to \infty$,所以没有水平渐近线.

题型十五　用微分法作函数图形

例 34　描绘函数 $y = x^3 - 6x^2 + 9x - 2$ 的图形.

解：函数的定义域为 $(-\infty, +\infty)$,由题意,得

$$y' = 3x^2 - 12x + 9 = 3(x-1)(x-3),\ y'' = 6x - 12 = 6(x-2).$$

令 $y' = 0$,得驻点 $x = 1$,$x = 3$.令 $y'' = 0$,得 $x = 2$.列表讨论如下,见表 4-10.

表 4-10

x	$(-\infty, 1)$	1	$(1, 2)$	2	$(2, 3)$	3	$(3, +\infty)$
y'	+	0	−	−	−	0	+
y''	−	−	−	0	+	+	+
y	↗	极大值	↘	拐点	↘	极小值	↗

函数的极大值点为 $(1, 2)$；极小值点为 $(3, -2)$；曲线的拐点为 $(2, 0)$.曲线无渐近线.补充点 $(2 \pm \sqrt{3}, 0)$；函数图形如图 4-2 所示.

例 35　描绘函数 $f(x) = \dfrac{4(x+1)}{x^2} - 2$ 的图形.

解：函数的定义域为 $(-\infty, 0) \cup (0, +\infty)$,函数的导数为

$$f'(x) = -\frac{4(x+2)}{x^3},\ f''(x) = \frac{8(x+3)}{x^4}.$$

令 $f'(x) = 0$,得 $x = -2$.令 $f''(x) = 0$,得 $x = -3$.列表讨论如下,见表 4-11.

表 4-11

x	$(-\infty, -3)$	-3	$(-3, -2)$	-2	$(-2, 0)$	0	$(0, +\infty)$
$f'(x)$	$-$	$-$	$-$	0	$+$	不存在	$-$
$f''(x)$	$-$	0	$+$	$+$	$+$	不存在	$+$
$f(x)$	↘	拐点	↘	极小值	↗	间断点	↘

极小值 $f(-2)=3$,拐点 $\left(-3, -\dfrac{26}{9}\right)$. 因为 $\lim\limits_{x\to\infty}\left[\dfrac{4(x+1)}{x^2}-2\right]=-2$,所以 $y=-2$ 为水平渐近线,又因 $\lim\limits_{x\to 0}\left[\dfrac{4(x+1)}{x^2}-2\right]=\infty$,所以 $x=0$ 为铅直渐近线.

补充点 $A(-1, -2)$,$B(1, 6)$,$C(2, 1)$,$D\left(3, -\dfrac{2}{9}\right)$,函数图形如图 4-3 所示.

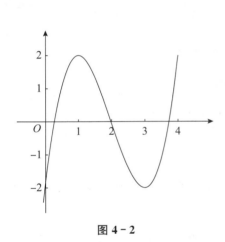

图 4-2

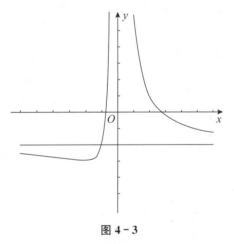

图 4-3

题型十六 求函数的最值

例 36 已知函数 $f(x)=x^2 \mathrm{e}^{-x}$ $(-1 \leqslant x \leqslant 4)$,求其最值.

解:因为 $f'(x)=x\mathrm{e}^{-x}(2-x)$,令 $f'(x)=0$,得 $x=0$,$x=2$ 是驻点,且均在所讨论的范围内,无极值不存在的点. 驻点及区间端点处的函数值如下:

$$f(-1)=\mathrm{e}, \quad f(0)=0, \quad f(2)=\dfrac{4}{\mathrm{e}^2}, \quad f(3)=\dfrac{9}{\mathrm{e}^3}.$$

比较大小可知,最大值是 $f(-1)=\mathrm{e}$,最小值是 $f(0)=0$.

例 37 设 $f(x)=(x-5)\sqrt[3]{x^2}$,试求:

(1) 在区间 $[-2, 3]$ 上 $f(x)$ 的最值;

(2) 在区间 $(-2, 3]$ 上 $f(x)$ 的最值.

解：(1) 函数 $f(x)$ 在闭区间 $[-2,3]$ 上连续，因而 $f(x)$ 在 $[-2,3]$ 上必有最大值和最小值.

$$f'(x)=\sqrt[3]{x^2}+\frac{2}{3}(x-5)\frac{1}{\sqrt[3]{x}}=\frac{5(x-2)}{3\cdot\sqrt[3]{x}}.$$

令 $f'(x)=0$，得驻点 $x=2$，$f'(x)$ 不存在的点为 $x=0$. 比较函数值：

$$f(-2)=-7\sqrt[3]{4},\ f(0)=0,\ f(2)=-3\sqrt[3]{4},\ f(3)=-2\sqrt[3]{9},$$

可知函数 $f(x)$ 在 $[-2,3]$ 上的最大值为 $f(0)=0$，最小值为 $f(-2)=-7\sqrt[3]{4}$.

(2) 对于区间 $(-2,3]$，因为 $\lim\limits_{x\to -2^+}f(x)=-7\sqrt[3]{4}$，且在 $(-2,0)$ 内 $f'(x)>0$，因此 $f(x)$ 在 $(-2,3]$ 上的最大值为 $f(0)=0$，无最小值.

【注记】对于开区间 (a,b) 需考虑区间端点单侧极限 $f(a+0)$，$f(b-0)$，并与极限值比较来判断最值.

例 38 (1) 函数 $y=4x^2+\dfrac{1}{x}$ ($x>0$) 在何处取得最小值？

(2) 函数 $y=(x^2+1)\mathrm{e}^{-x}$ ($x\geq 0$) 在何处取得最大值？

解：(1) $y'=8x-\dfrac{1}{x^2}=\dfrac{8x^3-1}{x^2}$. 令 $y'=0$，得 $x=\dfrac{1}{2}$. 因为 $y''=8+\dfrac{2}{x^3}$，$y''\big|_{x=\frac{1}{2}}>0$，所以 $x=\dfrac{1}{2}$ 为函数在 $(0,+\infty)$ 内唯一的极小值点，因此也为最小值点.

(2) $y'=2x\mathrm{e}^{-x}-(x^2+1)\mathrm{e}^{-x}=-\mathrm{e}^{-x}(x-1)^2\leq 0$，因此函数 y 在区间 $[0,+\infty)$ 上单调递减，所以最大值为 $y\big|_{x=0}=1$.

【注记】在研究函数最值时，经常遇到一些特殊情况：(1) 若 $f(x)$ 在 $[a,b]$ 上单调连续，则其最大值与最小值在区间端点 $f(a)$，$f(b)$ 取得；(2) 若 $f(x)$ 在 (a,b) 内可导，且在 (a,b) 内有唯一极值点，则此极值点必为最值点，且此极值点为极大（小）值时，也为最大（小）值.

题型十七　实际问题中的优化问题

例 39 求点 $M(p,p)$ 到抛物线 $y^2=2px$ 的最短距离.

解：设 $N\left(\dfrac{y^2}{2p},y\right)$ 是抛物线上的任意点，令

$$z=|MN|^2=\left(p-\frac{y^2}{2p}\right)^2+(p-y)^2,$$

则

$$z' = \frac{y^3 - 2p^3}{p^2}.$$

令 $z'=0$，得 $y=\sqrt[3]{2}\,p$ 是唯一驻点，且当 $y<\sqrt[3]{2}\,p$ 时，$z'<0$，函数单调递减；当 $y>\sqrt[3]{2}\,p$ 时，$z'>0$，函数单调递增. 所以 $y=\sqrt[3]{2}\,p$ 是唯一的极小值点，也就是最小值点，最小值为 $\sqrt{2-\frac{3}{2}\sqrt[3]{2}}\,p$. 所以点 $M(p,p)$ 到抛物线 $y^2=2px$ 的最短距离是 $\sqrt{2-\frac{3}{2}\sqrt[3]{2}}\,p$.

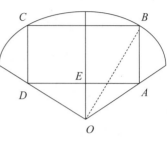

图 4-4

例 40 求内接于半径为 R、圆心角为 2φ 的扇形且有最大面积的矩形，此矩形的一边与扇形的角平分线平行.

分析 （如图 4-4 所示）欲求最值问题，首先要建立函数模型，也称为目标函数，这就需要引入自变量，自变量的不同设法导致相应的目标函数不同，求解过程也有繁有简，这里从自变量选取的不同形式，对此问题进行分析.

(1) 令 $BC=2x$，取 x 为自变量，$\angle AOE=\varphi$，则 $AB=y=\sqrt{R^2-x^2}-x\cot\varphi$，目标函数为 $S=2x(\sqrt{R^2-x^2}-x\cot\varphi)$，$0<x<R\sin\varphi$.

(2) 令 $OE=h$，取 h 为自变量，$y=\sqrt{R^2-h^2\tan^2\varphi}-h$，则目标函数为 $S=2h\tan\varphi\cdot(\sqrt{R^2-h^2\tan^2\varphi}-h)$，$0<h<R\cos\varphi$.

(3) 令 $OA=r$，取 r 为自变量，则 $x=r\sin\varphi$，$y=\sqrt{R^2-r^2\sin^2\varphi}-r\cos\varphi$，目标函数为 $S=2r\sin\varphi(\sqrt{R^2-r^2\sin^2\varphi}-r\cos\varphi)$，$0<r<R$.

(4) 令 $\angle BOE=\theta$，取 θ 为自变量，则 $x=R\sin\theta$，$y=R\cos\theta-R\sin\theta\cot\varphi$，目标函数为

$$\begin{aligned}S &= 2R\sin\theta(R\cos\theta - R\sin\theta\cot\varphi) \\ &= R^2[\sin2\theta - (1-\cos2\theta)\cot\varphi], \quad 0<\theta<\varphi.\end{aligned}$$

对上述四个目标函数进行比较，第四个目标函数比较简单，并给出其解答.

解：对于目标函数 $S=R^2[\sin2\theta-(1-\cos2\theta)\cot\varphi]$，有

$$\frac{\mathrm{d}S}{\mathrm{d}\theta}=R^2(2\cos2\theta-2\cot\varphi\sin2\theta).$$

令 $\frac{\mathrm{d}S}{\mathrm{d}\theta}=0$，得 $\tan2\theta=\tan\varphi$，所以驻点为 $\theta=\frac{\varphi}{2}$. 由实际意义知，最大值在区间 $(0,\varphi)$ 内一定存在，故当 $\theta=\frac{\varphi}{2}$ 时，S 取得最大值，其值为

$$S_{\max}=S\left(\frac{\varphi}{2}\right)=R^2[\sin\varphi-(1-\cos\varphi)\cot\varphi]$$

$$= R^2 \cdot \frac{\sin^2\varphi - \cos\varphi + \cos^2\varphi}{\sin\varphi} = R^2 \tan\frac{\varphi}{2}.$$

四、错解分析

例 41 求极限 $\lim\limits_{x \to +\infty} \dfrac{e^x + e^{-x}}{e^x - e^{-x}}$.

错误解法 使用洛必达法则，得

$$\lim_{x \to +\infty} \frac{e^x + e^{-x}}{e^x - e^{-x}} = \lim_{x \to +\infty} \frac{e^x - e^{-x}}{e^x + e^{-x}} = \lim_{x \to +\infty} \frac{e^x + e^{-x}}{e^x - e^{-x}},$$

产生循环，故极限不存在.

错解分析 即使使用洛必达法则时出现循环，也不能断言原极限不存在.

正确解法 $\lim\limits_{x \to +\infty} \dfrac{e^x + e^{-x}}{e^x - e^{-x}} = \lim\limits_{x \to +\infty} \dfrac{1 + e^{-2x}}{1 - e^{-2x}} = \dfrac{1+0}{1-0} = 1.$

例 42 求极限 $\lim\limits_{x \to \infty} \dfrac{x + \sin x}{x}$.

错误解法 由洛必达法则，得

$$\lim_{x \to \infty} \frac{x + \sin x}{x} = \lim_{x \to \infty} \frac{1 + \cos x}{1} = \lim_{x \to \infty}(1 + \cos x),$$

由于极限 $\lim\limits_{x \to \infty} \cos x$ 不存在，故 $\lim\limits_{x \to \infty} \dfrac{x + \sin x}{x}$ 不存在.

错解分析 使用洛必达法则时 $\lim\limits_{x \to \infty}(1 + \cos x)$ 不存在，不能断定 $\lim\limits_{x \to \infty} \dfrac{x + \sin x}{x}$ 不存在.

正确解法 $\lim\limits_{x \to \infty} \dfrac{x + \sin x}{x} = \lim\limits_{x \to \infty}\left(1 + \dfrac{1}{x}\sin x\right) = 0.$

例 43 求 $\lim\limits_{x \to 0} \dfrac{\sin x + x^2 \sin\frac{1}{x}}{(1 + \cos x)\ln(1 + x)}$.

错误解法 利用洛必达法则，注意到极限 $\lim\limits_{x \to 0}\cos\dfrac{1}{x}$ 不存在，故

$$原式 = \lim_{x \to 0} \frac{\cos x + 2x\sin\dfrac{1}{x} - \cos\dfrac{1}{x}}{-\sin x \ln(1+x) + \dfrac{1+\cos x}{1+x}}$$

的极限也不存在.

错解分析 不满足洛必达法则的条件，故本题不能用洛必达法则求解，错误的原因是忽视了洛必达法则仅是极限存在的充分条件而非必要条件.

正确解法

$$\text{原式} = \lim_{x \to 0} \frac{1}{1+\cos x} \cdot \frac{\sin x + x^2 \sin \frac{1}{x}}{x} \cdot \frac{x}{\ln(1+x)}$$

$$= \lim_{x \to 0} \frac{1}{1+\cos x} \cdot \lim_{x \to 0} \left(\frac{\sin x}{x} + x \sin \frac{1}{x} \right) \cdot \lim_{x \to 0} \frac{x}{\ln(1+x)} = \frac{1}{2}.$$

例 44 设函数 $f(x)$ 的二阶导数存在，求：

$$\lim_{h \to 0} \frac{f(x+h) + f(x-h) - 2f(x)}{h^2}.$$

错误解法 利用洛必达法则，得

$$\text{原式} = \lim_{h \to 0} \frac{f'(x+h) - f'(x-h)}{2h} = \lim_{h \to 0} \frac{f''(x+h) + f''(x-h)}{2} = f''(x).$$

错解分析 在推导出结果时使用了二阶导数连续的条件，本题并无这样的假设.

正确解法

$$\lim_{h \to 0} \frac{f(x+h) + f(x-h) - 2f(x)}{h^2}$$

$$= \lim_{h \to 0} \frac{f'(x+h) - f'(x-h)}{2h}$$

$$= \frac{1}{2} \lim_{h \to 0} \left[\frac{f'(x+h) - f'(x)}{h} + \frac{f'(x-h) - f'(x)}{-h} \right]$$

$$= \frac{1}{2} [f''(x) + f''(x)] = f''(x).$$

五、习题解答

习题 4.1

1. 初等函数 $f(x) = \ln \sin x$ 在区间 $\left[\frac{\pi}{6}, \frac{5\pi}{6}\right]$ 上有定义，故 $f(x) = \ln \sin x$ 在区间 $\left[\frac{\pi}{6}, \frac{5\pi}{6}\right]$ 上连续，在开区间 $\left(\frac{\pi}{6}, \frac{5\pi}{6}\right)$ 内可导，且 $f'(x) = \frac{\cos x}{\sin x} = \cot x$.

又在区间端点处 $f\left(\frac{\pi}{6}\right) = \ln \frac{1}{2} = -\ln 2$，$f\left(\frac{5\pi}{6}\right) = \ln \sin\left(\pi - \frac{\pi}{6}\right) = -\ln 2$，即 $f\left(\frac{\pi}{6}\right) = f\left(\frac{5\pi}{6}\right)$，所以 $f(x) = \ln \sin x$ 满足罗尔定理的三个条件，由罗尔定理知，至少存在一点 $\xi \in \left(\frac{\pi}{6}, \frac{5\pi}{6}\right)$，使得 $f'(\xi) = 0$.

令 $f'(\xi) = \cot x\big|_{x=\xi} = 0$，可得 $\xi = \frac{\pi}{2} \in \left(\frac{\pi}{6}, \frac{5\pi}{6}\right)$.

因此，罗尔定理对函数 $f(x)=\ln\sin x$ 在区间 $\left[\dfrac{\pi}{6},\dfrac{5\pi}{6}\right]$ 上是正确的.

2. 初等函数 $f(x)=\arctan x$ 在 $(-\infty,+\infty)$ 内是连续且可导的，所以它在 $[0,1]$ 上连续，在 $(0,1)$ 内可导，即满足拉格朗日中值定理的两个条件，故至少存在一点 $\xi\in(0,1)$，使得 $f(1)-f(0)=f'(\xi)(1-0)=f'(\xi)$.

事实上，$f(1)=\arctan 1=\dfrac{\pi}{4}$，$f(0)=\arctan 0=0$，$f'(x)=\dfrac{1}{1+x^2}$，令 $f'(\xi)=\dfrac{1}{1+\xi^2}=\dfrac{\pi}{4}$，解得 $\xi=\sqrt{\dfrac{4}{\pi}-1}\in(0,1)$.

因此，拉格朗日中值定理对函数 $f(x)=\arctan x$ 在区间 $[0,1]$ 上是正确的.

3. 显然 $f(x)=x^2$ 和 $g(x)=x^3$ 在区间 $[1,2]$ 上连续，在区间 $(1,2)$ 内可导，且在 $(1,2)$ 内 $g'(x)=3x^2\neq 0$，所以 $f(x)$ 和 $g(x)$ 满足柯西中值定理的条件，故存在 $\xi\in(1,2)$，使得 $\dfrac{f(2)-f(1)}{g(2)-g(1)}=\dfrac{f'(\xi)}{g'(\xi)}$.

事实上，$f(2)-f(1)=4-1=3$，$g(2)-g(1)=8-1=7$，$f'(\xi)=2\xi$，$g'(\xi)=3\xi^2$，令 $\dfrac{f'(\xi)}{g'(\xi)}=\dfrac{2\xi}{3\xi^2}=\dfrac{2}{3\xi}=\dfrac{3}{7}$，可得 $\xi=\dfrac{14}{9}$.

因此，柯西中值定理对函数 $f(x)=x^2$，$g(x)=x^3$ 在区间 $[1,2]$ 上是正确的.

4. 因为 $f(x)=x(x-1)(x-2)(x-3)$ 为多项式函数，它在区间 $(-\infty,+\infty)$ 内连续且可导，又 $f(0)=f(1)=f(2)=f(3)=0$，所以 $f(x)$ 在区间 $[0,1]$，$[1,2]$，$[2,3]$ 上都满足罗尔定理的条件，由罗尔定理知，存在 $\xi_1\in(0,1)$，$\xi_2\in(1,2)$，$\xi_3\in(2,3)$，使得

$$f'(\xi_1)=f'(\xi_2)=f'(\xi_3)=0,$$

即 $f'(x)=0$ 至少有三个实根 ξ_1，ξ_2，ξ_3. 又 $f'(x)=0$ 是三次方程，它至多有三个不同的实根，而 $\xi_1<\xi_2<\xi_3$，它们各不相等. 因此，$f'(x)$ 有且仅有三个实根，它们分别位于区间 $(0,1)$，$(1,2)$，$(2,3)$ 内.

5. 令 $F(x)=f(x)-kx$，$F'(x)=f'(x)-k=k-k=0$，由中值定理推论 1 可知 $F(x)=C$，即 $F(x)=f(x)-kx=C$，$f(x)=kx+C$，因此 $f(x)$ 必为线性函数.

6. 令 $F(x)=2\arctan x+\arcsin\dfrac{2x}{1+x^2}$，其中 $x\geqslant 1$. 因为

$$F'(x)=\dfrac{2}{1+x^2}+\dfrac{1}{\sqrt{1-\left(\dfrac{2x}{1+x^2}\right)^2}}\cdot\dfrac{2(1-x^2)}{(1+x^2)^2}=\dfrac{2}{1+x^2}+\dfrac{-2}{1+x^2}=0,$$

所以 $F(x)=2\arctan x+\arcsin\dfrac{2x}{1+x^2}=C\ (x\geqslant 1)$.

取 $x=1\in[1,+\infty)$ 代入上式，得 $F(1)=2\arctan 1+\arcsin 1=\pi$，即 $C=\pi$. 所以

$2\arctan x + \arcsin\dfrac{2x}{1+x^2} = \pi, \ x \in [1, +\infty)$.

7. (1) 令 $f(x) = \ln x$，当 $x > 0$ 时，$f(x)$ 在区间 $[x, x+1]$ 上连续且可导，并且 $f'(x) = \dfrac{1}{x}$，由拉格朗日中值定理可知，存在 $\xi \in (x, x+1)$，使得

$$\ln(x+1) - \ln x = \dfrac{1}{\xi} \ (x < \xi < x+1),$$

而 $\dfrac{1}{x+1} < \dfrac{1}{\xi} < \dfrac{1}{x}$，所以

$$\dfrac{1}{1+x} < \ln(1+x) - \ln x < \dfrac{1}{x}.$$

(2) 令 $f(x) = \arcsin x$，它在 $(-\infty, +\infty)$ 上连续且可导，所以在区间 $[x, y]$ 上满足拉格朗日中值定理的条件，由拉格朗日中值定理知，存在 $\xi \in (x, y)$，使得

$$f(y) - f(x) = f'(\xi)(y - x),$$

即

$$\arcsin y - \arcsin x = \dfrac{1}{\sqrt{1 - \xi^2}}(y - x),$$

从而

$$|\arcsin y - \arcsin x| = \left|\dfrac{1}{\sqrt{1 - \xi^2}}\right| \cdot |y - x| \geqslant |y - x|,$$

即 $|\arcsin x - \arcsin y| \geqslant |x - y|$.

8. 当 $x > 0$ 时，$f(x)$ 在区间 $[0, x]$ 上满足拉格朗日中值定理的条件，故存在 $\xi \in (0, x)$，使得 $f(x) - f(0) = f'(\xi)(x - 0) = f'(\xi)x$，因为 $f(0) = 0$，所以 $f(x) = f'(\xi)x$. 又因为 $|f'(x)| < 1$，所以 $|f(x)| = |xf'(\xi)| < |x|$.

当 $x < 0$ 时，$f(x)$ 在区间 $[x, 0]$ 上满足拉格朗日中值定理的条件，故存在 $\xi \in (x, 0)$，使得 $f(0) - f(x) = f'(\xi)(0 - x)$，即 $f(x) = f'(\xi)x$，所以 $|f(x)| = |xf'(\xi)| < |x|$.

综上所述，对于任意 $x \neq 0$，有 $|f(x)| < |x|$.

习题 4.2

1. （奇数号题解答）

(1) $\lim\limits_{x \to 1} \dfrac{\ln x}{(x-1)^2} = \lim\limits_{x \to 1} \dfrac{\dfrac{1}{x}}{2(x-1)} = \infty$.

(3) $\lim\limits_{x\to 0^+}\dfrac{\ln\sin 3x}{\ln\sin x}=\lim\limits_{x\to 0^+}\dfrac{3\cos 3x\sin x}{\sin 3x\cos x}=\lim\limits_{x\to 0^+}\dfrac{3\sin x}{\sin 3x}=\lim\limits_{x\to 0^+}\dfrac{3x}{3x}=1.$

(5) $\lim\limits_{x\to +\infty}\dfrac{\ln\left(1+\dfrac{1}{x}\right)}{\operatorname{arccot} x}=\lim\limits_{x\to +\infty}\dfrac{-\dfrac{1}{x^2}}{\left(1+\dfrac{1}{x}\right)\left(-\dfrac{1}{1+x^2}\right)}=\lim\limits_{x\to +\infty}\dfrac{1+x^2}{x+x^2}=\lim\limits_{x\to +\infty}\dfrac{\dfrac{1}{x^2}+1}{\dfrac{1}{x}+1}=1.$

2.（奇数号题解答）

(1) $\lim\limits_{x\to 0}x\cot 2x=\lim\limits_{x\to 0}\dfrac{x}{\tan 2x}=\lim\limits_{x\to 0}\dfrac{1}{2\sec^2 2x}=\dfrac{1}{2}.$

(3) $\lim\limits_{x\to 0}\left(\dfrac{1}{\sin x}-\dfrac{1}{e^x-1}\right)=\lim\limits_{x\to 0}\dfrac{e^x-1-\sin x}{\sin x(e^x-1)}=\lim\limits_{x\to 0}\dfrac{e^x-1-\sin x}{x\cdot x}$
$=\lim\limits_{x\to 0}\dfrac{e^x-\cos x}{2x}=\lim\limits_{x\to 0}\dfrac{e^x+\sin x}{2}=\dfrac{1}{2}.$

(5) $\lim\limits_{x\to 0}(\cos x)^{\tfrac{1}{x^2}}=\lim\limits_{x\to 0}e^{\tfrac{1}{x^2}\ln\cos x}=e^{\lim\limits_{x\to 0}\tfrac{\ln\cos x}{x^2}}=e^{\lim\limits_{x\to 0}\tfrac{-\sin x}{2x\cos x}}=e^{\lim\limits_{x\to 0}\tfrac{\sin x}{x}\cdot\tfrac{-1}{2\cos x}}=e^{-\tfrac{1}{2}}.$

(7) $\lim\limits_{x\to 0^+}\left(\dfrac{1}{\sin x}\right)^{\tan x}=\lim\limits_{x\to 0^+}e^{-\tan x\ln\sin x}=e^{-\lim\limits_{x\to 0^+}x\ln\sin x}=e^{-\lim\limits_{x\to 0^+}\tfrac{\ln\sin x}{\tfrac{1}{x}}}$
$=e^{\lim\limits_{x\to 0^+}\tfrac{x^2\cos x}{\sin x}}=e^{\lim\limits_{x\to 0^+}\tfrac{x^2\cos x}{x}}=e^0=1.$

3. (1) $\lim\limits_{x\to\infty}\dfrac{x+\sin x}{x-\sin x}=\lim\limits_{x\to\infty}\dfrac{1+\dfrac{1}{x}\sin x}{1-\dfrac{1}{x}\sin x}=1$，可见此极限存在且等于 1，但不能用洛必达法则，事实上，若用洛必达法则，则 $\lim\limits_{x\to\infty}\dfrac{x+\sin x}{x-\sin x}=\lim\limits_{x\to\infty}\dfrac{1+\cos x}{1-\cos x}$ 不存在，所以不能用洛必达法则.

(2) $\lim\limits_{x\to +\infty}\dfrac{e^x-e^{-x}}{e^x+e^{-x}}=\lim\limits_{x\to +\infty}\dfrac{e^{2x}-1}{e^{2x}+1}=\lim\limits_{x\to +\infty}\dfrac{2e^{2x}}{2e^{2x}}=1$，可见此极限存在且等于 1，但不能用洛必达法则，事实上，若用洛必达法则，则

$$\lim\limits_{x\to +\infty}\dfrac{e^x-e^{-x}}{e^x+e^{-x}}=\lim\limits_{x\to +\infty}\dfrac{e^x+e^{-x}}{e^x-e^{-x}}=\lim\limits_{x\to +\infty}\dfrac{e^x-e^{-x}}{e^x+e^{-x}},$$

出现循环形式，可见用洛必达法则是求不出结果的.

4. 因为当 $x\to 0$ 时，$x^2\to 0$，$\ln(1+x)-(ax+bx^2)\to 0$，由洛必达法则，得

$$\lim\limits_{x\to 0}\dfrac{\ln(1+x)-(ax+bx^2)}{x^2}=\lim\limits_{x\to 0}\dfrac{\dfrac{1}{1+x}-(a+2bx)}{2x},$$

极限要存在必须使 $a=1$.

$$\lim_{x\to 0}\frac{\frac{1}{1+x}-(1+2bx)}{2x}=\lim_{x\to 0}\frac{-\frac{1}{(1+x)^2}-2b}{2}=2,$$

得 $b=-\frac{5}{2}$.

5. 因为函数 $f(x)$ 在点 $x=0$ 的某邻域内有一阶连续导数，且 $f(0)=1$，所以

$$\lim_{x\to 0}[f(x)]^{\frac{1}{x}}=\lim_{x\to 0}e^{\frac{1}{x}\ln[f(x)]}=e^{\lim_{x\to 0}\frac{\ln[f(x)]}{x}}=e^{\lim_{x\to 0}\frac{f'(x)}{f(x)}}=e^{f'(0)}.$$

习题 4.3

1. （奇数号题解答）

(1) 函数的定义域为 $(-\infty,+\infty)$，$y'=\frac{1}{1+x^2}-1=-\frac{x^2}{1+x^2}\leqslant 0$，仅在 $x=0$ 处取等号，故该函数在 $(-\infty,+\infty)$ 内单调递减.

(3) $y'=2xe^x+x^2e^x=xe^x(2+x)$，令 $y'=0$，得驻点 $x_1=0$，$x_2=-2$，这两个驻点将函数的定义域 $(-\infty,+\infty)$ 划分成三个区间：$(-\infty,-2)$，$(-2,0)$，$(0,+\infty)$.

在 $(-\infty,-2)$ 内，$y'>0$，故函数在 $(-\infty,-2)$ 上单调递增.

在 $(-2,0)$ 内，$y'<0$，故函数在 $(-2,0)$ 上单调递减.

在 $(0,+\infty)$ 内，$y'>0$，故函数在 $(0,+\infty)$ 上单调递增.

(5) $y'=(x+1)^3+3(x-1)(x+1)^2=2(x+1)^2(2x-1)$，令 $y'=0$，得驻点 $x=\frac{1}{2}$. $x=\frac{1}{2}$ 将函数的定义域 $(-\infty,+\infty)$ 划分成两个区间：$\left(-\infty,\frac{1}{2}\right)$，$\left(\frac{1}{2},+\infty\right)$.

在 $\left(-\infty,\frac{1}{2}\right)$ 内，$y'<0$，故函数在 $\left(-\infty,\frac{1}{2}\right)$ 上单调递减.

在 $\left(\frac{1}{2},+\infty\right)$ 内，$y'>0$，故函数在 $\left(\frac{1}{2},+\infty\right)$ 上单调递增.

2. $F'(x)=\frac{xf'(x)-f(x)}{x^2}$，令 $g(x)=xf'(x)-f(x)$，则

$$g'(x)=f'(x)+xf''(x)-f'(x)=xf''(x).$$

因为 $f'(x)$ 在 $(0,+\infty)$ 内单调递减，所以 $f''(x)<0$，因此 $g'(x)<0$，即 $g(x)$ 单调递减，又 $g(0)=0$，由单调性定义知

$$g(x)=xf'(x)-f(x)<g(0)=0,$$

则 $F'(x)=\frac{xf'(x)-f(x)}{x^2}<0$，所以 $F(x)=\frac{f(x)}{x}$ 在 $(0,+\infty)$ 内单调递减.

3. （奇数号题解答）

(1) 函数的定义域为 $(-\infty,+\infty)$，$y'=3x^2-6x=3x(x-2)$，令 $y'=0$，得驻点

$x_1=0$，$x_2=2$，用极值判别法二判断，因为 $y''=6x-6=6(x-1)$，$y''(0)=-6<0$，$y''(2)=6>0$，所以 $x_1=0$ 是极大值点，极大值 $y(0)=7$，$x_2=2$ 是极小值点，极小值 $y(2)=3$.

(3) 函数的定义域为 $(-\infty,+\infty)$，$y'=x^{\frac{2}{3}}+\frac{2}{3}x^{-\frac{1}{3}}(x-1)=\frac{1}{3}x^{-\frac{1}{3}}(5x-2)$，令 $y'=0$，得驻点 $x=\frac{2}{5}$，在 $x=0$ 处函数有定义但导数不存在. 当 $x<0$ 时 $y'>0$，当 $0<x<\frac{2}{5}$ 时 $y'<0$，当 $x>\frac{2}{5}$ 时 $y'>0$，故 $x=0$ 是函数的极大值点，极大值为 $y(0)=0$，$x=\frac{2}{5}$ 是函数的极小值点，极小值为 $y\left(\frac{2}{5}\right)=-\frac{3}{5}\sqrt[3]{\frac{4}{25}}$.

(5) 函数的定义域为 $(-1,+\infty)$，$y'=1-\frac{1}{1+x}=\frac{x}{1+x}$，令 $y'=0$，得驻点 $x=0$. 当 $x<0$ 时 $y'<0$，当 $x>0$ 时 $y'>0$，故 $x=0$ 是函数的极小值点，极小值为 $y(0)=0$.

4. 函数的定义域为 $(-\infty,+\infty)$，$f'(x)=3x^2-6x=3x(x-2)$，令 $f'(x)=0$ 得驻点 $x_1=0$，$x_2=2$. 当 $x<0$ 时，$y'>0$，函数单调递增；当 $0<x<2$ 时，$y'<0$，函数单调递减；当 $x>2$ 时，$y'>0$，函数单调递增. 故 $x=0$ 是函数的极大值点，极大值为 $y(0)=1$；$x=2$ 是函数的极小值点，极小值为 $y(2)=-3$.

5. $f'(x)=\frac{a}{x}+2bx+1$，因为 $f(x)$ 在 $x_1=1$，$x_2=2$ 处都取得极值，所以

$$f'(1)=a+2b+1=0,\quad f'(2)=\frac{a}{2}+4b+1=0,$$

可得 $a=-\frac{2}{3}$，$b=-\frac{1}{6}$. 又

$$f''(x)=-\frac{a}{x^2}+2b=\frac{2}{3x^2}-\frac{1}{3},\quad f''(1)=\frac{2}{3}-\frac{1}{3}=\frac{1}{3}>0,\quad f''(2)=\frac{1}{6}-\frac{1}{3}=-\frac{1}{6}<0,$$

所以 $f(x)$ 在 $x_1=1$ 处取得极小值，在 $x_2=2$ 处取得极大值.

6. 函数 $f(x)$ 在 $(-\infty,+\infty)$ 内可导，$f'(x)=a\cos x+\cos 3x$，因为 $f(x)$ 在 $x=\frac{\pi}{3}$ 处取得极值，所以 $f'\left(\frac{\pi}{3}\right)=a\cos\frac{\pi}{3}+\cos\left(3\cdot\frac{\pi}{3}\right)=0$，可得 $a=2$.

又 $f''\left(\frac{\pi}{3}\right)=-2\sin\frac{\pi}{3}-3\sin\left(3\cdot\frac{\pi}{3}\right)=-\sqrt{3}<0$，所以 $f(x)$ 在 $x=\frac{\pi}{3}$ 处取得极大值. 极大值为 $f\left(\frac{\pi}{3}\right)=\sqrt{3}$.

7. (1) 令 $F(x)=\ln(1+x)-x$，当 $x>0$ 时，因为

$$F'(x)=\frac{1}{1+x}-1=\frac{-x}{1+x}<0,$$

所以 $F(x)$ 单调递减. 又 $F(0)=0$, 故当 $x>0$ 时,
$$F(x)=\ln(1+x)-x<F(0)=0,$$
可得 $\ln(1+x)<x$.

令 $G(x)=\dfrac{x}{1+x}-\ln(1+x)$, 当 $x>0$ 时, 因为
$$G'(x)=\dfrac{x}{(1+x)^2}-\dfrac{1}{1+x}=\dfrac{-x}{(1+x)^2}<0,$$
所以 $G(x)$ 单调递减. 又 $G(0)=0$, 所以当 $x>0$ 时,
$$G(x)=\dfrac{x}{1+x}-\ln(1+x)<G(0)=0,$$
可得 $\dfrac{x}{1+x}<\ln(1+x)$.

综上所述, 当 $x>0$ 时, $\dfrac{x}{1+x}<\ln(1+x)<x$.

(2) 令 $F(x)=e^x-1-x-\dfrac{x^2}{2}$, 得 $F'(x)=e^x-1-x$, $F'(0)=0$.

当 $x>0$ 时, $F''(x)=e^x-1>0$, 因此 $F'(x)$ 单调递增, 由单调递增的定义有 $F'(x)>F'(0)=0$, 于是 $F(x)$ 单调递增, 又 $F(0)=0$, 所以当 $x>0$ 时, $F(x)>F(0)=0$.

由此可得, 当 $x>0$ 时, $e^x>1+x+\dfrac{x^2}{2}$.

(3) 令 $F(x)=\sin x-x+\dfrac{x^3}{6}$, 则
$$F'(x)=\cos x-1+\dfrac{x^2}{2},\quad F''(x)=-\sin x+x.$$

当 $0<x<\dfrac{\pi}{2}$ 时, $F'''(x)=-\cos x+1>0$, 所以 $F''(x)>F''(0)=0$. 可得 $F'(x)>F'(0)=0$, 则 $F(x)>F(0)=0$.

所以, 当 $0<x<\dfrac{\pi}{2}$ 时, $\sin x>x-\dfrac{x^3}{6}$.

习题 4.4

1. (奇数号题解答)

(1) 函数的定义域为 $(-\infty,+\infty)$, $y'=3x^2-12x+3$, $y''=6x-12$, 令 $y''=0$, 得 $x=2$. 用 $x=2$ 将定义域划分成两个区间: $(-\infty,2)$, $(2,+\infty)$.

当 $x<2$ 时 $y''<0$, 当 $x>2$ 时 $y''>0$, 所以曲线的凸区间为 $(-\infty,2)$, 凹区间为

$(2, +\infty)$，拐点为 $(2, -10)$.

(3) 函数的定义域为 $(-\infty, +\infty)$，且

$$y' = x^{\frac{2}{3}} + \frac{2}{3}x^{-\frac{1}{3}}(x-1) = \frac{1}{3}x^{-\frac{1}{3}}(5x-2),$$

$$y'' = -\frac{1}{9}x^{-\frac{4}{3}}(5x-2) + \frac{5}{3}x^{-\frac{1}{3}} = \frac{2}{9}x^{-\frac{4}{3}}(5x+1),$$

令 $y''=0$，得 $x=-\frac{1}{5}$，而 $x=0$ 时二阶导数不存在.

当 $x<-\frac{1}{5}$ 时 $y''<0$，当 $-\frac{1}{5}<x<0$ 时 $y''>0$，当 $x>0$ 时 $y''>0$，所以曲线的凸区间为 $\left(-\infty, -\frac{1}{5}\right)$，凹区间为 $\left(-\frac{1}{5}, +\infty\right)$，拐点为 $\left(-\frac{1}{5}, -\frac{6}{5}\cdot 5^{-\frac{2}{3}}\right)$.

2. $y'=3ax^2+2bx$，$y''=6ax+2b$，因为 $(1, 3)$ 为拐点，所以 $y''(1)=6a+2b=0$，又拐点 $(1, 3)$ 在曲线上，将坐标 $(1, 3)$ 代入 $y=ax^3+bx^2$，得 $a+b=3$，联立解得 $a=-\frac{3}{2}$，$b=\frac{9}{2}$.

3. $y'=3x^2+2ax+b$，$y''=6x+2a$，因为曲线在 $x=0$ 处有水平切线，所以 $y'(0)=b=0$，又因为点 $(1, -1)$ 为曲线的拐点，所以 $y''(1)=6+2a=0$，由点 $(1, -1)$ 在曲线上可得 $y(1)=1+a+b+c=-1$，联立解得 $a=-3$，$b=0$，$c=1$.

4. (1) 设 $f(t)=t^3$ $(t>0)$，则 $f'(t)=3t^2$，$f''(t)=6t>0$，所以曲线 $f(t)$ 在 $(0, +\infty)$ 内是凹的. 由凹性的定义，任取 $x, y \in (0, +\infty)$，$x \neq y$，有

$$f\left(\frac{x+y}{2}\right) < \frac{f(x)+f(y)}{2}, \quad 即 \frac{x^3+y^3}{2} > \left(\frac{x+y}{2}\right)^3.$$

(2) 设 $f(t)=e^t$ $(t \in \mathbf{R})$，因为 $f'(t)=f''(t)=e^t>0$，所以曲线 $f(t)$ 在 $(-\infty, +\infty)$ 内是凹的. 任取 $x, y \in \mathbf{R}$，$x \neq y$，则由曲线凹性的定义，有 $\frac{e^x+e^y}{2} > e^{\frac{x+y}{2}}$.

5. $y'=e^{f(x)} \cdot f'(x)$，$y''=e^{f(x)} \cdot (f'(x))^2 + e^{f(x)} \cdot f''(x)$，因为曲线 $y=f(x)$ 在 I 上是凹的，所以 $f''(x) \geq 0$，可知在 I 上 $y'' \geq 0$，故曲线 $y=e^{f(x)}$ 在 I 上是凹的.

习题 4.5

1. (1) 因为 $\lim\limits_{x \to \infty} \dfrac{2}{1+3e^{-x}} = 2$，所以曲线有水平渐近线 $y=2$，无铅直渐近线.

(2) 因为 $\lim\limits_{x \to -\infty} \dfrac{e^x}{1+x} = 0$，所以曲线有水平渐近线 $y=0$. 又因 $\lim\limits_{x \to -1} \dfrac{e^x}{1+x} = \infty$，所以曲线有铅直渐近线 $x=-1$.

(3) 因为

$$\lim_{x\to+\infty}\frac{\sqrt{x^2+1}}{x}=\lim_{x\to+\infty}\sqrt{1+\frac{1}{x^2}}=1,\quad \lim_{x\to-\infty}\frac{\sqrt{x^2+1}}{x}=-1,$$

又 $\lim\limits_{x\to\infty}(\sqrt{x^2+1}-x)=\lim\limits_{x\to\infty}\dfrac{1}{\sqrt{x^2+1}+x}=0$,所以,曲线有斜渐近线 $y=x$ 和 $y=-x$.

2. (1) 函数 $y=x^3-3x^2+6$ 的定义域为 $(-\infty,+\infty)$. $y'=3x^2-6x$,$y''=6x-6$. 令 $y'=0$,得驻点 $x_1=0$,$x_2=2$. 令 $y''=0$,得 $x_3=1$. 列表讨论函数的性质,如表 4-12 所示.

表 4-12

x	$(-\infty,0)$	0	$(0,1)$	1	$(1,2)$	2	$(2,+\infty)$
y'	+	0	−	−	−	0	+
y''	−	−	−	0	+	+	+
y	升凸	极大值	降凸	拐点	降凹	极小值	升凹

函数的极大值为 $f(0)=6$,极小值为 $f(2)=2$,曲线拐点为 $(1,4)$,描点作图如图 4-5 所示.

(2) 函数 $y=\dfrac{x}{1+x^2}$ 的定义域为 $(-\infty,+\infty)$,该函数为奇函数.

$$y'=\frac{1-x^2}{(1+x^2)^2},$$
$$y''=\frac{-2x(1+x^2)^2-(1-x^2)\cdot 2(1+x^2)\cdot 2x}{(1+x^2)^4}=\frac{2x(x^2-3)}{(1+x^2)^3}.$$

令 $y'=0$,得驻点 $x=\pm 1$. 令 $y''=0$,得 $x=0,\pm\sqrt{3}$. 列表讨论函数的性质,如表 4-13 所示.

表 4-13

x	0	$(0,1)$	1	$(1,\sqrt{3})$	$\sqrt{3}$	$(\sqrt{3},+\infty)$
y'	+	+	0	−	−	−
y''	0	−	−	−	0	+
y	拐点	升凸	极大值	降凸	拐点	降凹

函数的极大值为 $f(1)=\dfrac{1}{2}$,极小值为 $f(-1)=-\dfrac{1}{2}$,曲线的拐点为 $(0,0)$,$(\sqrt{3},\sqrt{3}/4)$,$(-\sqrt{3},-\sqrt{3}/4)$. 因为 $\lim\limits_{x\to\infty}\dfrac{x}{1+x^2}=0$,所以曲线有水平渐近线 $y=0$. 由于函数是奇函数,可利用对称性作图,所以只作正半轴的图形. 描点作图如图 4-6 所示.

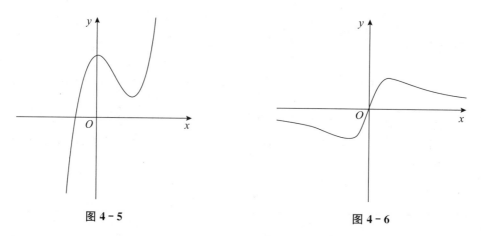

图 4-5   图 4-6

(3) 函数 $y=xe^{-x}$ 的定义域为 $(-\infty,+\infty)$，$y'=e^{-x}(1-x)$，$y''=(-2+x)e^{-x}$. 令 $y'=0$，得 $x=1$. 令 $y''=0$，得 $x=2$. 列表讨论函数的性质，如表 4-14 所示.

表 4-14

x	$(-\infty, 1)$	1	$(1, 2)$	2	$(2, +\infty)$
y'	+	0	−	−	−
y''	−	−	−	0	+
y	升凸	极大值	降凸	拐点	降凹

函数的极大值为 $f(1)=e^{-1}$，曲线的拐点为 $(2, 2e^{-2})$；因为 $\lim\limits_{x\to+\infty}xe^{-x}=0$，所以曲线有水平渐近线 $y=0$. 描点作图如图 4-7 所示.

(4) 函数 $y=f(x)=\dfrac{e^x}{1+x}$ 的定义域为 $x\neq -1$ 的全体实数.

当 $x<-1$ 时，有 $f(x)<0$，即 $x<-1$ 时，图形在 x 轴下方；当 $x>-1$ 时，有 $f(x)>0$，即 $x>-1$ 时，图形在 x 轴上方.

由于 $\lim\limits_{x\to -1}f(x)=\infty$，所以 $x=-1$ 为曲线 $y=f(x)$ 的铅直渐近线.

又因为 $\lim\limits_{x\to -\infty}\dfrac{e^x}{1+x}=0$，所以 $y=0$ 为该曲线的水平渐近线.

$y'=\dfrac{xe^x}{(1+x)^2}$，$y''=\dfrac{e^x(x^2+1)}{(1+x)^3}$，令 $y'=0$，得 $x=0$，当 $x=-1$ 时，y'' 不存在. 用 $x=0$，$x=-1$ 将定义区间分开，作表讨论如下，见表 4-15.

表 4-15

x	$(-\infty, -1)$	$(-1, 0)$	0	$(0, +\infty)$
y'	−	−	0	+
y''	−	+	+	+
y	降凸	降凹	极小值	升凹

所以，极小值 $f(0)=\dfrac{e^0}{1+0}=1$；根据如上讨论，作出函数图像，如图 4-8 所示.

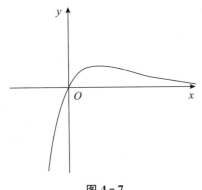

图 4-7　　　　　　　　　图 4-8

3. 如图 4-9 所示.

4. 由 $s=s(t)=t^3-6t^2+9t$，得
$$v=s'(t)=3t^2-12t+9,$$
$$a=s''(t)=6t-12.$$

令 $a=0$，得 $t=2$. 当 $t<2$ 时，质点速度变慢；当 $t>2$ 时，质点速度变快（见图 4-10）.

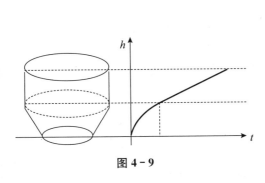
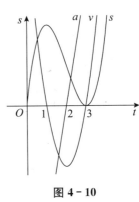

图 4-9　　　　　　　　　图 4-10

习题 4.6

1. （奇数号题解答）

(1) 因为
$$f(x)=\ln(1+x),\quad f'(x)=\dfrac{1}{1+x},\quad f''(x)=\dfrac{-1}{(1+x)^2},$$
$$f'''(x)=\dfrac{2}{(1+x)^3},\quad f^{(4)}(x)=\dfrac{-3!}{(1+x)^4},\quad \cdots,\quad f^{(n)}(x)=\dfrac{(-1)^{n-1}(n-1)!}{(1+x)^n}.$$

将 $f(0)=0$，$f'(0)=1$，$f''(0)=-1$，$f'''(0)=2$，$f^{(n)}(0)=(-1)^{n-1}(n-1)!$ 代入

麦克劳林公式，得

$$\ln(1+x) = x - \frac{1}{2}x^2 + \frac{1}{3}x^3 - \cdots + \frac{(-1)^{n-1}}{n}x^n + o(x^n).$$

(3) $f(x) = e^{-x^2}$，设 $u = -x^2$，因为

$$e^u = 1 + u + \frac{u^2}{2!} + \cdots + \frac{u^n}{n!} + o(u^n),$$

所以

$$f(x) = e^{-x^2} = 1 - x^2 + \frac{1}{2!}x^4 + \cdots + \frac{(-1)^n}{n!}x^{2n} + o(x^{2n}).$$

2. 因为

$$f^{(n)}(x) = \frac{(-1)^n n!}{x^{n+1}}, \quad f^{(n)}(-1) = \frac{(-1)^n n!}{(-1)^{n+1}} = -n!, \quad \frac{f^{(n)}(-1)}{n!} = -\frac{n!}{n!} = -1,$$

所以

$$\frac{1}{x} = -[1 + (x+1) + (x+1)^2 + \cdots + (x+1)^n]$$
$$+ (-1)^{n+1} \frac{(x+1)^{n+1}}{[-1 + \theta(x+1)]^{n+2}}, \quad 0 < \theta < 1.$$

3. (1) 因为

$$e^x = 1 + x + \frac{x^2}{2!} + \cdots + \frac{x^6}{6!} + o(x^6),$$

$$e^{-x} = 1 - x + \frac{x^2}{2!} - \cdots + \frac{x^6}{6!} + o(x^6),$$

$$\cos x = 1 - \frac{x^2}{2!} + \frac{x^4}{4!} - \frac{x^6}{6!} + o(x^6),$$

所以

$$e^x + e^{-x} - 2\cos x - 2x^2 = 4 \cdot \frac{x^6}{6!} + o(x^6),$$

故

$$\lim_{x \to 0} \frac{e^x + e^{-x} - 2\cos x - 2x^2}{x^6} = \lim_{x \to 0} \frac{4}{6!} = \frac{1}{180}.$$

(2) 因为

$$\cos x = 1 - \frac{x^2}{2!} + \frac{x^4}{4!} + o(x^4), \quad e^{-\frac{x^2}{2}} = 1 - \frac{x^2}{2} + \frac{x^4}{4 \cdot 2!} + o(x^4),$$

所以
$$\cos x - e^{-\frac{x^2}{2}} = -\frac{1}{12}x^4 + o(x^4),$$
故
$$\lim_{x \to 0} \frac{\cos x - e^{-\frac{x^2}{2}}}{x^4} = -\frac{1}{12}.$$

习题 4.7

1. （奇数号题解答）

(1) $y' = 6x^2 + 6x = 6x(x+1)$，令 $y' = 0$，得驻点 $x_1 = 0$，$x_2 = -1$，函数在驻点与区间端点处的函数值为 $y(-2) = -4$，$y(-1) = 1$，$y(0) = 0$，$y(1) = 5$，比较大小可知，该函数在 $[-2, 1]$ 上的最大值为 5，最小值为 -4.

(3) 当 $x \geq 0$ 时，$y = xe^x$，$y' = e^x + xe^x > 0$，函数单调递增，在区间 $[0, 1]$ 上最大值为 $y(1) = e$，最小值为 $y(0) = 0$；当 $x < 0$ 时，$y = -xe^x$，令 $y' = -(1+x)e^x = 0$，得驻点 $x = -1$，函数在驻点与区间端点处的函数 $y(-1) = e^{-1}$，$y(-2) = 2e^{-2}$。比较大小可知，在区间 $[-2, 1]$ 上该函数的最大值为 $y(1) = e$，最小值为 $y(0) = 0$.

2. (1) $y' = 2x + \frac{54}{x^2} = \frac{2x^3 + 54}{x^2}$，令 $y' = 0$，得驻点 $x = -3 \in (-\infty, 0)$. 不可导点 $x = 0 \notin (-\infty, 0)$，又 $y''(-3) = 2 - \frac{108}{(-3)^3} = 6 > 0$，故 $x = -3$ 是函数在 $(-\infty, 0)$ 内唯一的极小值点，同时也是最小值点，最小值为 $y(-3) = 27$.

(2) $f'(x) = \frac{x^2 + 1 - 2x^2}{(1+x^2)^2} = \frac{1 - x^2}{(1+x^2)^2}$，令 $f'(x) = 0$，得驻点 $x_1 = 1$，$x_2 = -1 \notin (0, +\infty)$（舍去）. 又当 $0 < x < 1$ 时 $y' > 0$，当 $1 < x < +\infty$ 时 $y' < 0$，可知 $x_1 = 1$ 是函数在 $(0, +\infty)$ 内唯一的极大值点，同时也是最大值点，最大值为 $y(1) = \frac{1}{2}$.

3. 依题意，有 $V = \pi r^2 h$，所以总造价为
$$P = 2a\pi r^2 + 2b\pi rh = 2a\pi r^2 + \frac{2bV}{r}, \quad 0 < r < +\infty.$$

$P' = 4a\pi r - \frac{2bV}{r^2}$，令 $P' = 0$，得函数的唯一驻点 $r = \sqrt[3]{\frac{bV}{2a\pi}}$，这时
$$h = \frac{V}{\pi} \sqrt[3]{\left(\frac{2a\pi}{bV}\right)^2} = \sqrt[3]{\frac{4a^2 V}{b^2 \pi}}.$$

由问题的实际意义知函数的最小值存在且驻点唯一，所以当 $r=\sqrt[3]{\dfrac{bV}{2a\pi}}$，$h=\sqrt[3]{\dfrac{4a^2V}{b^2\pi}}$ 时，造价 P 最小.

4. 设书页的宽为 x，则长 y 为 $\dfrac{536}{x}$，排字的面积 S 为

$$S=(x-2.4\times 2)\left(\dfrac{536}{x}-2.7\times 2\right)=(x-4.8)\left(\dfrac{536}{x}-5.4\right).$$

令 $S'=\left(\dfrac{536}{x}-5.4\right)-\dfrac{536}{x^2}(x-4.8)=0$，可得 $x\approx 21.8$，由问题的实际意义知函数的最小值存在且驻点唯一，所以当 $x=21.8$，$y=\dfrac{536}{21.8}\approx 24.6$ 时，S 取最大值.

5. 航行总费用 y 与航速 $v(\text{km/h})$ 有关，设航程为 $s(\text{km})$，则航行时间为 $t=\dfrac{s}{v}(\text{h})$，所以

$$y=t(k_1+k_2v^3)=s\left(\dfrac{k_1}{v}+k_2v^2\right),\quad y'=\dfrac{s}{v^2}(2k_2v^3-k_1).$$

令 $y'=0$，得唯一驻点 $v=\sqrt[3]{\dfrac{k_1}{2k_2}}$，当 $0<v<\sqrt[3]{\dfrac{k_1}{2k_2}}$ 时 $y'<0$，当 $v>\sqrt[3]{\dfrac{k_1}{2k_2}}$ 时 $y'>0$，所以 $v=\sqrt[3]{\dfrac{k_1}{2k_2}}$ 时函数 y 取得极小值，也为最小值.

即当轮船的航行速度为 $v=\sqrt[3]{\dfrac{k_1}{2k_2}}\text{ km/h}$ 时，航行的总费用最低.

6. 如图 4-11 所示，设铁路与水平河道的夹角为 α，距离为

$$S=\dfrac{27}{\sin\alpha}+\dfrac{64}{\cos\alpha},\quad 0<\alpha<\dfrac{\pi}{2},$$

$$S'=-\dfrac{27\cos\alpha}{\sin^2\alpha}+\dfrac{64\sin\alpha}{\cos^2\alpha}.$$

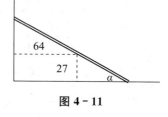

图 4-11

令 $S'=0$，得 $\tan\alpha=\dfrac{3}{4}$，即 S 有唯一驻点 $\alpha=\arctan\dfrac{3}{4}$，又 $S''=27(\csc^3\alpha+2\csc\alpha\cot^2\alpha)+64(\sec^2\alpha+\sec\alpha\tan^2\alpha)>0$（因 α 为锐角），所以，当 $\alpha=\arctan\dfrac{3}{4}$ 时 S 取得极小值（也为最小值），即铁路与水平河道的夹角为 $\alpha=\arctan\dfrac{3}{4}$ 时，铁路最短.

7. 收入函数 $R(q)=pq=150q-0.5q^2$，则利润函数为

$$L(q)=R(q)-C(q)=150q-0.75q^2-4\,000.$$

$L'(q) = 150 - 1.5q$,令 $L'(q) = 0$,得驻点 $q = 100$. 又 $L''(q) = -1.5 < 0$,所以当 $q = 100$ 时,$L(q)$ 取得极大值(即最大值). 所以,当产量 $q = 100$ 时,利润最大,最大利润为 $L(100) = 3\,500$,单价为 $p(100) = 100$.

8. 利润函数

$$L(q) = R(q) - C(q) = 4.8q - 0.000\,8q^2,$$
$$L'(q) = 4.8 - 0.001\,6q, \quad L''(q) = -0.001\,6.$$

令 $L'(q) = 0$,得驻点 $q = 3\,000$,又 $L''(3\,000) = -0.001\,6 < 0$,所以当 $q = 100$ 时,$L(q)$ 取得极大值(即最大值). 即当销售量 $q = 3\,000$ 时,利润最大,最大利润为 $L(3\,000) = 7\,200$.

9. 平均成本为

$$\bar{C}(q) = \frac{C(q)}{q} = \frac{10\,000}{q} + 50 + q,$$

令 $\bar{C}'(q) = -\frac{10\,000}{q^2} + 1 = 0$,得 $q = 100$,又 $\bar{C}''(q) = \frac{20\,000}{q^3} > 0$. 所以,$q = 100$ 为函数 $\bar{C}(q)$ 的极小值点,也是最小值点,即当产量为 100 时平均成本最低.

总习题四

A. 基础测试题

1. 填空题

(1) 显然函数 $f(x) = x^3 - x$ 在区间 $[0, 2]$ 上满足拉格朗日中值定理的条件,因为 $f(2) = 2^3 - 2 = 6$,$f(0) = 0$,由 $f'(\xi) = \frac{f(2) - f(0)}{2 - 0} = 3$,即 $3\xi^2 - 1 = 3$,可得 $\xi = \frac{2}{\sqrt{3}}$.

(2) 因为 $y = f(x)$ 经过原点,所以 $f(0) = 0$,由点 $(x, f(x))$ 处的切线斜率为 $-2x$,可得 $f'(x) = -2x$,$\lim\limits_{x \to 0} \frac{f(-2x)}{x^2} = \lim\limits_{x \to 0} \frac{-2f'(-2x)}{2x} = \lim\limits_{x \to 0} \frac{-4x}{x} = -4$.

(3) $\lim\limits_{x \to 0^+} (\sin 2x)^{\frac{1}{1+3\ln x}} = \lim\limits_{x \to 0^+} e^{\frac{1}{1+3\ln x} \ln(\sin 2x)} = e^{\lim\limits_{x \to 0^+} \frac{\ln(\sin 2x)}{1+3\ln x}} = e^{\lim\limits_{x \to 0^+} \frac{\frac{2\cos 2x}{\sin 2x}}{\frac{3}{x}}} = e^{\lim\limits_{x \to 0^+} \frac{2x \cos 2x}{3 \sin 2x}} = e^{\frac{1}{3}}$.

(4) $y' = -2x e^{-x^2}$,令 $y'' = -2(e^{-x^2} - 2x^2 e^{-x^2}) = 0$,得 $x = \pm\sqrt{\frac{1}{2}}$,当 $-\sqrt{\frac{1}{2}} < x < \sqrt{\frac{1}{2}}$ 时,$y'' < 0$,所以曲线 $y = e^{-x^2}$ 的凸区间为 $\left(-\frac{\sqrt{2}}{2}, \frac{\sqrt{2}}{2}\right)$.

(5) $\lim\limits_{x \to \infty} \left(1 + \frac{\ln x}{x}\right) = \lim\limits_{x \to \infty} \left(1 + \frac{1}{x}\right) = 1$,所以水平渐近线为 $y = 1$.

因为 $\lim\limits_{x\to 0^+}\ln x=\infty$,$\lim\limits_{x\to 0^+}\dfrac{1}{x}=\infty$,所以 $\lim\limits_{x\to 0^+}\left(1+\dfrac{\ln x}{x}\right)=\infty$,垂直渐近线为 $x=0$.

(6) $\ln(f(x))=x\ln x$,两边求导,得 $\dfrac{f'(x)}{f(x)}=\ln x+1$,$f'(x)=x^x(\ln x+1)$,令 $f'(x)=0$,得 $x=e^{-1}$. 当 $x\in(e^{-1},+\infty)$ 时 $f'(x)>0$,当 $x\in(0,e^{-1})$ 时 $f'(x)<0$,可知,该函数的单调递增区间为 $(e^{-1},+\infty)$,单调递减区间为 $(0,e^{-1})$.

(7) $f'(x)=3x^2+2ax+b$,由 $f'(-1)=3-2a+b=0$,得 $-2a+b=-3$,又由 $f(-1)=-1+a-b=-2$,得 $a-b=-1$,联立解得 $a=4$,$b=5$.

(8) 因为 $xf'(x)+f(x)=0$,即 $[xf(x)]'=0$,可知 $xf(x)=C$(C 为常数),当 $x=1$ 时,$1\cdot f(1)=C$,即 $C=f(1)=4$,所以 $f(2)=\dfrac{4}{2}=2$.

(9) $f'(x)=e^x(1+x)$,$f''(x)=e^x(2+x)$,$f'''(x)=e^x(3+x)$,$f^{(4)}(x)=e^x(4+x)$,令 $f'''(x)=0$,得 $x=-3$,$f^{(4)}(-3)=e^{-3}(4-3)=e^{-3}>0$,所以 $x=-3$ 是 $f''(x)$ 的极小值点,极小值为 $f''(-3)=-e^{-3}$.

(10) 因为 $\lim\limits_{x\to+\infty}xe^{-x^2}=\lim\limits_{x\to+\infty}\dfrac{x}{e^{x^2}}=\lim\limits_{x\to+\infty}\dfrac{1}{2xe^{x^2}}=0$,所以 $y=0$ 为水平渐近线.

2. 单项选择题

(1) 若函数在点 x_0 处有定义,则由极大值的定义可知,x_0 是函数 $f(x)$ 的极大值,但题中并没有说明函数在点 x_0 处有定义,故选择选项 (D).

(2) $f'(0)=\lim\limits_{x\to 0}\dfrac{f(x)-f(0)}{x}=\lim\limits_{x\to 0}\dfrac{f(x)}{1-\cos x}\cdot\dfrac{1-\cos x}{x}=2\times 0=0$,可知 $f'(0)=0$,由此否定 (A) 和 (B).

在 $x=0$ 的某空心邻域内,由 $\lim\limits_{x\to 0}\dfrac{f(x)}{1-\cos x}=2>0$,$1-\cos x>0$ 及极限的保号性知 $f(x)>0=f(0)$,所以函数在 $x=0$ 处取极小值,故选择选项 (D).

(3) 因为在 $[a,b]$ 上 $f'''(x)>0$,所以 $f''(x)$ 单调递增,又 $f''(a)=0$,得 $f''(x)>0$,即曲线 $f(x)$ 在 (a,b) 内为凹的.

由 $f''(x)>0$ 知 $f'(x)$ 单调递增,又 $f'(a)=0$,所以 $f'(x)>0$,即 $f(x)$ 在 (a,b) 内单调递增,故 $f(x)$ 在 (a,b) 内单调递增且曲线为凹的. 故选择选项 (B).

(4) 由题意知,$f'(x)$ 在点 $x=a$ 处连续有 $\lim\limits_{x\to a}f'(x)=f'(a)$. 因为 $\lim\limits_{x\to a}\dfrac{f'(x)}{x-a}=-1$,所以 $f'(a)=0$,即 $x=a$ 为 $f(x)$ 的驻点.

又因为 $\lim\limits_{x\to a}\dfrac{f'(x)}{x-a}=-1<0$,由极限的保号性知,当 $x<a$ 时 $f'(x)>0$,当 $x>a$ 时 $f'(x)<0$,所以 $x=a$ 为 $f(x)$ 的极大值点. 故选择选项 (B).

(5) 由题意知,$\lim\limits_{x\to a}[f(x)-f(a)]=0$,即 $f(x)$ 在点 $x=a$ 处连续. 因为

$$f'(a) = \lim_{x \to a} \frac{f(x)-f(a)}{x-a} = \lim_{x \to a} \frac{f(x)-f(a)}{(x-a)^2}(x-a) = -1 \times 0 = 0,$$

由此否定（A）和（D）.

又因为 $\lim_{x \to a} \frac{f(x)-f(a)}{(x-a)^2} = -1 < 0$，由极限的保号性知，在 $x=a$ 的某邻域内 $f(x)-f(a)<0$，即 $f(x)<f(a)$，即 $f(x)$ 在 $x=a$ 处取得极大值，故选择选项（B）.

(6) 由
$$y' = 2(x-1)(x-2)^2 + 2(x-1)^2(x-2) = 2(x-1)(x-2)(2x-3),$$
$$y'' = 2[2(x-1)(x-2)+(x-1)(2x-3)+(x-2)(2x-3)] = 2(6x^2-18x+13),$$

可知在点 $x = \frac{3}{2} \pm \frac{\sqrt{3}}{6}$ 两侧曲线的凹向不同，从而曲线有两个拐点，故选择选项（C）.

(7) 由题意得 $f'(x) = e^x - e^{-x} - 2\sin x$，$f'(0) = 0$，否定（A）.

$$f''(x) = e^x + e^{-x} - 2\cos x, \quad f''(0) = 0,$$
$$f'''(x) = e^x - e^{-x} + 2\sin x, \quad f'''(0) = 0,$$
$$f^{(4)}(x) = e^x + e^{-x} + 2\cos x > 0, \quad f^{(4)}(0) = 4 > 0,$$

可知 $x=0$ 是 $f''(x)$ 的极小值点，即在 $x=0$ 的某个邻域内 $f''(x)>0$，$x=0$ 是 $f(x)$ 的极小值点. 故选择选项（C）.

(8) 由微分中值定理可知，存在 $\xi \in (x_0, x_0+\Delta x)$，使得
$$\Delta y = f(x_0+\Delta x) - f(x_0) = f'(\xi)\Delta x, \quad dy = f'(x_0)\Delta x,$$

又 $f''(x)>0$，所以 $f'(x)$ 单调递增，$f'(\xi)>f'(x_0)$，可得 $0<dy<\Delta y$，故选择选项（A）.

(9) $y' = 3ax^2+2bx+c$，令 $y''=6ax+2b=0$，得 $x=-\frac{b}{3a}$，由在 $x=-\frac{b}{3a}$ 处有一水平切线可知，$y'\left(-\frac{b}{3a}\right)=0$，代入 y' 可得，$b^2-3ac=0$，故选择选项（B）.

(10) 因为 $\lim_{x \to 0} \frac{f''(x)}{|x|} = 1 > 0$，由极限的保号性知，在 $x=0$ 附近 $f''(x)>0$，即 $f'(x)$ 单调递增，当 $x>0$ 时 $f'(x)>f'(0)=0$，当 $x<0$ 时 $f'(x)<f'(0)=0$，所以 $x=0$ 是 $f(x)$ 的极小值点. 因为在 $x=0$ 附近 $f''(x)>0$，所以 $(0, f(0))$ 不是曲线 $y=f(x)$ 的拐点. 故选择选项（B）.

3. (1) $\lim_{x \to 0} \frac{e^{2x}-2e^x+1}{x^2\cos x} = \lim_{x \to 0} \frac{e^{2x}-2e^x+1}{x^2} = \lim_{x \to 0} \frac{2e^{2x}-2e^x}{2x} = \lim_{x \to 0} \frac{4e^{2x}-2e^x}{2} = 1.$

(2) 令 $y = x^{\frac{1}{1+\ln x}}$，取对数，得 $\ln y = \frac{\ln x}{1+\ln x}$，因为

$$\lim_{x\to 0^+}\ln y=\lim_{x\to 0^+}\frac{\ln x}{1+\ln x}=\lim_{x\to 0^+}\frac{1/x}{1/x}=1,$$

所以

$$\lim_{x\to 0^+}x^{\frac{1}{1+\ln x}}=\lim_{x\to 0^+}e^{\ln y}=e.$$

(3) $\displaystyle\lim_{x\to 0}\left(\frac{\sin x}{x}\right)^{\frac{1}{1-\cos x}}=\lim_{x\to 0}e^{\frac{1}{1-\cos x}\ln\left(\frac{\sin x}{x}\right)}=e^{\lim\limits_{x\to 0}\frac{\ln\left(\frac{\sin x}{x}\right)}{1-\cos x}}=e^{\lim\limits_{x\to 0}\frac{\frac{x\cos x-\sin x}{x\sin x}}{\sin x}}$

$=e^{\lim\limits_{x\to 0}\frac{x\cos x-\sin x}{x^3}}=e^{\lim\limits_{x\to 0}\frac{-x\sin x}{3x^2}}=e^{\lim\limits_{x\to 0}\frac{-x^2}{3x^2}}=e^{-\frac{1}{3}}.$

(4) $\displaystyle\lim_{x\to 0}\left(\frac{1}{\tan^2 x}-\frac{1}{x^2}\right)=\lim_{x\to 0}\frac{x^2-\tan^2 x}{x^2\tan^2 x}=\lim_{x\to 0}\frac{x^2-\tan^2 x}{x^4}$

$=\displaystyle\lim_{x\to 0}\frac{x-\tan x}{x^3}\cdot\frac{x+\tan x}{x}=\lim_{x\to 0}\frac{x-\tan x}{x^3}\cdot\lim_{x\to 0}\frac{x+\tan x}{x}$

$=\displaystyle\lim_{x\to 0}\frac{1-\sec^2 x}{3x^2}\cdot\lim_{x\to 0}\left(1+\frac{\tan x}{x}\right)=2\lim_{x\to 0}\frac{-\tan^2 x}{3x^2}=-\frac{2}{3}.$

4. 令 $f(t)=e^t$，则 $f(t)$ 在 $(-\infty,+\infty)$ 上连续且可导，所以当 $x>0$ 时，$f(t)$ 在 $[0,x]$ 上满足拉格朗日中值定理的条件，得

$$f(x)-f(0)=f'[x\cdot\theta(x)](x-0),\ 0<\theta(x)<1,$$

即

$$e^x=1+xe^{x\theta(x)}\ (0<\theta(x)<1).$$

由 $e^x=1+xe^{x\theta(x)}$，得 $\theta(x)=\dfrac{1}{x}\ln\dfrac{e^x-1}{x}$，所以

$$\lim_{x\to 0}\theta(x)=\lim_{x\to 0}\frac{1}{x}\ln\frac{e^x-1}{x}=\lim_{x\to 0}\frac{xe^x-e^x+1}{x(e^x-1)}=\lim_{x\to 0}\frac{xe^x-e^x+1}{x^2}=\lim_{x\to 0}\frac{xe^x}{2x}=\frac{1}{2}.$$

5. 该函数定义域为 $(-\infty,+\infty)$，且

$$f'(x)=2x^{\frac{2}{3}}+\frac{2}{3}x^{-\frac{1}{3}}(2x-5)=\frac{10}{3}x^{-\frac{1}{3}}(x-1).$$

令 $f'(x)=0$，得驻点 $x=1$，在 $x=0$ 处有定义但导数不存在. 在区间 $(-\infty,0)$ 内，$f'(x)>0$；在区间 $(0,1)$ 内，$f'(x)<0$；在区间 $(1,+\infty)$ 内，$f'(x)>0$. 所以，在 $x=0$ 处取极大值，极大值为 $f(0)=0$，在 $x=1$ 处取极小值，极小值为 $f(1)=-3$.

6. $y=ax^3+bx^2+cx$，$y'=3ax^2+2bx+c$，$y''=6ax+2b$，由题意可得

$$\begin{cases}y(1)=a+b+c=2\\ y'(1)=3a+2b+c=0,\\ y''(0)=2b=0\end{cases}$$

解方程组得 $a=-1$, $b=0$, $c=3$, 故所求的曲线方程为 $y=-x^3+3x$.

7. 因为 $f(x)$, $g(x)$ 在 (a,b) 内可导, 且 $g(x)\neq 0$, 令 $F(x)=\dfrac{f(x)}{g(x)}$, 则

$$F'(x)=\left(\dfrac{f(x)}{g(x)}\right)'=\dfrac{f'(x)g(x)-f(x)g'(x)}{g^2(x)}=0,$$

所以 $F(x)=\dfrac{f(x)}{g(x)}=C$ (C 为常数), 即 $f(x)=Cg(x)$, $x\in(a,b)$.

8. 令 $F(x)=f(x)-\dfrac{f(a)}{a}x$, 由于 $f(x)$ 是可导的奇函数, 所以 $F(x)$ 在区间 $[-a,a]$ 上连续, 在 $(-a,a)$ 内可导.

又

$$F(a)=f(a)-\dfrac{f(a)}{a}\cdot a=0,\ F(-a)=f(-a)+\dfrac{f(a)}{a}\cdot a=-f(a)+f(a)=0,$$

所以 $F(x)$ 在 $[-a,a]$ 上满足罗尔定理的条件, 因此存在 $\xi\in(-a,a)$, 使得

$$F'(\xi)=f'(\xi)-\dfrac{f(a)}{a}=0,$$

即 $f'(\xi)=\dfrac{f(a)}{a}$.

9. 令 $F(x)=x^n$, 它在 $[a,b]\subset(-\infty,+\infty)$ 上连续且可导, 并且 $F'(x)=nx^{n-1}$, 由拉格朗日中值定理, 有

$$b^n-a^n=n\xi^{n-1}(b-a)\ (a<\xi<b).$$

由 $a<\xi<b$ 得 $na^{n-1}<n\xi^{n-1}<nb^{n-1}$, 所以

$$na^{n-1}(b-a)<b^n-a^n<nb^{n-1}(b-a).$$

10. 平均成本 $\bar{C}(q)=\dfrac{C(q)}{q}=aq^2-bq+c$, $\bar{C}'(q)=2aq-b$, $\bar{C}''(q)=2a$.

令 $\bar{C}'(q)=0$, 得唯一驻点 $q=\dfrac{b}{2a}$, 由 $\bar{C}''(q)=2a>0$ 知, $q=\dfrac{b}{2a}$ 为平均成本的极小值点, 即最小值点.

所以, 当每批生产 $\dfrac{b}{2a}$ 单位的产品时, 其平均成本最小, 最小平均成本为 $\bar{C}\left(\dfrac{b}{2a}\right)=\dfrac{4ac-b^2}{4a}$. 边际成本为 $C'(q)=3aq^2-2bq+c$, 故 $C'\left(\dfrac{b}{2a}\right)=\dfrac{4ac+b^2}{4a}$.

B. 考研提高题

1. $\lim\limits_{x\to 1}\dfrac{x(1-x^{x-1})}{1-x+\ln x}=\lim\limits_{x\to 1}\dfrac{x(1-e^{(x-1)\ln x})}{1-x+\ln x}=-\lim\limits_{x\to 1}\dfrac{x(x-1)\ln x}{1-x+\ln x}$

$$= -\lim_{x \to 1} \frac{(2x-1)\ln x + (x-1)}{-1 + \frac{1}{x}} = \lim_{x \to 1} \left[x - \frac{(2x^2-x)\ln x}{1-x} \right]$$

$$= 1 - \lim_{x \to 1} \frac{(4x-1)\ln x + (2x-1)}{-1} = 2.$$

2. 因曲线 $y = ax^2 + bx + c$ 在 $x = -1$ 处取得极值，所以

$$y'|_{x=-1} = (ax^2 + bx + c)'|_{x=-1} = -2a + b = 0.$$

又因曲线 $y = ax^2 + bx + c$ 与曲线 $y = 3x^2$ 相切于点 $(1, 3)$，所以

$$(ax^2 + bx + c)'|_{x=1} = (3x^2)'|_{x=1},$$

即 $2a + b = 6$. 而 $(1, 3)$ 为曲线 $y = ax^2 + bx + c$ 上的点，将其代入曲线方程，得 $a + b + c = 3$. 解方程组

$$\begin{cases} -2a + b = 0 \\ 2a + b = 6 \\ a + b + c = 3 \end{cases},$$

得 $\begin{cases} a = 3/2 \\ b = 3 \\ c = -3/2 \end{cases}$.

3. 令 $f'(x) = 3x^2 - 6x = 0$，得驻点 $x_1 = 0$，$x_2 = 2$，$f(0) = 2$，$f(2) = -2$. 函数 $f(x) = x^3 - 3x^2 + 2$ 的单调性与极值见表 4-16.

表 4-16

x	$(-\infty, 0)$	0	$(0, 2)$	2	$(2, +\infty)$
y'	$+$	0	$-$	0	$+$
y	递增	极大值	递减	极小值	递增

(1) 先考虑最大值，注意到 $f(0) = 2$ 是极大值，在 $(2, +\infty)$ 内 $f(x)$ 单调递增且 $f(3) = 2$，所以在 $[-a, a]$ 上有：当 $a \leq 3$ 时，最大值与极大值相同，$f(0) = 2$；当 $a > 3$ 时，最大值 $f(a) = a^3 - 3a^2 + 2$.

(2) 考虑最小值，因为 $f(a) - f(-a) = (a^3 - 3a^2 + 2) - (-a^3 - 3a^2 + 2) = 2a^3 > 0$，所以 $f(a) > f(-a)$，注意到 $f(2) = -2$ 是极小值，且 $f(-1) = -2$，所以在 $[-a, a]$ 上，当 $a \leq 2$ 时，最小值 $f(-a) = -a^3 - 3a^2 + 2$，当 $a > 2$ 时，最小值还是 $f(-a)$.

综上所述，$\max f(x) = \begin{cases} 2, & a \leq 3 \\ a^3 - 3a^2 + 2, & a > 3 \end{cases}$，$\min f(x) = -a^3 - 3a^2 + 2$.

4. 由 $f'(t) = a^t \ln a - a = 0$，得唯一驻点 $t(a) = 1 - \frac{\ln \ln a}{\ln a}$.

令 $t'(a) = -\dfrac{\dfrac{1}{\ln a} \cdot \dfrac{1}{a} \cdot \ln a - \dfrac{1}{a}\ln\ln a}{(\ln a)^2} = -\dfrac{1-\ln\ln a}{a(\ln a)^2} = 0$，得 $\ln\ln a = e$，$a = e^e$. 当 $a < e^e$ 时 $t'(a) < 0$，当 $a > e^e$ 时 $t'(a) > 0$，所以 $a = e^e$ 是极小值点，由驻点的唯一性可知，$a = e^e$ 是最小值点，最小值为 $t(e^e) = 1 - \dfrac{1}{e}$.

5. $f'(x) = \left(1 + \dfrac{1}{x}\right)^x \left[\ln\left(1 + \dfrac{1}{x}\right) - \dfrac{1}{1+x}\right] = \left(1 + \dfrac{1}{x}\right)^x \cdot g(x)$，其中 $g(x) = \ln\left(1 + \dfrac{1}{x}\right) - \dfrac{1}{1+x}$，在区间 $(0, +\infty)$ 内

$$g'(x) = -\dfrac{1}{x(1+x)} + \dfrac{1}{(1+x)^2} = \dfrac{-1}{x(1+x)^2} < 0,$$

所以 $g(x)$ 在 $(0, +\infty)$ 内单调递减.

又 $\lim\limits_{x \to +\infty} g(x) = 0$，所以 $g(x) > 0$，则 $f'(x) > 0$，所以 $f(x) = \left(1 + \dfrac{1}{x}\right)^x$ 在区间 $(0, +\infty)$ 内单调递增.

6. 令 $f(x) = x - \sin x$，则 $f'(x) = 1 - \cos x \geqslant 0$ $(x > 0)$，所以 $f(x)$ 为单调递增函数，且对 $x > 0$，有 $f(x) > f(0) = 0$，即 $x - \sin x > 0$，也即 $\sin x < x$ $(x > 0)$.

设 $g(x) = \sin x - x + \dfrac{x^2}{2}$，则 $g'(x) = \cos x - 1 + x$，由 $g''(x) = -\sin x + 1 \geqslant 0$，得 $g'(x)$ 为单调递增函数.

又由 $g'(0) = 0$ 知，$g'(x) > g'(0) = 0$ $(x > 0)$，因此 $g(x)$ 为单调递增函数. 所以 $g(x) > g(0) = 0$ $(x > 0)$，即 $\sin x - x + \dfrac{x^2}{2} > 0$ $(x > 0)$.

综上可得，$x - \dfrac{x^2}{2} < \sin x < x$ $(x > 0)$.

7. 因为 $y = f(x)$ 二阶可导，所以 $f(x)$ 在区间 $[x_1, x_2]$，$[x_2, x_3]$ 上连续且可导，又 $f(x_1) = f(x_2) = f(x_3)$，由罗尔定理知，存在 $\xi_1 \in (x_1, x_2)$，$\xi_2 \in (x_2, x_3)$，使 $f'(\xi_1) = 0$，$f'(\xi_2) = 0$.

又因为 $f'(x)$ 在 $[0, 1]$ 上连续且可导，并且 $f'(\xi_1) = f'(\xi_2)$，再由罗尔定理知，存在 $\xi \in (\xi_1, \xi_2) \subset (x_1, x_3)$，使得 $f''(\xi) = 0$.

8. 令

$$G(x) = F(x) - 1 = \cos x + \cos^2 x + \cdots + \cos^n x - 1,$$
$$G(0) = \cos 0 + \cos^2 0 + \cdots + \cos^n 0 - 1 = n - 1 > 0 \ (n > 1),$$
$$G\left(\dfrac{\pi}{3}\right) = \cos\dfrac{\pi}{3} + \cos^2\dfrac{\pi}{3} + \cdots + \cos^n\dfrac{\pi}{3} - 1$$
$$= \dfrac{1}{2} + \dfrac{1}{2^2} + \cdots + \dfrac{1}{2^n} - 1 = \left(1 - \dfrac{1}{2^n}\right) - 1 = -\dfrac{1}{2^n} < 0,$$

由零点定理可知，至少存在一点 $\xi \in \left(0, \dfrac{\pi}{3}\right)$，使得 $G(\xi)=0$，即方程 $F(x)=1$ 在 $\left[0, \dfrac{\pi}{3}\right)$ 之间至少有一个根.

又

$$G'(x) = -\sin x - 2\sin x \cos x - 3\cos^2 x \sin x - \cdots - n\cos^{n-1} x \sin x$$
$$= -\sin x (1 + 2\cos x + 3\cos^2 x + \cdots + n\cos^{n-1} x) < 0, \quad x \in \left(0, \dfrac{\pi}{3}\right).$$

因为 $G'(x)<0$，所以 $G(x)$ 在 $\left[0, \dfrac{\pi}{3}\right)$ 内单调递减，故方程 $F(x)=1$ 在 $\left[0, \dfrac{\pi}{3}\right)$ 之间有且仅有一个根.

9. 因为函数 $f(x)$ 在 $0 \leqslant x < a$ 上二次可微，所以由拉格朗日中值定理知，对 $\forall x \in [0, a)$ 有

$$f(x) = f(x) - f(0) = f'(\theta x) x, \quad 0 < \theta < 1,$$

于是

$$\left[\dfrac{f(x)}{x}\right]' = \dfrac{xf'(x) - f(x)}{x^2} = \dfrac{xf'(x) - xf'(\theta x)}{x^2} = \dfrac{f'(x) - f'(\theta x)}{x}.$$

又因 $f''(x) > 0$，故 $f'(x)$ 单调递增，所以 $f'(x) - f'(\theta x) > 0$，于是

$$\left[\dfrac{f(x)}{x}\right]' = \dfrac{f'(x) - f'(\theta x)}{x} > 0.$$

由此可知 $\dfrac{f(x)}{x}$ 在 $0 < x < a$ 内单调递增.

第 5 章 不定积分

不定积分虽然是导数运算的逆运算，但其计算难度和技巧却明显高于导数运算，学习中要注意理解不定积分的概念，熟练掌握求不定积分的方法和基本的技巧.

一、知识要点

本章各节的主要内容和学习要点如表 5-1 所示.

表 5-1 不定积分的主要内容与学习要点

章节	主要内容	学习要点
5.1 不定积分的概念与性质	原函数与不定积分的概念	★原函数的概念，不定积分的概念，原函数与不定积分的关系
	基本积分公式	★不定积分基本积分公式
	不定积分的性质	★不定积分的性质及应用，直接积分法
5.2 换元积分法	换元积分法	★第一换元积分法和第二换元积分法及应用
5.3 分部积分法	分部积分法	★分部积分法及应用
5.4 简单有理式积分	化有理真分式为部分分式	☆化有理真分式为部分分式的待定系数法
	有理真分式的积分	☆简单有理函数的积分

二、要点剖析

1. 原函数的概念

由原函数的定义可知原函数的表示形式、原函数之间的关系和原函数存在的条件如下：

(1) 如果函数 $f(x)$ 在区间 I 上存在函数 $F(x)$，则它有无穷多个原函数，其所有原函数都可以表示为 $F(x)+C$，其中 C 为任意常数.

(2) 函数 $f(x)$ 在区间 I 上的任意两个原函数 $F(x)$ 和 $G(x)$ 之差为一个常数，即 $G(x)-F(x)=C$ 或 $G(x)=F(x)+C$.

(3) 如果函数 $f(x)$ 在区间 I 上连续，那么在区间 I 上存在可导函数 $F(x)$，使得对于任意一点 $x \in I$，都有 $F'(x)=f(x)$.

2. 不定积分的概念

由不定积分的定义可知，对于不定积分概念的掌握需要注意以下几点：

(1) 函数 $f(x)$ 在区间 I 上的不定积分为函数 $f(x)$ 在区间 I 上的任一原函数.

(2) 如果 $F(x)$ 为 $f(x)$ 在区间 I 上的一个原函数，则 $F(x)+C$ 就是 $f(x)$ 的不定积分，即 $\int f(x)\mathrm{d}x = F(x)+C$（$C$ 为任意常数），式中 C 叫作积分常数.

(3) 求不定积分 $\int f(x)\mathrm{d}x$，归结为求出它的一个原函数，再加上一个任意常数 C. 切记要 "$+C$"，否则求出的只是一个原函数，而不是任一原函数.

(4) 验证不定积分结论的正确性时只需对所求出的结论进行求导，看其是否等于被积函数即可.

3. 不定积分的性质与基本公式

不定积分与导数互为逆运算，因此两者之间的关系为

(1) $\dfrac{\mathrm{d}}{\mathrm{d}x}\int f(x)\mathrm{d}x = f(x)$ 或 $\mathrm{d}\left[\int f(x)\mathrm{d}x\right] = f(x)\mathrm{d}x$；

(2) $\int F'(x)\mathrm{d}x = F(x)+C$ 或 $\int \mathrm{d}F(x) = F(x)+C$.

正是这种互逆关系，使得积分公式为导数公式的反写，由初等函数的微分法可推出求不定积分的法则，由复合函数求导法则可以得到换元法，由乘积的求导法则可以得到分部积分公式.

利用不定积分的基本积分公式和线性性质

$$\int [\alpha f(x)+\beta g(x)]\mathrm{d}x = \alpha \int f(x)\mathrm{d}x + \beta \int g(x)\mathrm{d}x \quad (\alpha,\beta \text{ 为常数}),$$

可以求一些简单初等函数的积分.

利用不定积分的性质与基本公式求不定积分的方法称为直接积分法. 直接积分法的步骤是：

(1) 先对被积函数进行恒等变形，设法将所求积分的被积函数转化成积分表中已有的被积表达式形式. 常用的恒等变形主要依据初等代数和三角公式，通过分项、加项的方法将被积函数变形.

(2) 利用不定积分的性质和基本积分公式求不定积分.

不定积分的基本积分公式与性质见表 5-2 和表 5-3.

表 5-2 基本积分公式

$\int 0\mathrm{d}x = C$	$\int k\mathrm{d}x = kx+C$
$\int x^\alpha \mathrm{d}x = \dfrac{1}{\alpha+1}x^{\alpha+1}+C \ (\alpha \neq -1)$	$\int \dfrac{1}{x}\mathrm{d}x = \ln|x|+C$

续表

$\int e^x dx = e^x + C$	$\int a^x dx = \dfrac{a^x}{\ln a} + C$
$\int \cos x dx = \sin x + C$	$\int \sin x dx = -\cos x + C$
$\int \dfrac{1}{\cos^2 x} dx = \int \sec^2 x dx = \tan x + C$	$\int \dfrac{1}{\sin^2 x} dx = \int \csc^2 x dx = -\cot x + C$
$\int \sec x \tan x dx = \sec x + C$	$\int \csc x \cot x dx = -\csc x + C$
$\int \dfrac{1}{\sqrt{1-x^2}} dx = \arcsin x + C$	$\int \dfrac{1}{1+x^2} dx = \arctan x + C$

表 5-3　不定积分的性质

基本性质	(1) $\int k f(x) dx = k \int f(x) dx \ (k \neq 0)$; (2) $\int [f(x) \pm g(x)] dx = \int f(x) dx \pm \int g(x) dx$.
不定积分与导数间的关系	(1) $\dfrac{d}{dx} \int f(x) dx = f(x)$ 或 $d\left[\int f(x) dx\right] = f(x) dx$; (2) $\int F'(x) dx = F(x) + C$ 或 $\int dF(x) = F(x) + C$.

4. 不定积分积分法概括

不定积分积分法主要有直接积分法、第一换元积分法、第二换元积分法、分部积分法和有理分式法，见表 5-4.

表 5-4　不定积分方法概括

方法	公式与过程	对象特征
直接积分法	利用性质经过恒等变形将积分化为积分表中的形式 $\int [\alpha f(x) \pm \beta g(x)] dx = \alpha \int f(x) dx \pm \beta \int g(x) dx$	基本初等函数的线性组合形式
第一换元积分法	$\int f[\varphi(x)] \varphi'(x) dx \xrightarrow{凑微分} \int f[\varphi(x)] d\varphi(x) \xrightarrow{u=\varphi(x)} \int f(u) du$ $\xrightarrow{积分} F(u) + C \xrightarrow{回代} F[\varphi(x)] + C$	复合函数形式 $f[\varphi(x)] \varphi'(x)$
第二换元积分法	$\int f(x) dx \xrightarrow{x=\varphi(t)} \int f[\varphi(t)] \varphi'(t) dt \xrightarrow{积分} F(t) + C$ $\xrightarrow{t=\varphi^{-1}(x)} F[\varphi^{-1}(x)] + C$	$R(\sqrt{x^2 \pm a^2})$ $R(\sqrt{a^2 - x^2})$

续表

方法	公式与过程	对象特征
分部积分法	$\int uv' \mathrm{d}x \xrightarrow{\text{凑微分}} \int u \mathrm{d}v \xrightarrow{\text{用公式}} uv - \int vu' \mathrm{d}x \left(\int vu' \mathrm{d}x \text{ 比 } \int uv' \mathrm{d}x \text{ 简单易求} \right)$	基本初等函数的乘积或复合形式
有理分式法	通过待定系数法将有理分式分解成部分分式，化成四类积分： $\int \frac{A}{x-a} \mathrm{d}x, \quad \int \frac{A}{(x-a)^m} \mathrm{d}x, \quad \int \frac{Mx+N}{x^2+px+q} \mathrm{d}x, \quad \int \frac{Mx+N}{(x^2+px+q)^n} \mathrm{d}x$	有理分式函数

5. 第一换元积分法及应用要点

第一换元积分公式为 $\int f[\varphi(x)]\varphi'(x)\mathrm{d}x = \left(\int f(u)\mathrm{d}u \right)_{u=\varphi(x)}$.

第一换元积分法主要解决一些被积函数为复合函数的积分问题，其应用的计算过程见表 5-4（第 3 行）. 这种先"凑"成微分式，再作变量代换的方法，也叫作凑微分法.

恰当合理的凑微分是第一换元积分法使用的关键. 常见的凑微分形式见表 5-5.

表 5-5 常见的凑微分形式

积分类型	凑微分公式
$\int f(ax+b)\mathrm{d}x = \frac{1}{a} \int f(ax+b)\mathrm{d}(ax+b)$	$\mathrm{d}x = \frac{1}{a}\mathrm{d}(ax+b), \ a \neq 0$
$\int x^{\alpha-1} f(x^\alpha)\mathrm{d}x = \frac{1}{\alpha} \int f(x^\alpha)\mathrm{d}x^\alpha$	$x^{\alpha-1}\mathrm{d}x = \frac{1}{\alpha}\mathrm{d}x^\alpha$
$\int f(\mathrm{e}^x)\mathrm{e}^x \mathrm{d}x = \int f(\mathrm{e}^x)\mathrm{d}\mathrm{e}^x$	$\mathrm{e}^x \mathrm{d}x = \mathrm{d}\mathrm{e}^x$
$\int f(\ln x)\frac{1}{x}\mathrm{d}x = \int f(\ln x)\mathrm{d}\ln x$	$\frac{1}{x}\mathrm{d}x = \mathrm{d}\ln x$
$\int f(\sin x)\cos x \mathrm{d}x = \int f(\sin x)\mathrm{d}\sin x$	$\cos x \mathrm{d}x = \mathrm{d}\sin x$
$\int f(\cos x)\sin x \mathrm{d}x = -\int f(\cos x)\mathrm{d}\cos x$	$\sin x \mathrm{d}x = -\mathrm{d}\cos x$
$\int f(\arcsin x)\frac{1}{\sqrt{1-x^2}}\mathrm{d}x = \int f(\arcsin x)\mathrm{d}\arcsin x$	$\frac{1}{\sqrt{1-x^2}}\mathrm{d}x = \mathrm{d}\arcsin x$
$\int f(\arctan x)\frac{1}{1+x^2}\mathrm{d}x = \int f(\arctan x)\mathrm{d}\arctan x$	$\frac{1}{1+x^2}\mathrm{d}x = \mathrm{d}\arctan x$

续表

积分类型	凑微分公式
$\int f(\tan x)\sec^2 x\,dx = \int f(\tan x)\,d\tan x$	$\sec^2 x\,dx = d\tan x$
$\int f(\cot x)\csc^2 x\,dx = -\int f(\cot x)\,d\cot x$	$\csc^2 x\,dx = -d\cot x$

6. 第二换元积分法及应用要点

第二换元积分法主要处理被积函数中含有根式 $\sqrt{a^2-x^2}$，$\sqrt{a^2+x^2}$，$\sqrt{x^2-a^2}$，$\sqrt[n]{ax+b}$ 等的积分问题.

不定积分第二换元积分法的应用过程见表 5-4（第 4 行）.

使用第二换元法的关键是恰当地选择变换函数 $x=\varphi(t)$，对于 $x=\varphi(t)$，要求其单调可导，且 $\varphi'(t)\neq 0$，以及其反函数 $t=\varphi^{-1}(x)$ 存在. 常见的换元公式见表 5-6.

表 5-6 常见的换元公式

积分类型	变换式	积分类型	变换式
$f(\sqrt{a^2-x^2})\,dx$	$x=a\sin t$	$f(\sqrt{x^2+a^2})\,dx$	$x=a\tan t$
$f(\sqrt{x^2-a^2})\,dx$	$x=a\sec t$	$f(\sqrt[n]{ax+b})\,dx$	$\sqrt[n]{ax+b}=t$

7. 分部积分法及应用要点

通过分部积分公式 $uv'\,dx = uv - \int vu'\,dx$，可以将求 $\int u\,dv$ 的积分问题转化为求 $\int v\,du$ 的积分问题. 当后面这个积分较容易求时，分部积分公式就起到了化难为易的作用.

应用分部积分法的关键是恰当地选择 u 和 dv，一般要考虑如下两点：

(1) v 要容易凑成微分形式；

(2) $\int v\,du$ 要比 $\int u\,dv$ 简单易求.

可以用分部积分法求解的常见的积分题型及 u 和 dv 的选取原则见表 5-7.

表 5-7 分部积分法中 u 和 dv 的选取原则

积分类型	u 和 dv 的选取
$\int x^n e^{ax}\,dx$	$u=x^n$，$dv=e^{ax}\,dx$
$\int x^n \sin ax\,dx$，$\int x^n \cos ax\,dx$	$u=x^n$，$dv=\sin ax\,dx$，$dv=\cos ax\,dx$
$\int x^n \ln x\,dx$	$u=\ln x$，$dv=x^n\,dx$

续表

积分类型	u 和 dv 的选取
$\int x^n \arcsin x \, dx$, $\int x^n \arctan x \, dx$	$u = \arcsin x$, $u = \arctan x$, $dv = x^n dx$
$\int e^{ax} \sin bx \, dx$, $\int e^{ax} \cos bx \, dx$	$u = \sin bx$, $\cos bx$ 或 $u = e^{ax}$ 均可

注：上述情况将 x^n 改为常数，以及将 x^n 换为多项式 $P_n(x)$ 时仍成立.

8. 简单有理分式的积分及应用

（1）简单有理分式积分的基本过程：

① 用多项式除法将有理分式化为多项式与真分式之和；

② 用待定系数法化有理真分式为部分分式之和；

③ 将有理真分式的积分转化为四类积分.

（2）四类有理真分式积分的计算：

用不定积分凑微分法求积分：

① $\int \dfrac{A}{x-a} dx = A \ln |x-a| + C.$

② $\int \dfrac{A}{(x-a)^m} dx = \dfrac{A}{(1-m)(x-a)^{m-1}} + C.$

用配方后分项法求积分：

③ $\int \dfrac{Mx+N}{x^2+px+q} dx \to \int \dfrac{t}{t^2+a^2} dt + \int \dfrac{dt}{t^2+a^2}.$

④ $\int \dfrac{Mx+N}{(x^2+px+q)^n} dx \to \int \dfrac{t}{(t^2+a^2)^n} dt + \int \dfrac{dt}{(t^2+a^2)^n}.$

三、例题精解

题型一　利用直接积分法求积分

例 1　求下列不定积分.

(1) $\int \left(1 - \dfrac{1}{x^2}\right) \sqrt{x\sqrt{x}} \, dx$;　　(2) $\int \dfrac{1+x+x^2}{x(1+x^2)} dx$;　　(3) $\int \dfrac{\cos 2x}{\sin^2 x \cos^2 x} dx.$

解：(1) $\int \left(1 - \dfrac{1}{x^2}\right) \sqrt{x\sqrt{x}} \, dx = \int \left(x^{\frac{3}{4}} - \dfrac{x^{\frac{3}{4}}}{x^2}\right) dx = \int x^{\frac{3}{4}} dx - \int x^{-\frac{5}{4}} dx$

$$= \dfrac{4}{7} x^{\frac{7}{4}} + 4 x^{-\frac{1}{4}} + C.$$

(2) $\int \dfrac{1+x+x^2}{x(1+x^2)} dx = \int \dfrac{(x^2+1)+x}{x(x^2+1)} dx = \int \left(\dfrac{1}{x} + \dfrac{1}{x^2+1}\right) dx$

$$= \ln|x| + \arctan x + C.$$

(3) $\int \dfrac{\cos 2x}{\sin^2 x \cos^2 x} \mathrm{d}x = \int \dfrac{\cos^2 x - \sin^2 x}{\cos^2 x \sin^2 x} \mathrm{d}x = \int \left(\dfrac{1}{\sin^2 x} - \dfrac{1}{\cos^2 x}\right) \mathrm{d}x$

$$= \int (\csc^2 x - \sec^2 x) \mathrm{d}x = -\cot x - \tan x + C.$$

题型二 绝对值函数与分段函数的积分

例 2 求不定积分 $\int |x-2| \mathrm{d}x$.

解：因为

$$f(x) = |x-2| = \begin{cases} 2-x, & x < 2 \\ x-2, & x \geqslant 2 \end{cases},$$

于是

$$F(x) = \int |x-2| \mathrm{d}x = \begin{cases} 2x - \dfrac{1}{2}x^2 + C_2, & x < 2 \\ \dfrac{1}{2}x^2 - 2x + C_1, & x \geqslant 2 \end{cases}.$$

由被积函数的连续性，有 $F(2-0) = F(2+0) = F(2)$，即 $C_2 = C_1 - 4$，所以

$$\int |x-2| \mathrm{d}x = \begin{cases} 2x - \dfrac{1}{2}x^2 + C_1 - 4, & x < 2 \\ \dfrac{1}{2}x^2 - 2x + C_1, & x \geqslant 2 \end{cases}.$$

例 3 设 $f(x) = \begin{cases} \mathrm{e}^x, & x > 0 \\ x+1, & x \leqslant 0 \end{cases}$，求 $\int f(x) \mathrm{d}x$.

解：当 $x > 0$ 时

$$\int f(x) \mathrm{d}x = \int \mathrm{e}^x \mathrm{d}x = \mathrm{e}^x + C_1.$$

当 $x \leqslant 0$ 时

$$\int f(x) \mathrm{d}x = \int (x+1) \mathrm{d}x = \dfrac{1}{2}x^2 + x + C_2.$$

因为 $f(x)$ 在 $x=0$ 处连续，所以其原函数在 $x=0$ 处连续，有 $C_2 = C_1 + 1$. 故

$$\int f(x) \mathrm{d}x = \begin{cases} \mathrm{e}^x + C_1, & x > 0 \\ \dfrac{1}{2}x^2 + x + C_1 + 1, & x \leqslant 0 \end{cases}.$$

题型三 原函数的相关问题

例 4 已知 $f'(e^x) = xe^{-x}$，且 $f(1) = 0$，求 $f(x)$.

解：设 $e^x = t$，则 $x = \ln t$，从而 $f'(t) = \dfrac{\ln t}{t}$. 因为 $\int f'(x)dx = f(x) + C$，所以有

$$\int \frac{\ln x}{x} dx = \int \ln x \, d\ln x = \frac{1}{2} \ln^2 x + C_1 = f(x) + C_2.$$

故 $f(x) = \dfrac{1}{2} \ln^2 x + C_1 - C_2$. 由于 $f(1) = 0$，故取 $C_1 - C_2 = 0$，所以 $f(x) = \dfrac{1}{2} \ln^2 x$.

【注记】 已知条件与 $f(x)$ 的导数有关，所求的是 $f(x)$ 的表达式，若能求出 $f(x)$ 的导数，则其导数的不定积分即为 $f(x)$.

例 5 已知 $f(x)$ 的一个原函数为 $(1+\sin x)\ln x$，求 $\int x f'(x) dx$.

解：因为 $(1+\sin x)\ln x$ 为 $f(x)$ 的一个原函数，故有

$$\int f(x)dx = (1+\sin x)\ln x + C_1,$$

则

$$f(x) = [(1+\sin x)\ln x]' = \cos x \ln x + (1+\sin x)/x,$$

所以

$$\int xf'(x)dx = \int x\, df(x) = xf(x) - \int f(x)dx$$
$$= x\cos x \ln x + \sin x - (1+\sin x)\ln x + C, \quad C = -C_1 + 1.$$

题型四 利用第一换元积分法求积分

例 6 求下列不定积分：

(1) $\displaystyle\int \frac{2x-1}{\sqrt{1-x^2}} dx$； (2) $\displaystyle\int \frac{dx}{x \ln x \ln\ln x}$； (3) $\displaystyle\int \frac{\ln\tan x}{\cos x \sin x} dx$.

解：(1) $\displaystyle\int \frac{2x-1}{\sqrt{1-x^2}} dx = -\int \frac{d(1-x^2)}{\sqrt{1-x^2}} - \int \frac{dx}{\sqrt{1-x^2}} = -2\sqrt{1-x^2} - \arcsin x + C$.

(2) $\displaystyle\int \frac{dx}{x\ln x \ln\ln x} = \int \frac{d\ln x}{\ln x \ln\ln x} = \int \frac{d(\ln\ln x)}{\ln\ln x} = \ln(\ln\ln x) + C$.

(3) $\displaystyle\int \frac{\ln\tan x}{\cos x \sin x} dx = \int \frac{\ln\tan x}{\cos^2 x \tan x} dx = \int \frac{\ln\tan x}{\tan x} d(\tan x)$
$$= \int \ln\tan x \, d(\ln\tan x) = \frac{1}{2}(\ln\tan x)^2 + C.$$

题型五 利用第二换元积分法求积分

例7 求不定积分：$\int \dfrac{\mathrm{d}x}{\sqrt{x}+\sqrt[3]{x^2}}$.

解：令 $\sqrt[6]{x}=t$，则 $x=t^6$，$\mathrm{d}x=6t^5\mathrm{d}t$，故

$$\int \dfrac{\mathrm{d}x}{\sqrt{x}+\sqrt[3]{x^2}} = \int \dfrac{6t^5\mathrm{d}t}{t^3+t^4} = 6\int \dfrac{t^2}{1+t}\mathrm{d}t = 6\int\left(t-1+\dfrac{1}{1+t}\right)\mathrm{d}t$$

$$= 6\left(\dfrac{1}{2}t^2 - t + \ln|1+t|\right) + C$$

$$= 3\sqrt[3]{x} - 6\sqrt[6]{x} + 6\ln(1+\sqrt[6]{x}) + C.$$

【**注记**】如果被积函数中含有 x 的幂次，则可尝试用倒代换；如果出现 $x^2\pm a^2$，a^2-x^2 或 $\sqrt{x^2\pm a^2}$，$\sqrt{a^2-x^2}$，则可以采用三角代换，然后利用三角函数恒等式将被积函数化简.

题型六 利用分部积分法求积分

例8 求下列不定积分：

(1) $\int x\cos^2 x\,\mathrm{d}x$； (2) $\int \dfrac{x+\ln x}{(1+x)^2}\mathrm{d}x$.

解：(1) $\int x\cos^2 x\,\mathrm{d}x = \int x\left(\dfrac{1+\cos 2x}{2}\right)\mathrm{d}x$

$$= \dfrac{1}{2}\left(\int x\,\mathrm{d}x + \int x\cos 2x\,\mathrm{d}x\right) = \dfrac{1}{4}x^2 + \dfrac{1}{4}\int x\,\mathrm{d}(\sin 2x)$$

$$= \dfrac{1}{4}x^2 + \dfrac{1}{4}x\sin 2x - \dfrac{1}{4}\int \sin 2x\,\mathrm{d}x$$

$$= \dfrac{1}{4}x^2 + \dfrac{1}{4}x\sin 2x + \dfrac{1}{8}\cos 2x + C.$$

(2) $\int \dfrac{x+\ln x}{(1+x)^2}\mathrm{d}x = \int(x+\ln x)\,\mathrm{d}\left(-\dfrac{1}{1+x}\right) = -\dfrac{x+\ln x}{1+x} + \int \dfrac{1+\dfrac{1}{x}}{1+x}\mathrm{d}x$

$$= -\dfrac{x+\ln x}{1+x} + \int \dfrac{1}{x}\mathrm{d}x = -\dfrac{x+\ln x}{1+x} + \ln x + C.$$

【**注记**】使用分部积分法时关键是恰当地选择 u 和 $\mathrm{d}v$.

题型七 求不定积分的综合题

例9 求下列不定积分.

(1) $\int \dfrac{x\mathrm{e}^x}{\sqrt{\mathrm{e}^x-1}}\mathrm{d}x$； (2) $\int \dfrac{\arctan x}{x^2(1+x^2)}\mathrm{d}x$.

解：(1) 令 $u = \sqrt{e^x - 1}$，则 $x = \ln(1 + u^2)$，$dx = \dfrac{2u}{1+u^2} du$，故

$$\int \frac{xe^x}{\sqrt{e^x-1}} dx = \int \frac{(1+u^2)\ln(1+u^2)}{u} \cdot \frac{2u}{1+u^2} du = 2\int \ln(1+u^2) du$$

$$= 2u\ln(1+u^2) - \int \frac{4u^2}{1+u^2} du$$

$$= 2u\ln(1+u^2) - 4u + 4\arctan u + C$$

$$= 2x\sqrt{e^x-1} - 4\sqrt{e^x-1} + 4\arctan\sqrt{e^x-1} + C.$$

(2) **方法 1** 令 $\arctan x = t$，则 $x = \tan t$，$dx = \sec^2 t\, dt$，故

$$\int \frac{\arctan x}{x^2(1+x^2)} dx = \int \frac{t}{\tan^2 t \cdot \sec^2 t} \sec^2 t\, dt = \int t\cot^2 t\, dt = \int t(\csc^2 t - 1) dt$$

$$= -\int t\,d\cot t - \int t\,dt = -t\cot t + \int \cot t\, dt - \frac{t^2}{2}$$

$$= -t\cot t + \ln|\sin t| - \frac{t^2}{2} + C$$

$$= -\frac{\arctan x}{x} + \ln\left|\frac{x}{\sqrt{1+x^2}}\right| - \frac{(\arctan x)^2}{2} + C.$$

方法 2 $\displaystyle\int \frac{\arctan x}{x^2(1+x^2)} dx = \int \frac{\arctan x}{x^2} dx - \int \frac{\arctan x}{1+x^2} dx$

$$= \int \arctan x\, d\left(-\frac{1}{x}\right) - \int \arctan x\, d(\arctan x)$$

$$= -\frac{\arctan x}{x} + \int \frac{dx}{x(1+x^2)} - \frac{1}{2}(\arctan x)^2$$

$$= -\frac{\arctan x}{x} - \frac{1}{2}(\arctan x)^2 + \frac{1}{2}\int \frac{d(1+x^2)}{x^2(1+x^2)}$$

$$= -\frac{\arctan x}{x} - \frac{1}{2}(\arctan x)^2 + \frac{1}{2}\ln\frac{x^2}{1+x^2} + C.$$

【注记】当被积函数含有难积分的反三角函数时，通常的做法是将这一部分作变量替换．若分母为相差一个常数的两个因式的乘积，则可以将分式拆项，分别积分．

题型八　简单有理分式的积分

例 10 求下列不定积分：

(1) $\displaystyle\int \frac{x^5+x^4-8}{x^3-x} dx$；　　(2) $\displaystyle\int \frac{x^2+1}{x(x-1)^2} dx$；　　(3) $\displaystyle\int \frac{x+1}{x^2-2x+5} dx$．

解：(1) $\displaystyle\int \frac{x^5+x^4-8}{x^3-x} dx = \int (x^2+x+1) dx + \int \frac{x^2+x-8}{x^3-x} dx$

$$= \frac{1}{3}x^3 + \frac{1}{2}x^2 + x + \int \frac{8}{x}dx - \int \frac{4}{x+1}dx - \int \frac{3}{x-1}dx$$

$$= \frac{1}{3}x^3 + \frac{1}{2}x^2 + x + 8\ln x - 4\ln(x+1) - 3\ln(x-1) + C.$$

(2) $\int \frac{x^2+1}{x(x-1)^2}dx = \int \left(\frac{1}{x} + \frac{2}{(x-1)^2}\right)dx = \int \frac{1}{x}dx + \int \frac{2}{(x-1)^2}dx$

$$= \ln|x| - \frac{2}{x-1} + C.$$

(3) $\int \frac{x+1}{x^2-2x+5}dx = \frac{1}{2}\int \frac{2x-2+4}{x^2-2x+5}dx$

$$= \frac{1}{2}\int \frac{2x-2}{x^2-2x+5}dx + 2\int \frac{dx}{x^2-2x+5}$$

$$= \frac{1}{2}\int \frac{d(x^2-2x+5)}{x^2-2x+5} + 2\int \frac{d(x-1)}{(x-1)^2+2^2}$$

$$= \frac{1}{2}\ln(x^2-2x+5) + \arctan\frac{x-1}{2} + C.$$

【注记】 有理分式积分的关键是用待定系数法化有理真分式为部分分式之和，然后将有理真分式的积分转化为四类基本类型的积分.

题型九 化为有理分式的积分问题

例 11 求下列不定积分：

(1) $\int \frac{1+\sin x}{1+\cos x}dx$； (2) $\int \frac{dx}{(2+\cos x)\sin x}$； (3) $\int \frac{dx}{(1+e^x)^2}$.

解：(1) 令 $t = \tan\frac{x}{2}$，则 $\sin x = \frac{2t}{1+t^2}$，$\cos x = \frac{1-t^2}{1+t^2}$，$dx = \frac{2dt}{1+t^2}$，于是

$$\int \frac{1+\sin x}{1+\cos x}dx = \int \frac{1+\frac{2t}{1+t^2}}{1+\frac{1-t^2}{1+t^2}} \cdot \frac{2}{1+t^2}dt = \int \frac{t^2+2t+1}{1+t^2}dt$$

$$= \int \left(1 + \frac{2t}{1+t^2}\right)dt = t + \ln(1+t^2) + C$$

$$= \tan\frac{x}{2} + \ln\left(1+\tan^2\frac{x}{2}\right) + C.$$

(2) 令 $\tan\frac{x}{2} = t$，则 $dx = \frac{2dt}{1+t^2}$，$\sin x = \frac{2t}{1+t^2}$，$\cos x = \frac{1-t^2}{1+t^2}$，于是

$$\int \frac{dx}{(2+\cos x)\sin x} = \int \frac{1+t^2}{(t^2+3)t}dt = \int \left(\frac{\frac{2}{3}t}{t^2+3} + \frac{\frac{1}{3}}{t}\right)dt$$

$$= \frac{1}{3} \int \frac{\mathrm{d}(t^2+3)}{t^2+3} + \frac{1}{3} \int \frac{1}{t} \mathrm{d}t = \frac{1}{3} \ln(t^3+3t) + C$$

$$= \frac{1}{3} \ln\left(\tan^3 \frac{x}{2} + 3\tan \frac{x}{2}\right) + C.$$

【注记】 本题属于三角函数有理式的积分，可以利用万能公式作变量替换．

$$(3) \int \frac{\mathrm{d}x}{(1+\mathrm{e}^x)^2} \xrightarrow{\diamondsuit \mathrm{e}^x=t} \int \frac{1+t-t}{t(1+t)^2} \mathrm{d}t = \int \frac{1}{t(1+t)} \mathrm{d}t - \int \frac{\mathrm{d}t}{(1+t)^2}$$

$$= \int \left(\frac{1}{t} - \frac{1}{1+t}\right) \mathrm{d}t - \int \frac{\mathrm{d}(1+t)}{(1+t)^2} = \ln \frac{t}{1+t} + \frac{1}{1+t} + C$$

$$= \ln \frac{\mathrm{e}^x}{1+\mathrm{e}^x} + \frac{1}{1+\mathrm{e}^x} + C = x - \ln(1+\mathrm{e}^x) + \frac{1}{1+\mathrm{e}^x} + C.$$

四、错解分析

例 12 求积分 $\int \mathrm{e}^{-|x|} \mathrm{d}x$．

错误解法 因为

$$\mathrm{e}^{-|x|} = \begin{cases} \mathrm{e}^{-x}, & x > 0 \\ \mathrm{e}^{x}, & x \leqslant 0 \end{cases},$$

当 $x \leqslant 0$ 时

$$\int \mathrm{e}^{-|x|} \mathrm{d}x = \int \mathrm{e}^x \mathrm{d}x = \mathrm{e}^x + C,$$

当 $x > 0$ 时

$$\int \mathrm{e}^{-|x|} \mathrm{d}x = \int \mathrm{e}^{-x} \mathrm{d}x = -\mathrm{e}^{-x} + C,$$

所以

$$\int \mathrm{e}^{-|x|} \mathrm{d}x = \begin{cases} \mathrm{e}^x + C, & x \leqslant 0 \\ -\mathrm{e}^{-x} + C, & x > 0 \end{cases}.$$

错解分析 根据原函数的定义，一个函数的原函数 $F(x)$ 在所讨论的区间上应连续，但上面给出的 $F(x)$ 在 $x=0$ 处间断，因为

$$\lim_{x \to 0^+} F(x) = \lim_{x \to 0^+} (-\mathrm{e}^{-x} + C) = -1 + C,$$
$$\lim_{x \to 0^-} F(x) = \lim_{x \to 0^-} (\mathrm{e}^x + C) = 1 + C,$$

所以上述 $F(x)$ 不能作为 $\mathrm{e}^{-|x|}$ 的原函数．注意到若 $F(x)$ 是原函数，$F(x)+C$ 也是原函数，故只要适当选取 C，使 $F(x)$ 的两个分支在 $x=0$ 处连续，就可找到所需的原函数．

正确解法　参见总习题五基础测试题中填空题的第(8)小题.

例 13　已知 $\cos x$ 的原函数是 $f(x)$，$F'(x) = f(x)$，求 $F(x)$.

错误解法　由题意，$f(x) = \int \cos x \, dx = \sin x$，所以

$$F(x) = \int f(x) \, dx = \int \sin x \, dx = -\cos x.$$

错解分析　不定积分应在具体某个原函数的基础上加上常数 C，这是容易疏忽的.

正确解法　由题意，$f(x) = \int \cos x \, dx = \sin x + C_1$，所以

$$F(x) = \int f(x) \, dx = \int [\sin x + C_1] \, dx = -\cos x + C_1 x + C_2.$$

例 14　求 $\int \dfrac{1}{a^2 - x^2} \, dx$.

错误解法　令 $x = a \sin t$，则

$$\int \frac{1}{a^2 - x^2} \, dx = \int \frac{1}{a^2 \cos^2 t} a \cos t \, dt = \frac{1}{a} \int \frac{1}{\cos t} \, dt$$

$$= \frac{1}{a} \ln |\tan t + \sec t| + C = \frac{1}{2a} \ln \left| \frac{a+x}{a-x} \right| + C.$$

错解分析　本题结果是正确的，但过程有错误. 原被积函数的定义域是 $x \neq \pm a$，令 $x = a \sin t$，为保证单调性，可取 $-\dfrac{\pi}{2} < x < \dfrac{\pi}{2}$，此时 $-a < x = a \sin t < a$，仅为被积函数定义域的一部分.

正确解法　本题利用有理分式积分法进行计算比较简单，且可避开上面复杂的讨论.

$$\int \frac{1}{a^2 - x^2} \, dx = \frac{1}{2a} \left(\int \frac{1}{a+x} \, dx + \int \frac{1}{a-x} \, dx \right) = \frac{1}{2a} \ln \left| \frac{a+x}{a-x} \right| + C.$$

例 15　求积分 $\int f'(ax+b) \, dx$ $(a \neq 0)$.

错误解法　因为 $\int f'(x) \, dx = f(x) + C$，所以

$$\int f'(ax+b) \, dx = f(ax+b) + C.$$

错解分析　不定积分的性质 $\int f'(x) \, dx = f(x) + C$ 表明对 $f(x)$ 先关于 x 微分，再关于 x 积分，则相互抵消后加任意常数，但需注意，对 $f(x)$ 进行这两种运算所针对的对象均为 x，而上述解法不一致.

正确解法　$\int f'(ax+b) \, dx = \dfrac{1}{a} \int f'(ax+b) \, d(ax+b) = \dfrac{1}{a} f(ax+b) + C.$

五、习题解答

习题 5.1

1. 因为

$$\left(\frac{1}{2}\sin^2 x\right)' = \frac{1}{2} \times 2\sin x \cos x = \sin x \cos x,$$

$$\left(-\frac{1}{4}\cos 2x\right)' = -\frac{1}{4}(-\sin 2x) \cdot 2 = \sin x \cos x,$$

$$\left(1 - \frac{1}{2}\cos^2 x\right)' = -\frac{1}{2} \times 2\cos x \cdot (-\sin x) = \sin x \cos x,$$

所以 $\frac{1}{2}\sin^2 x$,$-\frac{1}{4}\cos 2x$,$1 - \frac{1}{2}\cos^2 x$ 均为 $\sin x \cos x$ 的原函数.

2. 当 $x \in (1, +\infty)$ 时,因为

$$[\ln(x+\sqrt{x^2-1})]' = \frac{1}{x+\sqrt{x^2-1}} \cdot \left(1 + \frac{2x}{2\sqrt{x^2-1}}\right)$$

$$= \frac{1}{x+\sqrt{x^2-1}} \cdot \frac{\sqrt{x^2-1}+x}{\sqrt{x^2-1}}$$

$$= \frac{1}{\sqrt{x^2-1}},$$

所以 $\ln(x+\sqrt{x^2-1})$ 为 $\frac{1}{\sqrt{x^2-1}}$ 的原函数.

3. (奇数号题解答)

(1) $\int \frac{\mathrm{d}x}{x^2\sqrt{x}} = \int x^{-\frac{5}{2}} \mathrm{d}x = \frac{1}{-\frac{3}{2}}x^{-\frac{3}{2}} + C = -\frac{2}{3}x^{-\frac{3}{2}} + C.$

(3) $\int \frac{\sqrt{x}-2\sqrt[3]{x^2}+1}{\sqrt[4]{x}} \mathrm{d}x = \int \left(x^{\frac{1}{4}} - 2x^{\frac{5}{12}} + x^{-\frac{1}{4}}\right) \mathrm{d}x = \frac{4}{5}x^{\frac{5}{4}} - \frac{24}{17}x^{\frac{17}{12}} + \frac{4}{3}x^{\frac{3}{4}} + C.$

(5) $\int 3^x \mathrm{e}^{2x} \mathrm{d}x = \int (3\mathrm{e}^2)^x \mathrm{d}x = (3\mathrm{e}^2)^x \cdot \frac{1}{\ln(3\mathrm{e}^2)} + C = \frac{3^x \mathrm{e}^{2x}}{\ln 3 + 2} + C.$

(7) $\int \left(\sin\frac{x}{2} + \cos\frac{x}{2}\right)^2 \mathrm{d}x = \int (1+\sin x) \mathrm{d}x = x - \cos x + C.$

(9) $\int \frac{\cos 2x}{\cos x - \sin x} \mathrm{d}x = \int \frac{\cos^2 x - \sin^2 x}{\cos x - \sin x} \mathrm{d}x = \int (\cos x + \sin x) \mathrm{d}x$

$\qquad = \sin x - \cos x + C.$

(11) $\int \frac{1+\sin 2x}{\cos x + \sin x} \mathrm{d}x = \int \frac{(\sin x + \cos x)^2}{\cos x + \sin x} \mathrm{d}x = \int (\cos x + \sin x) \mathrm{d}x$

$$= \sin x - \cos x + C.$$

(13) $\int \sec x (\sec x - \tan x) dx = \int (\sec^2 x - \sec x \tan x) dx = \tan x - \sec x + C.$

4. 设曲线方程为 $y = f(x)$. 由题意，得 $f'(x) = \dfrac{1}{x}$，两边积分，得 $f(x) = \ln|x| + C$. 又曲线过 $(e^2, 3)$，代入可得 $3 = 2 + C$，即 $C = 1$，所以 $f(x) = \ln|x| + 1$.

5. 由 $C'(q) = q^3 - 2q$，两边积分，得

$$C(q) = \int (q^3 - 2q) dq = \frac{1}{4} q^4 - q^2 + C.$$

又 $C(0) = 100$，代入上式可得 $C = 100$. 所以，成本函数为 $C(q) = \dfrac{q^4}{4} - q^2 + 100$.

6. 由 $M'(t) = 0.2t - 0.003t^2$，两边积分，得

$$\int M'(t) dt = \int (0.2t - 0.003t^2) dt.$$

所以 $M(t) = 0.1t^2 - 0.001t^3 + C$. 由 $M(0) = 0$ 得 $C = 0$，即 $M(t) = 0.1t^2 - 0.001t^3$. 又 $M(8) = 0.1 \times 0.64 - 0.001 \times 0.512 = 5.888 \approx 6$，即 8 分钟内约记住 6 个单词.

习题 5.2

1. （奇数号题解答）

(1) $\int (3 - 2x)^3 dx = -\dfrac{1}{2} \int (3 - 2x)^3 d(3 - 2x) = -\dfrac{(3 - 2x)^4}{8} + C.$

(3) $\int \dfrac{1}{\sqrt[3]{2 - 3x}} dx = -\dfrac{1}{3} \int (2 - 3x)^{-\frac{1}{3}} d(2 - 3x) = -\dfrac{1}{2} (2 - 3x)^{\frac{2}{3}} + C.$

(5) $\int x e^{-x^2} dx = -\dfrac{1}{2} \int e^{-x^2} d(-x^2) = -\dfrac{1}{2} e^{-x^2} + C.$

(7) $\int \dfrac{1}{x \ln^2 x} dx = \int \dfrac{1}{\ln^2 x} d\ln x = -\dfrac{1}{\ln x} + C.$

(9) $\int \dfrac{1}{\arcsin^2 x \sqrt{1 - x^2}} dx = \int \dfrac{1}{\arcsin^2 x} d\arcsin x = -\dfrac{1}{\arcsin x} + C.$

(11) $\int \dfrac{\sec^2 x}{\sqrt{\tan x - 1}} dx = \dfrac{d(\tan x - 1)}{\sqrt{\tan x - 1}} = 2\sqrt{\tan x - 1} + C.$

(13) $\int \cos^2(2x + 1) \sin(2x + 1) dx = \dfrac{1}{2} \int \cos^2(2x + 1) \sin(2x + 1) d(2x + 1)$

$$= -\dfrac{1}{2} \int \cos^2(2x + 1) d\cos(2x + 1)$$

$$= -\dfrac{\cos^3(2x + 1)}{6} + C.$$

(15) $\int \dfrac{\sin x + \cos x}{\sqrt[3]{\sin x - \cos x}} \mathrm{d}x = \int \dfrac{\mathrm{d}(-\cos x + \sin x)}{\sqrt[3]{\sin x - \cos x}} = \dfrac{3}{2}(\sin x - \cos x)^{\frac{2}{3}} + C.$

(17) $\int \dfrac{1 + \mathrm{e}^x}{\sqrt{x + \mathrm{e}^x}} \mathrm{d}x = \int \dfrac{\mathrm{d}(x + \mathrm{e}^x)}{\sqrt{x + \mathrm{e}^x}} = 2\sqrt{x + \mathrm{e}^x} + C.$

(19) $\int \dfrac{1 - x}{\sqrt{9 - 4x^2}} \mathrm{d}x = \int \dfrac{1}{\sqrt{9 - 4x^2}} \mathrm{d}x - \int \dfrac{x\,\mathrm{d}x}{\sqrt{9 - 4x^2}}$

$\qquad = \dfrac{1}{2}\int \dfrac{1}{\sqrt{1 - \left(\dfrac{2}{3}x\right)^2}} \mathrm{d}\left(\dfrac{2}{3}x\right) + \dfrac{1}{8}\int \dfrac{\mathrm{d}(9 - 4x^2)}{\sqrt{9 - 4x^2}}$

$\qquad = \dfrac{1}{2}\arcsin \dfrac{2}{3}x + \dfrac{1}{4}\sqrt{9 - 4x^2} + C.$

(21) $\int \dfrac{1}{2x^2 - 1} \mathrm{d}x = \int \dfrac{\mathrm{d}x}{(\sqrt{2}x + 1)(\sqrt{2}x - 1)} = \dfrac{1}{2}\int \left(\dfrac{1}{\sqrt{2}x - 1} - \dfrac{1}{\sqrt{2}x + 1}\right) \mathrm{d}x$

$\qquad = \dfrac{1}{2}\left[\dfrac{1}{\sqrt{2}}\int \dfrac{1}{\sqrt{2}x - 1} \mathrm{d}(\sqrt{2}x - 1) - \dfrac{1}{\sqrt{2}}\int \dfrac{1}{\sqrt{2}x + 1} \mathrm{d}(\sqrt{2}x + 1)\right]$

$\qquad = \dfrac{1}{2\sqrt{2}}\ln\left|\dfrac{\sqrt{2}x - 1}{\sqrt{2}x + 1}\right| + C.$

(23) $\int \dfrac{\cos x}{9 - \sin^2 x} \mathrm{d}x = \int \dfrac{\mathrm{d}\sin x}{9 - \sin^2 x} = \dfrac{1}{6}\int \dfrac{\mathrm{d}(3 + \sin x)}{3 + \sin x} - \dfrac{1}{6}\int \dfrac{\mathrm{d}(3 - \sin x)}{3 - \sin x}$

$\qquad = \dfrac{1}{6}\ln\left|\dfrac{3 + \sin x}{3 - \sin x}\right| + C.$

(25) $\int \cos^3 x \,\mathrm{d}x = \int \cos^2 x \cos x \,\mathrm{d}x = \int (1 - \sin^2 x)\,\mathrm{d}\sin x = \sin x - \dfrac{\sin^3 x}{3} + C.$

(27) $\int \tan^3 x \sec x \,\mathrm{d}x = \int \tan^2 x \,\mathrm{d}\sec x = \int (\sec^2 x - 1)\,\mathrm{d}\sec x = \dfrac{\sec^3 x}{3} - \sec x + C.$

2. (奇数号题解答)

(1) 令 $x = \sin t \ \left(-\dfrac{\pi}{2} \leqslant t \leqslant \dfrac{\pi}{2}\right)$，则 $t = \arcsin x$，$\sqrt{1 - x^2} = \cos t$，$\mathrm{d}x = \cos t\,\mathrm{d}t.$

$\int \dfrac{x^2}{\sqrt{1 - x^2}} \mathrm{d}x = \int \sin^2 t\,\mathrm{d}t = \int \dfrac{1 - \cos 2t}{2}\,\mathrm{d}t = \dfrac{t}{2} - \dfrac{1}{4}\sin 2t + C$

$\qquad = \dfrac{\arcsin x}{2} - \dfrac{x}{2}\sqrt{1 - x^2} + C.$

(3) 令 $x = a\tan t$，$t \in \left(-\dfrac{\pi}{2}, \dfrac{\pi}{2}\right)$，则 $\mathrm{d}x = a\sec^2 t\,\mathrm{d}t$，$\sin t = \dfrac{x}{\sqrt{a^2 + x^2}}.$

$\int \dfrac{1}{(x^2 + a^2)^{\frac{3}{2}}} \mathrm{d}x = \int \dfrac{a\sec^2 t}{a^3 \sec^3 t}\,\mathrm{d}t = \dfrac{1}{a^2}\int \cos t\,\mathrm{d}t = \dfrac{\sin t}{a^2} + C = \dfrac{x}{a^2\sqrt{a^2 + x^2}} + C.$

习题 5.3

1. （奇数号题解答）

(1) $\int x e^{-x} dx = -\int x de^{-x} = -x e^{-x} + \int e^{-x} dx = -x e^{-x} - e^{-x} + C.$

(3) $\int \arctan x\, dx = x \arctan x - \int \dfrac{x}{1+x^2} dx = x \arctan x - \dfrac{1}{2}\int \dfrac{1}{1+x^2} d(1+x^2)$

$\qquad = x \arctan x - \dfrac{1}{2}\ln(1+x^2) + C.$

(5) $\int e^{-x}\cos x\, dx = \int e^{-x} d\sin x = e^{-x}\sin x - \int(-e^{-x}\sin x)dx$

$\qquad = e^{-x}\sin x - e^{-x}\cos x - \int e^{-x}\cos x\, dx.$

所以 $\int e^{-x}\cos x\, dx = \dfrac{1}{2} e^{-x}(\sin x - \cos x) + C.$

(7) $\int x\tan^2 x\, dx = \int x(\sec^2 x - 1)dx = \int(x\sec^2 x - x)dx = \int x d\tan x - \int x dx$

$\qquad = x\tan x - \int \tan x\, dx - \dfrac{x^2}{2} = x\tan x - \dfrac{x^2}{2} + \int \dfrac{d\cos x}{\cos x}$

$\qquad = x\tan x - \dfrac{x^2}{2} + \ln|\cos x| + C.$

(9) $\int \dfrac{\ln\tan x}{\sin^2 x} dx = -\int \ln\tan x\, d\cot x = -\cot x \ln\tan x + \int \dfrac{\cot x \sec^2 x}{\tan x} dx$

$\qquad = -\cot x \ln\tan x + \int \csc^2 x\, dx = -\cot x \ln\tan x - \cot x + C.$

(11) $\int \cos\ln x\, dx = x\cos\ln x + \int x \sin\ln x \cdot \dfrac{1}{x} dx$

$\qquad = x\cos\ln x + \int \sin\ln x\, dx$

$\qquad = x\cos\ln x + x\sin\ln x - \int x\cos\ln x \cdot \dfrac{1}{x} dx$

$\qquad = x(\cos\ln x + \sin\ln x) - \int \cos\ln x\, dx.$

所以 $\int \cos\ln x\, dx = \dfrac{x}{2}(\cos\ln x + \sin\ln x) + C.$

2. （奇数号题解答）

(1) 令 $t = \sqrt{x}$，则 $x = t^2$，$dx = 2t dt.$

$\int \sin\sqrt{x}\, dx = 2\int t\sin t\, dt = -2t\cos t + 2\int \cos t\, dt = -2t\cos t + 2\sin t + C$

$\qquad = -2\sqrt{x}\cos\sqrt{x} + 2\sin\sqrt{x} + C.$

(3) 令 $t = \arccos x$，$t \in (0, \pi)$，则 $x = \cos t$，$\sqrt{1-x^2} = \sin t$，$dx = -\sin t\, dt$.

$$\int \frac{\arccos x}{(1-x^2)^{\frac{3}{2}}} dx = \int \frac{t}{\sin^3 t} \cdot (-\sin t) dt = \int t\, d\cot t = t \cot t - \int \frac{\cos t}{\sin t} dt$$

$$= t \cot t - \ln|\sin t| + C = \frac{x}{\sqrt{1-x^2}} \arccos x - \ln\sqrt{1-x^2} + C.$$

3. 利用分部积分公式，有

$$\int x f'(x) dx = \int x\, df(x) = x f(x) - \int f(x) dx.$$

因为 $f(x)$ 的一个原函数为 $\ln^2 x$，于是

$$\int f(x) dx = \ln^2 x + C.$$

所以

$$\int x f'(x) dx = x f(x) - \int f(x) dx = 2\ln x - \ln^2 x + C.$$

习题 5.4

（奇数号题解答）

(1) 因为

$$\frac{x^3}{x+3} = x^2 - 3x + 9 - \frac{27}{x+3},$$

所以

$$\int \frac{x^3}{x+3} dx = \int \left(x^2 - 3x + 9 - \frac{27}{x+3}\right) dx$$

$$= \frac{x^3}{3} - \frac{3x^2}{2} + 9x - 27\ln|x+3| + C.$$

(3) $\int \frac{x}{(x+1)(x+2)(x+3)} dx = \int \left(\frac{2}{x+2} - \frac{\frac{1}{2}}{x+1} - \frac{\frac{3}{2}}{x+3}\right) dx$

$$= 2\ln|x+2| - \frac{1}{2}\ln|x+1| - \frac{3}{2}\ln|x+3| + C.$$

(5) $\int \frac{1}{x(x^2+1)} dx = \int \left(\frac{1}{x} - \frac{x}{x^2+1}\right) dx = \int \frac{1}{x} dx - \int \frac{d(x^2+1)}{2(x^2+1)}$

$$= \ln|x| - \frac{1}{2}\ln(x^2+1) + C.$$

(7) 令 $t = \tan\frac{x}{2}$ $(-\pi < x < \pi)$，则 $\cos x = \frac{1-t^2}{1+t^2}$，$dx = \frac{2}{1+t^2} dt$，故

$$\int \frac{\mathrm{d}x}{3+\cos x} = \int \frac{1}{3+\frac{1-t^2}{1+t^2}} \cdot \frac{2}{1+t^2} \mathrm{d}t = \int \frac{1}{2+t^2} \mathrm{d}t = \frac{1}{\sqrt{2}} \arctan \frac{t}{\sqrt{2}} + C$$

$$= \frac{1}{\sqrt{2}} \arctan \left(\frac{1}{\sqrt{2}} \tan \frac{x}{2} \right) + C.$$

总习题五

A. 基础测试题

1. 填空题

(1) 令 $t = \ln x$，$x = \mathrm{e}^t$，则 $f'(t) = 1 + 2\mathrm{e}^t$，积分可得 $f(t) = t + 2\mathrm{e}^t + C$. 于是 $f(x) = x + 2\mathrm{e}^x + C$.

(2) $xf(x) = (x^2 \mathrm{e}^x + C)' = 2x\mathrm{e}^x + x^2 \mathrm{e}^x$，$f(x) = (2+x)\mathrm{e}^x$，所以

$$\int \frac{\mathrm{e}^x}{f(x)} \mathrm{d}x = \int \frac{1}{x+2} \mathrm{d}x = \ln|x+2| + C.$$

(3) $\displaystyle\int \frac{f'(\ln x)}{x \sqrt{f(\ln x)}} \mathrm{d}x = \int \frac{f'(\ln x)}{\sqrt{f(\ln x)}} \mathrm{d}\ln x = \int \frac{\mathrm{d}f(\ln x)}{\sqrt{f(\ln x)}} = 2\sqrt{f(\ln x)} + C.$

(4) $\displaystyle\int \frac{\ln \sin x}{\sin^2 x} \mathrm{d}x = -\int \ln \sin x \, \mathrm{d}\cot x = -\cot x \ln \sin x + \int \frac{\cot x \cos x}{\sin x} \mathrm{d}x$

$$= -\cot x \ln \sin x + \int \cot^2 x \, \mathrm{d}x = -\cot x \ln \sin x + \int (\csc^2 x - 1) \mathrm{d}x$$

$$= -\cot x \ln \sin x - \cot x - x + C.$$

(5) $\displaystyle\int x f''(x) \mathrm{d}x = \int x \, \mathrm{d}f'(x) = x f'(x) - \int f'(x) \mathrm{d}x = x f'(x) - f(x) + C.$

(6) 因为 $x \ln x$ 为 $f(x)$ 的一个原函数，所以 $f(x) = (x \ln x)' = \ln x + 1$.

$$\int x f(x) \mathrm{d}x = \int x (\ln x + 1) \mathrm{d}x = \frac{1}{2} \int (\ln x + 1) \mathrm{d}x^2$$

$$= \frac{1}{2} x^2 (\ln x + 1) - \frac{1}{2} \int x \, \mathrm{d}x = \frac{1}{2} x^2 (\ln x + 1) - \frac{1}{4} x^2 + C.$$

(7) 因为

$$\int \frac{f'(\ln x)}{x} \mathrm{d}x = \int f'(\ln x) \mathrm{d}\ln x = f(\ln x) + C,$$

所以，由 $f(\ln x) = x^2 + C$，有 $f(x) = \mathrm{e}^{2x} + C$.

(8) 当 $x \leqslant 0$ 时

$$\int \mathrm{e}^{-|x|} \mathrm{d}x = \int \mathrm{e}^x \mathrm{d}x = \mathrm{e}^x + C_1.$$

当 $x>0$ 时

$$\int e^{-|x|} dx = \int e^{-x} dx = -e^{-x} + C_2.$$

由原函数的连续性，得

$$\lim_{x\to 0^-}(e^x + C_1) = \lim_{x\to 0^+}(-e^{-x} + C_2),$$

即 $1+C_1=-1+C_2$，取 $C_1=C$，则 $C_2=2+C$. 所以

$$\int e^{-|x|} dx = \begin{cases} e^x + C, & x \leqslant 0 \\ -e^{-x} + 2 + C, & x > 0 \end{cases}.$$

(9) 因为 $F(x)$ 是 $\dfrac{\ln x}{x}$ 的一个原函数，所以 $F'(x) = \dfrac{\ln x}{x}$，于是

$$dF(\sin x) = F'(\sin x)\cos x\, dx = \frac{\ln \sin x}{\sin x}\cos x\, dx = \cot x \ln\sin x\, dx.$$

(10) 当 $x>0$ 时，$f(x) = e^x + C_1$；当 $x \leqslant 0$ 时，$f(x) = \dfrac{1}{2}x^2 + C_2$. 由于 $f(x)$ 可导，故其必连续，从而在 $x=0$ 处有

$$\lim_{x\to 0^+}(e^x + C_1) = \lim_{x\to 0^-}\left(\frac{1}{2}x^2 + C_2\right),$$

即 $1+C_1=C_2$，则 $C_1=-1+C_2$. 所以

$$f(x) = \begin{cases} e^x - 1 + C_2, & x > 0 \\ \dfrac{1}{2}x^2 + C_2, & x \leqslant 0 \end{cases}.$$

又 $f(1) = 2e = e - 1 + C_2$，得 $C_2 = e+1$，所以

$$f(x) = \begin{cases} e^x + e, & x > 0 \\ \dfrac{1}{2}x^2 + e + 1, & x \leqslant 0 \end{cases}.$$

2. 单项选择题

(1) $\int x f'(x) dx = \int x\, df(x) = xf(x) - \int f(x) dx$，而 $f(x)$ 的一个原函数为 $\dfrac{\ln x}{x}$，所以

$$f(x) = \left(\frac{\ln x}{x}\right)' = -\frac{\ln x}{x^2} + \frac{1}{x^2},\quad \int f(x) dx = \frac{\ln x}{x} + C,$$

故 $\int x f'(x) dx = xf(x) - \int f(x) dx = \dfrac{1}{x} - \dfrac{2\ln x}{x} + C$，选择选项（D）.

(2) 对 $\int f\left(\dfrac{1}{\sqrt{x}}\right)\mathrm{d}x = x^2 + C$ 两边求导，得 $f\left(\dfrac{1}{\sqrt{x}}\right) = 2x$. 令 $t = \dfrac{1}{\sqrt{x}}$，则 $x = \dfrac{1}{t^2}$，$f(t) = \dfrac{2}{t^2}$，所以 $\int f(x)\mathrm{d}x = \int \dfrac{2}{x^2}\mathrm{d}x = -\dfrac{2}{x} + C$，选择选项（C）.

(3) $f(x) = (x^2 \mathrm{e}^{2x})' = 2x\mathrm{e}^{2x} + 2x^2\mathrm{e}^{2x} = 2x\mathrm{e}^{2x}(1+x)$，故选择选项（D）.

(4) 由 $f'(x) = \sin x$，积分得 $f(x) = -\cos x + C$，又由 $f(0) = 0$ 可得 $C = 1$. 故选择选项（D）.

(5) 由 $f'(\sin^2 x) = \cos^2 x = 1 - \sin^2 x$，得 $f'(x) = 1 - x$，积分得 $f(x) = x - \dfrac{1}{2}x^2 + C$. 故选择选项（B）.

(6) 当 $x > 0$ 时，$f(x) = \sin x$，$f(x)$ 的原函数 $F(x) = -\cos x + C_1$.

当 $x \leqslant 0$ 时，$f(x) = -\sin x$，$f(x)$ 的原函数 $F(x) = \cos x + C_2$.

由 $f(x)$ 在 $x = 0$ 连续，有 $\lim\limits_{x \to 0^+} F(x) = \lim\limits_{x \to 0^-} F(x)$，即 $-1 + C_1 = 1 + C_2$，则 $C_1 = 2 + C_2$. 取 $C_2 = C$，得 $f(x)$ 的原函数为

$$F(x) = \begin{cases} -\cos x + 2 + C, & x > 0 \\ \cos x + C, & x \leqslant 0 \end{cases}.$$

故选择选项（D）.

(7) $\int f(b - ax)\mathrm{d}x = -\dfrac{1}{a}\int f(b - ax)\mathrm{d}(b - ax) = -\dfrac{1}{a}F(b - ax) + C$. 故选择选项（B）.

(8) 由 $\int f(x)\mathrm{d}x = x^2 + C$，两边求导，得 $f(x) = 2x$，所以 $\int xf(-x^2)\mathrm{d}x = -2\int x^3 \mathrm{d}x = -\dfrac{1}{2}x^4 + C$. 故选择选项（B）.

(9) 由 $\int f(x)\mathrm{d}x = F(x) + C$ 有 $F'(x) = f(x)$，则 $F'(t) = f(t)$，所以 $\int f(t)\mathrm{d}t = F(t) + C$. 故选择选项（A）.

(10) 由不定积分与导数之间的关系知 $\mathrm{d}\int f(x)\mathrm{d}x = f(x)\mathrm{d}x$. 故选择选项（D）.

3. (1) $\int \mathrm{e}^{\sin x}\sin 2x\,\mathrm{d}x = \int 2\sin x\,\mathrm{d}\mathrm{e}^{\sin x} = 2\sin x\,\mathrm{e}^{\sin x} - 2\int \mathrm{e}^{\sin x}\cos x\,\mathrm{d}x$

$\qquad = 2\sin x\,\mathrm{e}^{\sin x} - 2\int \mathrm{e}^{\sin x}\,\mathrm{d}\sin x = 2\sin x\,\mathrm{e}^{\sin x} - 2\mathrm{e}^{\sin x} + C.$

(2) 令 $x = \tan t$，$\mathrm{d}x = \sec^2 t\,\mathrm{d}t$，则

$$\int \dfrac{\mathrm{d}x}{(2x^2 + 1)\sqrt{x^2 + 1}} = \int \dfrac{\sec^2 t\,\mathrm{d}t}{(2\tan^2 t + 1)\sec t} = \int \dfrac{\cos t}{1 + \sin^2 t}\mathrm{d}t = \int \dfrac{\mathrm{d}\sin t}{1 + \sin^2 t}$$

$$= \arctan(\sin t) + C = \arctan \dfrac{x}{\sqrt{1 + x^2}} + C.$$

(3) $\int \dfrac{x\ln x}{(x^2+3)^2}\mathrm{d}x = \dfrac{1}{2}\int \dfrac{\ln x}{(x^2+3)^2}\mathrm{d}(x^2+3) = -\dfrac{1}{2}\int \ln x\, \mathrm{d}\left(\dfrac{1}{x^2+3}\right)$

$\qquad = -\dfrac{1}{2}\dfrac{\ln x}{x^2+3} + \dfrac{1}{2}\int \dfrac{1}{x(x^2+3)}\mathrm{d}x$

$\qquad = -\dfrac{1}{2}\dfrac{\ln x}{x^2+3} + \dfrac{1}{6}\int \dfrac{x^2+3-x^2}{x(x^2+3)}\mathrm{d}x$

$\qquad = -\dfrac{1}{2}\dfrac{\ln x}{x^2+3} + \dfrac{1}{6}\int \left(\dfrac{1}{x}-\dfrac{x}{x^2+3}\right)\mathrm{d}x$

$\qquad = -\dfrac{\ln x}{2(x^2+3)} + \dfrac{1}{6}\ln x - \dfrac{1}{12}\ln(x^2+3) + C.$

(4) $\int \dfrac{\sin\ln x}{x^2}\mathrm{d}x = -\int \sin\ln x\,\mathrm{d}\left(\dfrac{1}{x}\right) = -\dfrac{\sin\ln x}{x} + \int \dfrac{\cos\ln x}{x^2}\mathrm{d}x$

$\qquad = -\dfrac{\sin\ln x}{x} - \int \cos\ln x\,\mathrm{d}\left(\dfrac{1}{x}\right)$

$\qquad = -\dfrac{\sin\ln x}{x} - \dfrac{\cos\ln x}{x} - \int \dfrac{\sin\ln x}{x^2}\mathrm{d}x.$

解方程得 $\int \dfrac{\sin\ln x}{x^2}\mathrm{d}x = -\dfrac{1}{2x}(\sin\ln x + \cos\ln x) + C.$

4. (1) 令 $x = \sec t$，$\mathrm{d}x = \sec t\tan t\,\mathrm{d}t$，则

$$\int \dfrac{1}{x\sqrt{x^2-1}}\mathrm{d}x = \int \dfrac{1}{\sec t\tan t}\sec t\tan t\,\mathrm{d}t = \int \mathrm{d}t = t + C = \arccos\dfrac{1}{x} + C.$$

(2) 令 $x = \dfrac{1}{t}$，$\mathrm{d}x = -\dfrac{1}{t^2}\mathrm{d}t$，则

$$\int \dfrac{1}{x\sqrt{x^2-1}}\mathrm{d}x = \int \dfrac{t}{\sqrt{\dfrac{1}{t^2}-1}}\left(-\dfrac{1}{t^2}\right)\mathrm{d}t = -\int \dfrac{1}{\sqrt{1-t^2}}\mathrm{d}t$$

$$= -\arcsin t + C = -\arcsin\dfrac{1}{x} + C.$$

(3) 令 $x = \sqrt{t^2+1}$，则 $t^2 = x^2-1$，$x\,\mathrm{d}x = t\,\mathrm{d}t$.

$$\int \dfrac{1}{x\sqrt{x^2-1}}\mathrm{d}x = \int \dfrac{x\,\mathrm{d}x}{x^2\sqrt{x^2-1}} = \int \dfrac{t\,\mathrm{d}t}{(t^2+1)t} = \int \dfrac{\mathrm{d}t}{1+t^2} = \arctan t + C$$

$$= \arctan\sqrt{x^2-1} + C.$$

5. $\int x^3 f'(x)\mathrm{d}x = \int x^3\,\mathrm{d}f(x) = x^3 f(x) - \int 3x^2 f(x)\,\mathrm{d}x.$

而 $f(x)$ 的一个原函数为 $\dfrac{\sin x}{x}$，所以

$$f(x) = \left(\frac{\sin x}{x}\right)' = -\frac{\sin x}{x^2} + \frac{\cos x}{x},$$

于是

$$\int 3x^2 f(x) \mathrm{d}x = \int (-3\sin x + 3x\cos x) \mathrm{d}x = 3\cos x + 3x\sin x - 3\int \sin x \, \mathrm{d}x$$
$$= 3\cos x + 3x\sin x + 3\cos x + C = 6\cos x + 3x\sin x + C.$$

所以

$$\int x^3 f'(x) \mathrm{d}x = x^3 f(x) - \int 3x^2 f(x) \mathrm{d}x$$
$$= -x\sin x + x^2 \cos x - 6\cos x - 3x\sin x + C$$
$$= (x^2 - 6)\cos x - 4x\sin x + C.$$

6. 对 $\int x f(x) \mathrm{d}x = \arcsin x + C$ 两边求导，得 $f(x) = \dfrac{1}{x\sqrt{1-x^2}}$，所以

$$\int \frac{1}{f(x)} \mathrm{d}x = \int x\sqrt{1-x^2} \, \mathrm{d}x = -\frac{1}{2}\int \sqrt{1-x^2} \, \mathrm{d}(1-x^2) = -\frac{1}{3}(1-x^2)^{\frac{3}{2}} + C.$$

7. 因为 $f'(\sin^2 x) = \cos 2x + 2\tan^2 x = 1 - 2\sin^2 x + \dfrac{\sin^2 x}{1-\sin^2 x}$，所以

$$f'(x) = 1 - 2x + \frac{x}{1-x} = \frac{1}{1-x} - 2x.$$

因此

$$f(x) = \int f'(x) \mathrm{d}x = \int \left(\frac{1}{1-x} - 2x\right) \mathrm{d}x = -\ln(1-x) - x^2 + C.$$

8. (1) 取 $u = x^n$，$v' = b^{ax}$，$\mathrm{d}v = \mathrm{d}\left(\dfrac{b^{ax}}{a\ln b}\right)$，于是

$$I_n = \int x^n b^{ax} \mathrm{d}x = \frac{x^n b^{ax}}{a\ln b} - \int \frac{nx^{n-1} b^{ax}}{a\ln b} \mathrm{d}x = \frac{x^n b^{ax}}{a\ln b} - \frac{n}{a\ln b} I_{n-1},$$

所以，递推公式为 $I_n = \dfrac{x^n b^{ax}}{a\ln b} - \dfrac{n}{a\ln b} I_{n-1}$，初值 $I_0 = \int b^{ax} \mathrm{d}x = \dfrac{b^{ax}}{a\ln b} + C$.

(2) 由三角公式 $\tan^2 x = \sec^2 x - 1$，有

$$I_n = \int \tan^n x \, \mathrm{d}x = \int \tan^{n-2} x (\sec^2 x - 1) \mathrm{d}x$$
$$= \int \tan^{n-2} x \, \mathrm{d}\tan x - \int \tan^{n-2} x \, \mathrm{d}x = \frac{1}{n-1} \tan^{n-1} x - I_{n-2},$$

所以，递推公式为 $I_n = \dfrac{1}{n-1} \tan^{n-1} x - I_{n-2}$.

初值 $I_1 = \int \tan x \, \mathrm{d}x = -\ln|\cos x| + C$；$I_0 = \int \mathrm{d}x = x + C$.

B. 考研提高题

1. 设 $\mathrm{e}^x = t$，则 $x = \ln t$，从而 $f'(t) = \dfrac{\ln t}{t}$. 因为

$$\int f'(x) \mathrm{d}x = f(x) + C,$$

所以有

$$\int \frac{\ln x}{x} \mathrm{d}x = \int \ln x \, \mathrm{d}\ln x = \frac{1}{2}\ln^2 x + C_1 = f(x) + C_2.$$

故

$$f(x) = \frac{1}{2}\ln^2 x + C_1 - C_2.$$

由于 $f(1) = 0$，故取 $C_1 - C_2 = 0$，所以

$$f(x) = \frac{1}{2}\ln^2 x.$$

2. 方程 $\int f'(x^3) \mathrm{d}x = x^3 + C$ 两边同时对 x 求导，得

$$f'(x^3) = 3x^2.$$

令 $t = x^3$，得 $x = t^{\frac{1}{3}}$，$f'(t) = 3t^{\frac{2}{3}}$，于是

$$f(t) = \int 3t^{\frac{2}{3}} \mathrm{d}t = \frac{9}{5} t^{\frac{5}{3}} + C.$$

所以

$$f(x) = \frac{9}{5} x^{\frac{5}{3}} + C.$$

3. 因为 $\dfrac{\cos x}{x}$ 为 $f(x)$ 的一个原函数，所以

$$\int f(x) \mathrm{d}x = \frac{\cos x}{x} + C,$$

故

$$\int x f'(x) \mathrm{d}x = \int x \, \mathrm{d}f(x) = x f(x) - \int f(x) \mathrm{d}x = x f(x) - \frac{\cos x}{x} + C.$$

4. 当 $0 < x \leqslant 1$ 时

$$f(\ln x) = \int f'(\ln x) \mathrm{d}\ln x = \int 1 \mathrm{d}\ln x = \ln x + C,$$

由 $f(x)$ 连续及 $f(0)=0$ 得 $f(x)=x$.

当 $1 < x < +\infty$ 时

$$f(\ln x) = \int f'(\ln x) \mathrm{d}\ln x = \int x \mathrm{d}\ln x = \int \mathrm{d}x = x + C,$$

从而 $f(x) = \mathrm{e}^x + C$，由 $f(x)$ 连续，得 $f(x) = \mathrm{e}^x + 1 - \mathrm{e}$. 故

$$f(x) = \begin{cases} x, & 0 < x \leqslant 1 \\ \mathrm{e}^x + 1 - \mathrm{e}, & 1 < x < +\infty \end{cases}.$$

5. 当 $x < 0$ 时，有

$$F(x) = \int f(x) \mathrm{d}x = \int \sin 2x \mathrm{d}x = -\frac{1}{2}\cos 2x + C_1.$$

当 $x > 0$ 时，有

$$F(x) = \int f(x) \mathrm{d}x = \int \ln(2x+1) \mathrm{d}x = x\ln(2x+1) - \int x \cdot \frac{2}{2x+1} \mathrm{d}x$$

$$= x\ln(2x+1) - x + \frac{1}{2}\ln(2x+1) + C_2.$$

因 $\lim\limits_{x \to 0^-} F(x) = -\frac{1}{2} + C_1$，$\lim\limits_{x \to 0^+} F(x) = C_2$，故 $C_2 = C_1 - \frac{1}{2}$. 因而，给 C_1 不同的值，便可得到 $f(x)$ 的不同原函数：

$$F(x) = \begin{cases} -\frac{1}{2}\cos 2x + C_1, & x < 0 \\ 0, & x = 0 \\ x\ln(2x+1) + \frac{1}{2}\ln(2x+1) - x + C_1 - \frac{1}{2}, & x > 0 \end{cases}.$$

6. (1) 令 $\mathrm{e}^x = t$，则 $x = \ln t$，$\mathrm{d}x = \frac{1}{t}\mathrm{d}t$，从而

$$\int \frac{x\mathrm{e}^x}{(\mathrm{e}^x+1)^2} \mathrm{d}x = \int \frac{t\ln t}{(t+1)^2} \frac{1}{t}\mathrm{d}t = \int \frac{\ln t}{(t+1)^2} \mathrm{d}t$$

$$= \int \ln t \, \mathrm{d}\left(-\frac{1}{t+1}\right) = -\frac{\ln t}{1+t} + \int \frac{1}{t+1} \cdot \frac{1}{t} \mathrm{d}t$$

$$= -\frac{\ln t}{t+1} + \int \left(\frac{1}{t} - \frac{1}{t+1}\right) \mathrm{d}t = -\frac{\ln t}{t+1} + \ln t - \ln(t+1) + C$$

$$= \frac{xe^x}{e^x+1} - \ln(e^x+1) + C.$$

(2) 令 $x = \tan t$，则 $dx = \sec^2 t\, dt$，于是

$$\int \frac{1}{x^4\sqrt{1+x^2}} dx = \int \frac{\cos^3 t}{\sin^4 t} dt = \int \frac{1-\sin^2 t}{\sin^4 t} d\sin t = \int \frac{d\sin t}{\sin^4 t} - \int \frac{d\sin t}{\sin^2 t}$$

$$= -\frac{1}{3}(\sin t)^{-3} + \frac{1}{\sin t} + C$$

$$= -\frac{\sqrt{(1+x^2)^3}}{3x^3} + \frac{\sqrt{1+x^2}}{x} + C.$$

(3) 令 $\sqrt{x} = \sin u$，则 $x = \sin^2 u$，$dx = 2\sin u \cos u\, du$，于是

$$\int \frac{\arcsin\sqrt{x}}{\sqrt{1-x}} dx = \int \frac{u}{\cos u} \cdot 2\sin u \cos u\, du$$

$$= -2\int u\, d\cos u = -2\left(u\cos u - \int \cos u\, du\right)$$

$$= -2u\cos u + 2\sin u + C$$

$$= -2\sqrt{1-x}\arcsin\sqrt{x} + 2\sqrt{x} + C.$$

第 6 章　定积分

定积分是特定结构和式的极限，它具有广泛的应用．学习中要注意理解定积分的概念，掌握定积分的计算方法和定积分的应用．

一、知识要点

本章各节的主要内容和学习要点如表 6-1 所示．

表 6-1　定积分的主要内容与学习要点

章节	主要内容	学习要点
6.1　定积分的概念与性质	定积分的概念与几何意义	★定积分的概念与几何意义
	定积分的性质	★定积分的性质及应用
6.2　微积分基本定理	原函数存在定理	★原函数存在定理，求变上限函数的导数
	微积分基本公式	★微积分基本公式及应用
6.3　定积分的计算	定积分的换元积分法	★定积分的换元积分法及应用
	定积分的分部积分法	★定积分的分部积分法及应用
6.4　反常积分	无穷限的反常积分	☆无穷限的反常积分的概念与计算
	无界函数的反常积分	☆无界函数的反常积分的概念与计算
6.5　定积分的应用	定积分的几何应用	★定积分应用的微元法 ☆平面图形面积和旋转体体积的计算
	定积分在经济学中的应用	☆定积分在经济学中的应用

二、要点剖析

1. 定积分的概念

定积分的概念是积分学的核心，对定积分概念的正确理解是学习积分学其他概念的基础．

（1）定积分概念的形成源于对平面图形面积的求解，求曲边梯形面积的基本方法是"分割、取近似、求和、取极限"，其中关键是局部近似代替，它是构成定积分表达式的核心,也是定积分应用的基础.

(2) 定积分是一种特定和式的极限 $\int_a^b f(x)dx = \lim_{\lambda \to 0} \sum_{i=1}^n f(\xi_i)\Delta x_i$,其结果是一个数. 在定积分的定义中,应注意积分区间的分法和各小区间上点 ξ_i 的取法都是任意的,即 $\lim_{\lambda \to 0} \sum_{i=1}^n f(\xi_i)\Delta x_i$ 的值与区间的分法和各小区间上点 ξ_i 的取法无关.

(3) 定积分 $\int_a^b f(x)dx$ 只与被积函数 $f(x)$ 以及积分区间 $[a,b]$ 有关,而与积分变量无关,即 $\int_a^b f(x)dx = \int_a^b f(t)dt = \int_a^b f(u)du$.

(4) 定积分 $\int_a^b f(x)dx$ 的几何意义是:由曲线 $y=f(x)$ 与 x 轴、$x=a$、$x=b$ 所围成的曲边图形面积的代数和.

2. 定积分的性质

定积分的性质主要有线性性质、可加性、比较性质、绝对值性质、估值性质和定积分中值定理,见表 6-2.

表 6-2 定积分的性质

名称	内容
线性性质	若函数 $f(x)$ 与 $g(x)$ 在 $[a,b]$ 上可积,α,β 为常数,则 $$\int_a^b [\alpha f(x) \pm \beta g(x)]dx = \alpha \int_a^b f(x)dx \pm \beta \int_a^b g(x)dx.$$
可加性	若函数 $f(x)$ 在 $[a,b]$ 上可积,则 $$\int_a^b f(x)dx = \int_a^c f(x)dx + \int_c^b f(x)dx.$$
比较性质	若函数 $f(x)$ 与 $g(x)$ 在 $[a,b]$ 上可积,且 $f(x) \geqslant g(x)$,则 $$\int_a^b f(x)dx \geqslant \int_a^b g(x)dx.$$
绝对值性质	若 $f(x)$ 在 $[a,b]$ 上可积,则 $$\left| \int_a^b f(x)dx \right| \leqslant \int_a^b |f(x)|dx.$$
估值性质	若 $f(x)$ 在 $[a,b]$ 上连续,M 与 m 分别是 $f(x)$ 在 $[a,b]$ 上的最大值与最小值,则 $$m(b-a) \leqslant \int_a^b f(x)dx \leqslant M(b-a).$$
定积分中值定理	若 $f(x)$ 在 $[a,b]$ 上连续,则至少存在一点 $\xi \in [a,b]$,使得 $$\int_a^b f(x)dx = f(\xi)(b-a).$$

定积分的线性性质和可加性主要用于定积分的计算,定积分的比较性质主要用于估计积分值,而定积分中值定理是学习的重点.

在定积分中值定理中 $f(x)$ 在闭区间 $[a,b]$ 上连续是必不可少的条件,而且不论 $a<b$ 还是 $a>b$,结论 $\int_a^b f(x)\mathrm{d}x=f(\xi)(b-a)$ 均成立.

定积分中值定理的几何意义是:曲线 $y=f(x)$ 在底 $[a,b]$ 上所围成的曲边梯形面积等于同一底边而高为 $f(\xi)$ 的矩形的面积,即数值 $\mu=\dfrac{1}{b-a}\int_a^b f(x)\mathrm{d}x$ 表示连续曲线 $y=f(x)$ 在 $[a,b]$ 上的平均高度,也就是函数 $f(x)$ 在 $[a,b]$ 上的平均值,这是有限个数的平均值概念的推广.

3. 原函数存在定理与微积分基本公式

原函数存在定理是积分学的理论基础,微积分基本公式是微积分中最重要的公式,是积分学与微分学之间搭建的桥梁. 其内容见表 6-3.

表 6-3 原函数存在定理与微积分基本公式

名称	定理
微积分基本定理	若函数 $f(x)$ 在区间 $[a,b]$ 上连续,则变上限积分函数 $\Phi(x)=\int_a^x f(t)\mathrm{d}t$ 在 $[a,b]$ 上可导,且 $\Phi'(x)=\dfrac{\mathrm{d}}{\mathrm{d}x}\left(\int_a^x f(t)\mathrm{d}t\right)=f(x)\ (a\leqslant x\leqslant b)$.
原函数存在定理	如果函数 $f(x)$ 在区间 $[a,b]$ 上连续,则变上限积分函数 $\Phi(x)=\int_a^x f(t)\mathrm{d}t$ 就是 $f(x)$ 在区间 $[a,b]$ 上的一个原函数.
微积分基本公式	设函数 $f(x)$ 在闭区间 $[a,b]$ 上连续,又 $F(x)$ 是 $f(x)$ 的一个原函数,则有 $\int_a^b f(x)\mathrm{d}x=F(b)-F(a).$
变限积分函数求导	若函数 $\varphi(x),\psi(x)$ 可微,函数 $f(x)$ 连续,则 (1) $\dfrac{\mathrm{d}}{\mathrm{d}x}\left(\int_x^a f(t)\mathrm{d}t\right)=\dfrac{\mathrm{d}}{\mathrm{d}x}\left(-\int_a^x f(t)\mathrm{d}t\right)=-f(x).$ (2) $\dfrac{\mathrm{d}}{\mathrm{d}x}\left(\int_a^{\varphi(x)} f(t)\mathrm{d}t\right)=f[\varphi(x)]\varphi'(x).$ (3) $\dfrac{\mathrm{d}}{\mathrm{d}x}\left(\int_{\psi(x)}^{\varphi(x)} f(t)\mathrm{d}t\right)=\dfrac{\mathrm{d}}{\mathrm{d}x}\left(\int_{\psi(x)}^a f(t)\mathrm{d}t+\int_a^{\varphi(x)} f(t)\mathrm{d}t\right)$ $=f[\varphi(x)]\varphi'(x)-f[\psi(x)]\psi'(x).$

(1) 原函数存在定理要点解析.

原函数存在定理具有重要的理论意义,其重要性体现在以下几点:

① 它给出了原函数存在的一个广泛适用且易于判定的充分条件,即函数为连续函数.

② 它在微分学与积分学之间搭建了一座桥梁,即 $\mathrm{d}\int_a^x f(t)\mathrm{d}t=f(x),\int_a^x \mathrm{d}f(t)=f(x)-f(a)$,揭示了定积分与微分之间的内在联系,微分运算恰是求变上限定积分运算的逆运算.

③ 它扩大了函数研究的范围,给出了用变上限积分表示函数的新方法.

(2) 微积分基本公式要点解析.

微积分基本公式在定积分与原函数这两个本来似乎不相干的概念之间建立起了定量关系,这不仅为定积分计算找到了一条简捷的途径,在理论上把微分学与积分学联系了起来,而且将微分中值定理与积分中值定理联系到了一起,如下所示:

$$\underbrace{\int_a^b f(x)\mathrm{d}x = f(\xi)(b-a)}_{\text{积分中值定理}} = \underbrace{F'(\xi)(b-a) = F(b) - F(a)}_{\text{微分中值定理}}$$

$$\overbrace{\qquad\qquad\qquad\qquad\qquad\qquad\qquad\qquad}^{\text{微积分基本公式}}$$

所以微积分基本公式是微积分中最重要的公式.

4. 定积分的积分法

定积分的积分法主要包括用微积分基本公式直接求积分、定积分的换元积分法、定积分的分部积分法. 内容见表 6-4.

表 6-4 定积分的积分法

积分方法	定理内容	对象特征
直接积分法	将被积函数经过变形转化为积分公式中的形式,确定其原函数 $F(x)$,再利用基本公式计算 $\int_a^b f(x)\mathrm{d}x = F(b) - F(a)$.	简单函数和
换元积分法	设 $f(x)$ 在 $[a,b]$ 上连续,变换 $x = \varphi(t)$ 在区间 $[\alpha, \beta]$ 上有连续导数,$\varphi(\alpha) = a$,$\varphi(\beta) = b$,且当 t 在 $[\alpha, \beta]$ 上变化时 $x = \varphi(t)$ 的值在区间 $[a,b]$ 上变化,则有换元公式 $\int_a^b f(x)\mathrm{d}x = \int_\alpha^\beta f[\varphi(t)]\varphi'(t)\mathrm{d}t$.	含无理式
分部积分法	设函数 $u = u(x)$ 与 $v = v(x)$ 在区间 $[a,b]$ 上有连续导数,则 $\int_a^b uv'\mathrm{d}x = uv\Big|_a^b - \int_a^b vu'\mathrm{d}x$.	乘积函数

(1) 定积分的换元积分法.

在不进行代换的前提下,可以利用凑微分法直接求定积分,即先对所求的积分凑微分,不引入新的变量,直接求出原函数,然后利用微积分基本公式求定积分.

$$\int_a^b f[\varphi(x)]\varphi'(x)\mathrm{d}x = \int_a^b f[\varphi(x)]\mathrm{d}\varphi(x) = F[\varphi(x)]\Big|_a^b = F[\varphi(b)] - F[\varphi(a)].$$

换元积分法的使用形式为 $\int_a^b f(x)\mathrm{d}x = \int_\alpha^\beta f[\varphi(t)]\varphi'(t)\mathrm{d}t$,应用中须注意:

① 换元要换限,(原)上限对(新)上限,(原)下限对(新)下限.

② 换元积分法主要处理被积函数中含有根式 $\sqrt{a^2-x^2}$,$\sqrt{a^2+x^2}$,$\sqrt{x^2-a^2}$,$\sqrt[n]{ax+b}$ 等的积分问题.

③ 使用积分换元法的关键是恰当地选择变换函数 $x = \varphi(t)$,对于 $x = \varphi(t)$,要求其

单调可导，$\varphi'(t)\neq 0$，且其反函数 $t=\varphi^{-1}(x)$ 存在．常见的代换式如表 6-5 所示．

表 6-5

积分类型	变换式	积分类型	变换式
$\int_c^d f(\sqrt{a^2-x^2})\mathrm{d}x$	$x=a\sin t$	$\int_c^d f(\sqrt{x^2+a^2})\mathrm{d}x$	$x=a\tan t$
$\int_c^d f(\sqrt{x^2-a^2})\mathrm{d}x$	$x=a\sec t$	$\int_c^d f(\sqrt[n]{ax+b})\mathrm{d}x$	$\sqrt[n]{ax+b}=t$

（2）定积分的分部积分法．

通过分部积分公式 $\int_a^b uv'\mathrm{d}x=uv\big|_a^b-\int_a^b vu'\mathrm{d}x$，可以将求 $\int_a^b u\mathrm{d}v$ 的积分问题转化为求 $\int_a^b v\mathrm{d}u$ 的积分问题．当后面这个积分较容易求时，分部积分公式就起到了化难为易的作用．

运用好分部积分法的关键是恰当地选择 u 和 $\mathrm{d}v$，一般要考虑如下两点：

① v 要容易凑成微分形式；

② $\int_a^b v\mathrm{d}u$ 要比 $\int_a^b u\mathrm{d}v$ 简单易求．

可以用分部积分法求解的常见的积分类型及 u 和 $\mathrm{d}v$ 的选取原则见表 6-6．

表 6-6

积分类型	u 和 $\mathrm{d}v$ 的选取原则
$\int_c^d x^n \mathrm{e}^{ax}\mathrm{d}x$	$u=x^n$，$\mathrm{d}v=\mathrm{e}^{ax}\mathrm{d}x$
$\int_c^d x^n \sin ax\mathrm{d}x$，$\int_c^d x^n \cos ax\mathrm{d}x$	$u=x^n$，$\mathrm{d}v=\sin ax\mathrm{d}x$，$\mathrm{d}v=\cos ax\mathrm{d}x$
$\int_c^d x^n \ln x\mathrm{d}x$	$u=\ln x$，$\mathrm{d}v=x^n\mathrm{d}x$
$\int_c^d x^n \arcsin x\mathrm{d}x$，$\int_c^d x^n \arctan x\mathrm{d}x$	$u=\arcsin x$，$u=\arctan x$，$\mathrm{d}v=x^n\mathrm{d}x$
$\int_c^d \mathrm{e}^{ax}\sin bx\mathrm{d}x$，$\int_c^d \mathrm{e}^{ax}\cos bx\mathrm{d}x$	$u=\sin bx$，$\cos bx$ 或 $u=\mathrm{e}^{ax}$ 均可

注：上述情况将 x^n 改为常数，以及将 x^n 换为多项式 $P_n(x)$ 时仍成立．

（3）常用的积分性质与公式．

求定积分时两个常用的积分性质与公式见表 6-7．

表 6-7 常用的积分性质与公式

名称	内容
奇偶函数积分性质	设 $f(x)$ 在对称区间 $[-a,a]$ 上连续，则 （1）当 $f(x)$ 为偶函数时，$\int_{-a}^a f(x)\mathrm{d}x=2\int_0^a f(x)\mathrm{d}x$； （2）当 $f(x)$ 为奇函数时，$\int_{-a}^a f(x)\mathrm{d}x=0$．

续表

名称	内容
积分公式	设 $I_n = \int_0^{\frac{\pi}{2}} \sin^n x \, dx$ (n 为正整数)，则 (1) 当 n 为偶数时，$I_n = \dfrac{n-1}{n} \cdot \dfrac{n-3}{n-2} \cdot \cdots \cdot \dfrac{3}{4} \cdot \dfrac{1}{2} \cdot \dfrac{\pi}{2}$. (2) 当 n 为奇数时，$I_n = \dfrac{n-1}{n} \cdot \dfrac{n-3}{n-2} \cdot \cdots \cdot \dfrac{4}{5} \cdot \dfrac{2}{3} \cdot 1$.

5. 无穷限的反常积分

对于无穷限的反常积分的研究，是先在有限区间上得到定积分，通过考察定积分的极限，让积分区间扩大到给定的区间，如果极限存在，则反常积分收敛，否则反常积分发散，即无穷限的反常积分的计算就是先计算定积分再求极限．无穷限的反常积分有三类：

(1) $\int_a^{+\infty} f(x) \, dx = \lim\limits_{b \to +\infty} \int_a^b f(x) \, dx$；

(2) $\int_{-\infty}^b f(x) \, dx = \lim\limits_{a \to -\infty} \int_a^b f(x) \, dx$；

(3) $\int_{-\infty}^{+\infty} f(x) \, dx = \int_{-\infty}^c f(x) \, dx + \int_c^{+\infty} f(x) \, dx$.

需要指明的是，在第三类 $\int_{-\infty}^{+\infty} f(x) \, dx = \int_{-\infty}^c f(x) \, dx + \int_c^{+\infty} f(x) \, dx$ 中，只有当 $\int_c^{+\infty} f(x) \, dx$ 与 $\int_{-\infty}^c f(x) \, dx$ 同时收敛时，反常积分 $\int_{-\infty}^{+\infty} f(x) \, dx$ 才收敛．

与定积分类似，定积分的许多特性可以应用于无穷限的反常积分，即无穷限的反常积分也有类似于定积分的微积分基本公式、线性运算法则、换元积分法与分部积分法等，但要注意每一步运算过程必须是收敛的．

设 $F(x)$ 为 $f(x)$ 的原函数，若极限 $\lim\limits_{x \to \pm \infty} F(x)$ 存在，记 $F(\pm \infty) = \lim\limits_{x \to \pm \infty} F(x)$，则有反常积分公式：

(1) $\int_a^{+\infty} f(x) \, dx = F(x) \Big|_a^{+\infty} = F(+\infty) - F(a)$；

(2) $\int_{-\infty}^b f(x) \, dx = F(x) \Big|_{-\infty}^b = F(b) - F(-\infty)$；

(3) $\int_{-\infty}^{+\infty} f(x) \, dx = F(x) \Big|_{-\infty}^{+\infty} = F(+\infty) - F(-\infty)$.

若所讨论的无穷限反常积分都收敛，则有：

(1) 线性运算：$\int_a^{+\infty} [\alpha f(x) + \beta g(x)] \, dx = \alpha \int_a^{+\infty} f(x) \, dx + \beta \int_a^{+\infty} g(x) \, dx$；

(2) 分部积分公式：$\int_a^{+\infty} uv' \, dx = uv \Big|_a^{+\infty} - \int_a^{+\infty} u'v \, dx$.

6. 无界函数的反常积分

对于无界函数的反常积分的研究，是先在使函数有界的区间上得到定积分，再通过考察定积分的极限，让积分区间扩大到给定的区间，因此无界函数的反常积分的计算也是先计算定积分再求极限．无界函数的反常积分有三类：

(1) $x=b$ 为瑕点，$\int_a^b f(x)\mathrm{d}x = \lim\limits_{\varepsilon\to 0^+}\int_a^{b-\varepsilon} f(x)\mathrm{d}x$；

(2) $x=a$ 为瑕点，$\int_a^b f(x)\mathrm{d}x = \lim\limits_{\varepsilon\to 0^+}\int_{a+\varepsilon}^b f(x)\mathrm{d}x$；

(3) $x=c$ $(a<c<b)$ 为瑕点，$\int_a^b f(x)\mathrm{d}x = \int_a^c f(x)\mathrm{d}x + \int_c^b f(x)\mathrm{d}x$．

需要指明的是，无界函数的反常积分的形式与定积分类似，因此一定要注意区分所求积分是定积分还是无界函数的反常积分．

瑕积分具有类似于定积分的性质，计算瑕积分时，若瑕积分收敛，可以类似地使用定积分的微积分基本公式、换元积分法和分部积分法，但须指出瑕点，以与定积分区分，并且被积函数在瑕点处的值可利用初等函数的连续性来求．

7. 微元法

微元法是定积分应用的简化方法，微元法的关键就是确定微元．微元法是定积分应用的核心，通过微元法可以得到平面图形的面积公式、旋转体的体积公式，以及一些物理量和经济问题的解答．微元法的要点见表6-8．

表6-8 定积分应用的微元法

微元法求解的量的特征	(1) 所求量 F 与一个给定区间 $[a,b]$ 有关； (2) 所求量 F 对区间 $[a,b]$ 具有可加性 $F=\sum\limits_{i=1}^{n}\Delta F_i$ $(i=1,2,\cdots,n)$； (3) 部分量 ΔF_i 可以近似表示为 $\Delta F_i \approx f(\xi_i)\Delta x_i$，$x_{i-1}\leqslant \xi_i \leqslant x_i$．
微元法的基本步骤	(1) 求微元：在区间 $[a,b]$ 上任取子区间 $[x,x+\mathrm{d}x]$，确定部分量的近似代替量 $\Delta F \approx f(x)\mathrm{d}x$，即微元 $\mathrm{d}F=f(x)\mathrm{d}x$； (2) 求积分：将微元 $\mathrm{d}F$ 在 $[a,b]$ 上积分，得积分表达式 $F=\int_a^b f(x)\mathrm{d}x$．

(1) 微元 $\mathrm{d}F=f(x)\mathrm{d}x$ 的要点解析．

① $f(x)\mathrm{d}x$ 作为 ΔF 的近似表达式，应该足够准确，确切地说，就是要求其差是关于 Δx 的高阶无穷小，即 $\Delta F - f(x)\mathrm{d}x = o(\Delta x)$，微元 $f(x)\mathrm{d}x$ 实际上是所求量的微分 $\mathrm{d}F$．

② 求微元的关键是要分析问题的实际意义及数量关系，按照在局部区间 $[x,x+\mathrm{d}x]$ 上，"以常代变""以直代曲""以均匀代替非均匀"的思路（局部线性化），写出局部所求量的近似值，即为微元 $\mathrm{d}F=f(x)\mathrm{d}x$．

(2) 使用微元法求解实际问题的步骤．

① 选择坐标系，确定积分变量；

② 根据实际问题的特征，获得微元关系式 $\mathrm{d}F=f(x)\mathrm{d}x$；

③ 写出所求量的定积分表达式 $F=\int_a^b f(x)\mathrm{d}x$，求积分，如图6-1所示.

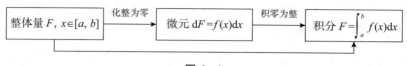

图 6-1

8. 平面图形的面积与几何体的体积

（1）求平面图形面积的步骤.

① 画出平面图形，求出曲线交点以确定积分区间；

② 根据图形特征选择积分变量和面积公式；

③ 写出面积积分表达式，求积分.

（2）求几何体体积的方法.

① 求旋转体的体积时，先要根据问题特征选择积分次序，然后选择积分公式；

② 对于平行截面面积已知的几何体，主要是要找出截面面积函数 $A(x)$，对面积函数积分可得立体体积为 $V = \int_a^b A(x)\mathrm{d}x$.

（3）解题时的注意点.

① 尽量准确地画出所求问题的图形，根据图形特征选择坐标系和积分变量，确定积分区间；

② 当图形具有对称性或等积性，或被积函数具有奇偶性时，先求部分几何量，再由对称性或等积性求出整体量.

③ 注意几何量的非负性，计算定积分时应正确确定积分的符号.

三、例题精解

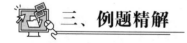 定积分的概念与性质

例 1 求下列极限.

(1) $\lim\limits_{n\to\infty} \dfrac{1}{n^2}(\sqrt{n} + \sqrt{2n} + \cdots + \sqrt{n^2})$；

(2) $\lim\limits_{n\to\infty} \dfrac{1}{n}\sqrt[n]{(n+1)(n+2)\cdots(2n)}$.

解：(1) $\lim\limits_{n\to\infty} \dfrac{1}{n^2}(\sqrt{n} + \sqrt{2n} + \cdots + \sqrt{n^2}) = \lim\limits_{n\to\infty}\left(\sqrt{\dfrac{1}{n}} + \sqrt{\dfrac{2}{n}} + \cdots + \sqrt{\dfrac{n}{n}}\right)\dfrac{1}{n}$

$= \lim\limits_{n\to\infty}\sum\limits_{i=1}^{n}\sqrt{\dfrac{i}{n}} \cdot \dfrac{1}{n} = \int_0^1 \sqrt{x}\,\mathrm{d}x = \dfrac{2}{3}$.

(2) 令 $x_n = \dfrac{1}{n}\sqrt[n]{(n+1)(n+2)\cdots(2n)}$，则

$$\ln x_n = \frac{1}{n}[\ln(n+1) + \ln(n+2) + \cdots + \ln(2n)] - \ln n$$

$$= \frac{1}{n}[\ln(n+1) + \ln(n+2) + \cdots + \ln(2n) - n\ln n]$$

$$= \frac{1}{n}\left[\ln\left(1+\frac{1}{n}\right) + \ln\left(1+\frac{2}{n}\right) + \cdots + \ln\left(1+\frac{n}{n}\right)\right].$$

因此

$$\lim_{n\to\infty}\ln x_n = \int_0^1 \ln(1+x)\mathrm{d}x = 2\ln 2 - 1.$$

所以

$$\lim_{n\to\infty}\frac{1}{n}\sqrt[n]{(n+1)(n+2)\cdots(2n)} = \mathrm{e}^{2\ln 2 - 1} = \frac{4}{\mathrm{e}}.$$

【注记】利用定积分的定义求极限的难点在于如何将 x_n 变形成和式 $\sum_{i=1}^{n}f(\xi_i)\Delta x_i$.

例2 比较 $\int_1^2 \ln x \mathrm{d}x$ 与 $\int_1^2 (1+x)\mathrm{d}x$ 的大小.

解：方法1 令 $f(x)=1+x-\ln x$，因为 $f'(x)=1-\frac{1}{x}=\frac{x-1}{x}$，所以，当 $1<x<2$ 时，$f'(x)>0$. 又因为 $f(x)$ 在 $[1,2]$ 上连续，所以 $f(x)$ 在 $[1,2]$ 上单调递增，则当 $x>1$ 时，$f(x)>f(1)=2>0$，即 $1+x>\ln x$. 所以 $\int_1^2 \ln x \mathrm{d}x < \int_1^2 (1+x)\mathrm{d}x$.

方法2 因为

$$\int_1^2 \ln x \mathrm{d}x = x\ln x\Big|_1^2 - \int_1^2 x \mathrm{d}\ln x = 2\ln 2 - \int_1^2 \mathrm{d}x = 2\ln 2 - x\Big|_1^2 = 2\ln 2 - 1,$$

$$\int_1^2 (1+x)\mathrm{d}x = \frac{(1+x)^2}{2}\Big|_1^2 = \frac{9}{2} - 2 = \frac{5}{2},$$

所以 $\int_1^2 \ln x \mathrm{d}x < \int_1^2 (1+x)\mathrm{d}x$.

题型二 变限积分的相关问题

例3 求变限函数的导数.

(1) $\dfrac{\mathrm{d}}{\mathrm{d}x}\displaystyle\int_{x^2}^{0} x\cos t^2 \mathrm{d}t$；

(2) $\dfrac{\mathrm{d}}{\mathrm{d}x}\displaystyle\int_{\ln x}^{\mathrm{e}^x} \sin t^2 \mathrm{d}t$.

解：(1) $\dfrac{\mathrm{d}}{\mathrm{d}x}\displaystyle\int_{x^2}^{0} x\cos t^2 \mathrm{d}t = -\dfrac{\mathrm{d}}{\mathrm{d}x}\left(x\displaystyle\int_{0}^{x^2} \cos t^2 \mathrm{d}t\right)$

$$= -\int_0^{x^2} \cos t^2 \mathrm{d}t - x\cos x^4 \cdot 2x$$

$$= -\int_0^{x^2} \cos t^2 \mathrm{d}t - 2x^2 \cos x^4.$$

(2) $\dfrac{\mathrm{d}}{\mathrm{d}x} \displaystyle\int_{\ln x}^{\mathrm{e}^x} \sin t^2 \mathrm{d}t = \dfrac{\mathrm{d}}{\mathrm{d}x} \left(\int_{\ln x}^c \sin t^2 \mathrm{d}t + \int_c^{\mathrm{e}^x} \sin t^2 \mathrm{d}t \right)$

$$= \dfrac{\mathrm{d}}{\mathrm{d}x} \left(-\int_c^{\ln x} \sin t^2 \mathrm{d}t \right) + \dfrac{\mathrm{d}}{\mathrm{d}x} \left(\int_c^{\mathrm{e}^x} \sin t^2 \mathrm{d}t \right)$$

$$= -\sin(\ln x)^2 \cdot \dfrac{1}{x} + \sin \mathrm{e}^{2x} \cdot \mathrm{e}^x.$$

例 4 求下列极限.

(1) $\displaystyle\lim_{x \to +\infty} \dfrac{\int_0^x (\arctan t)^2 \mathrm{d}t}{\sqrt{x^2+1}}$;　　(2) $\displaystyle\lim_{x \to 0} \dfrac{\int_0^x \sin(xt)^2 \mathrm{d}t}{x^3 \sin^2 2x}$.

解：(1) $\displaystyle\lim_{x \to +\infty} \dfrac{\int_0^x (\arctan t)^2 \mathrm{d}t}{\sqrt{x^2+1}} \xlongequal{\frac{\infty}{\infty} \text{型}} \lim_{x \to +\infty} \dfrac{(\arctan x)^2}{\frac{1}{2}(x^2+1)^{-\frac{1}{2}} 2x}$

$$= \lim_{x \to +\infty} \dfrac{\sqrt{x^2+1}(\arctan x)^2}{x}$$

$$= \lim_{x \to +\infty} \sqrt{1 + \dfrac{1}{x^2}} (\arctan x)^2 = \dfrac{\pi^2}{4}.$$

(2) 对定积分作变换：$u = xt$. 由于 $\sin^2 2x \sim (2x)^2$，$\sin x^4 \sim x^4$ $(x \to 0)$，因此再利用洛必达法则有

$$\lim_{x \to 0} \dfrac{\int_0^x \sin(xt)^2 \mathrm{d}t}{x^3 \sin^2 2x} = \lim_{x \to 0} \dfrac{\int_0^{x^2} \dfrac{1}{x} \sin u^2 \mathrm{d}u}{x^3 (2x)^2} = \lim_{x \to 0} \dfrac{\int_0^{x^2} \sin u^2 \mathrm{d}u}{4x^6} = \lim_{x \to 0} \dfrac{2x \sin x^4}{24x^5}$$

$$= \lim_{x \to 0} \dfrac{x^4}{12x^4} = \dfrac{1}{12}.$$

【注记】 当极限中有变上限积分时，一般情况下可考虑应用洛必达法则，但由于现在被积函数中含有变量 x，因此应先将 x 从被积函数中分离出来，对此题可用变量代换；另外，在求极限的过程中如能恰当地应用等价无穷小代换，可简化求极限的过程.

例 5 设方程 $2x - \tan(x-y) = \displaystyle\int_0^{x-y} \sec^2 t \, \mathrm{d}t$，求 $\dfrac{\mathrm{d}^2 y}{\mathrm{d}x^2}$.

解：方程两边对 x 求导，得

$$2 - \sec^2(x-y)(1-y') = \sec^2(x-y)(1-y'),$$

从而

$$y' = 1 - \cos^2(x-y) = \sin^2(x-y),$$
$$y'' = 2\sin(x-y)\cos(x-y)(1-y') = 2\sin(x-y)\cos^3(x-y).$$

例6 设 $f(x)$ 在 $[a,b]$ 上连续,且 $f(x)>0$,又 $F(x)=\int_a^x f(t)\mathrm{d}t+\int_b^x \frac{1}{f(t)}\mathrm{d}t$,证明:

(1) $F'(x)\geqslant 2$;

(2) $F(x)=0$ 在 (a,b) 内有且仅有一个根.

证: (1) $F'(x)=f(x)+\dfrac{1}{f(x)}\geqslant 2$.

(2) $F(a)=\int_b^a \dfrac{1}{f(t)}\mathrm{d}t<0$,$F(b)=\int_a^b f(t)\mathrm{d}t>0$,$F(x)$ 在 $[a,b]$ 上连续,由介值定理知 $F(x)=0$ 在 (a,b) 内至少有一个根. 又 $F'(x)>0$,则 $F(x)$ 单调递增,从而 $F(x)=0$ 在 (a,b) 内至多有一个根,故 $F(x)=0$ 在 (a,b) 内有且仅有一个根.

题型三 利用微积分基本公式求积分

例7 求下列定积分:

(1) $\int_0^\pi \sqrt{\sin x-\sin^3 x}\,\mathrm{d}x$; (2) $\int_0^{\frac{\pi}{2}} \sqrt{1-\sin 4x}\,\mathrm{d}x$.

解: (1) $\int_0^\pi \sqrt{\sin x-\sin^3 x}\,\mathrm{d}x=\int_0^\pi \sqrt{\sin x(1-\sin^2 x)}\,\mathrm{d}x$

$=\int_0^{\frac{\pi}{2}} \sqrt{\sin x}(\cos x)\,\mathrm{d}x+\int_{\frac{\pi}{2}}^0 \sqrt{\sin x}(-\cos x)\,\mathrm{d}x$

$=\left[\dfrac{2}{3}(\sin x)^{\frac{3}{2}}\right]\Big|_0^{\frac{\pi}{2}}+\left[-\dfrac{2}{3}(\sin x)^{\frac{3}{2}}\right]\Big|_{\frac{\pi}{2}}^{\pi}=\dfrac{4}{3}$.

(2) $\int_0^{\frac{\pi}{2}} \sqrt{1-\sin 4x}\,\mathrm{d}x=\int_0^{\frac{\pi}{2}} \sqrt{\cos^2 2x+\sin^2 2x-2\sin 2x\cos 2x}\,\mathrm{d}x$

$=\int_0^{\frac{\pi}{2}} \sqrt{(\cos 2x-\sin 2x)^2}\,\mathrm{d}x=\int_0^{\frac{\pi}{2}} |\cos 2x-\sin 2x|\,\mathrm{d}x$

$=\int_0^{\frac{\pi}{8}} (\cos 2x-\sin 2x)\,\mathrm{d}x+\int_{\frac{\pi}{8}}^{\frac{\pi}{2}}(\sin 2x-\cos 2x)\,\mathrm{d}x=\sqrt{2}$.

例8 求下列定积分:

(1) $\int_0^1 \dfrac{\arctan x}{1+x^2}\,\mathrm{d}x$; (2) $\int_0^{\frac{\pi}{4}} \dfrac{\sin x}{1+\sin x}\,\mathrm{d}x$.

解: (1) $\int_0^1 \dfrac{\arctan x}{1+x^2}\,\mathrm{d}x=\int_0^1 \arctan x\,\mathrm{d}\arctan x=\dfrac{1}{2}(\arctan x)^2\Big|_0^1$

$=\dfrac{1}{2}\left[\left(\dfrac{\pi}{4}\right)^2-0^2\right]=\dfrac{\pi^2}{32}$.

(2) $\int_0^{\frac{\pi}{4}} \dfrac{\sin x}{1+\sin x}\,\mathrm{d}x=\int_0^{\frac{\pi}{4}} \dfrac{\sin x(1-\sin x)}{1-\sin^2 x}\,\mathrm{d}x=\int_0^{\frac{\pi}{4}} \left(\dfrac{\sin x}{\cos^2 x}-\tan^2 x\right)\mathrm{d}x$

$=-\int_0^{\frac{\pi}{4}} \dfrac{\mathrm{d}\cos x}{\cos^2 x}-\int_0^{\frac{\pi}{4}}(\sec^2 x-1)\,\mathrm{d}x=\dfrac{1}{\cos x}\Big|_0^{\frac{\pi}{4}}-(\tan x-x)\Big|_0^{\frac{\pi}{4}}$

$$=\sqrt{2}+\frac{\pi}{4}-2.$$

题型四　分段函数与绝对值函数的积分

例9 设 $f(x)=\begin{cases}13-x^2, & x<2 \\ 1+x^2, & x\geqslant 2\end{cases}$，求 $\int_{-2}^{5}f(x)\mathrm{d}x$.

解： $\int_{-2}^{5}f(x)\mathrm{d}x=\int_{-2}^{2}(13-x^2)\mathrm{d}x+\int_{2}^{5}(1+x^2)\mathrm{d}x$

$$=\left(13x-\frac{x^3}{3}\right)\Big|_{-2}^{2}+\left(x+\frac{x^3}{3}\right)\Big|_{2}^{5}=\frac{266}{3}.$$

例10 求 $\int_{0}^{2}\max\{x,x^3\}\mathrm{d}x$.

解： 因为

$$f(x)=\max\{x,x^3\}=\begin{cases}x, & 0\leqslant x\leqslant 1 \\ x^3, & 1<x\leqslant 2\end{cases},$$

所以

$$\int_{0}^{2}\max\{x,x^3\}\mathrm{d}x=\int_{0}^{1}\max\{x,x^3\}\mathrm{d}x+\int_{1}^{2}\max\{x,x^3\}\mathrm{d}x$$

$$=\int_{0}^{1}x\mathrm{d}x+\int_{1}^{2}x^3\mathrm{d}x=\frac{17}{4}.$$

例11 计算 $\int_{-1}^{2}\frac{|x|}{\sqrt{1+x^2}}\mathrm{d}x$.

解： $\int_{-1}^{2}\frac{|x|}{\sqrt{1+x^2}}\mathrm{d}x=\int_{-1}^{0}\frac{-x}{\sqrt{1+x^2}}\mathrm{d}x+\int_{0}^{2}\frac{x}{\sqrt{1+x^2}}\mathrm{d}x$

$$=\int_{0}^{-1}\frac{\frac{1}{2}\mathrm{d}(1+x^2)}{\sqrt{1+x^2}}+\int_{0}^{2}\frac{\frac{1}{2}\mathrm{d}(1+x^2)}{\sqrt{1+x^2}}$$

$$=\frac{1}{2}\frac{(1+x^2)^{\frac{1}{2}}}{\frac{1}{2}}\Big|_{0}^{-1}+\frac{1}{2}\frac{(1+x^2)^{\frac{1}{2}}}{\frac{1}{2}}\Big|_{0}^{2}$$

$$=\sqrt{2}+\sqrt{5}-2.$$

题型五　利用定积分的换元积分法求积分

例12 求下列定积分.

(1) $\int_{0}^{a}x^2\sqrt{a^2-x^2}\mathrm{d}x$；

(2) $\int_{\sqrt{2}}^{2}\frac{\mathrm{d}x}{x\sqrt{x^2-1}}$.

解：(1) 令 $x = a\sin t$，则 $\mathrm{d}x = a\cos t\,\mathrm{d}t$，当 $x=0$ 时 $t=0$，当 $x=a$ 时 $t=\dfrac{\pi}{2}$，所以

$$\int_0^a x^2\sqrt{a^2-x^2}\,\mathrm{d}x = \int_0^{\frac{\pi}{2}} a^2\sin^2 t \cdot a\cos t \cdot a\cos t\,\mathrm{d}t$$

$$= \frac{a^4}{4}\int_0^{\frac{\pi}{2}} \sin^2 2t\,\mathrm{d}t = \frac{a^4}{8}\int_0^{\frac{\pi}{2}}(1-\cos 4t)\,\mathrm{d}t$$

$$= \frac{a^4}{8}\cdot\frac{\pi}{2} - \frac{a^4}{8}\cdot\frac{1}{4}\sin 4t\,\bigg|_0^{\frac{\pi}{2}} = \frac{\pi}{16}a^4.$$

(2) **方法1** 令 $x = \sec u$，则 $\mathrm{d}x = \sec u\tan u\,\mathrm{d}u$，且当 $x=\sqrt{2}$ 时 $u=\dfrac{\pi}{4}$，当 $x=2$ 时 $u=\dfrac{\pi}{3}$，所以

$$\int_{\sqrt{2}}^2 \frac{\mathrm{d}x}{x\sqrt{x^2-1}} = \int_{\frac{\pi}{4}}^{\frac{\pi}{3}} \frac{\sec u\tan u\,\mathrm{d}u}{\sec u\tan u} = \int_{\frac{\pi}{4}}^{\frac{\pi}{3}} \mathrm{d}u = u\,\bigg|_{\frac{\pi}{4}}^{\frac{\pi}{3}} = \frac{\pi}{3} - \frac{\pi}{4} = \frac{\pi}{12}.$$

方法2 令 $x = \dfrac{1}{u}$，则 $\mathrm{d}x = \dfrac{-1}{u^2}\mathrm{d}u$，且当 $x=\sqrt{2}$ 时 $u=\dfrac{1}{\sqrt{2}}$，当 $x=2$ 时 $u=\dfrac{1}{2}$，所以

$$\int_{\sqrt{2}}^2 \frac{\mathrm{d}x}{x\sqrt{x^2-1}} = \int_{\frac{1}{\sqrt{2}}}^{\frac{1}{2}} \frac{-\frac{1}{u^2}\mathrm{d}u}{\frac{1}{u}\sqrt{\left(\frac{1}{u}\right)^2-1}} = \int_{\frac{1}{\sqrt{2}}}^{\frac{1}{2}} \frac{-\mathrm{d}u}{\sqrt{1-u^2}} = \arccos u\,\bigg|_{\frac{1}{\sqrt{2}}}^{\frac{1}{2}} = \frac{\pi}{12}.$$

【**注记**】如果被积函数中含有 x 的幂次，可尝试用倒代换；如果被积函数中出现 $x^2\pm a^2$，a^2-x^2 或 $\sqrt{x^2\pm a^2}$，$\sqrt{a^2-x^2}$，则可以采用三角代换，然后利用三角函数恒等式将被积表达式化简.

题型六 利用定积分的分部积分法求积分

例13 求下列定积分.

(1) $\int_0^1 x\arctan x\,\mathrm{d}x$； (2) $\int_0^{\frac{\pi}{2}} \mathrm{e}^{2x}\cos x\,\mathrm{d}x$.

解：(1) $\int_0^1 x\arctan x\,\mathrm{d}x = \dfrac{1}{2}\int_0^1 \arctan x\,\mathrm{d}x^2 = \dfrac{1}{2}\left(x^2\arctan x\,\bigg|_0^1 - \int_0^1 \dfrac{x^2}{1+x^2}\mathrm{d}x\right)$

$$= \frac{\pi}{8} - \frac{1}{2}\int_0^1 \mathrm{d}x + \frac{1}{2}\int_0^1 \frac{\mathrm{d}x}{1+x^2} = \frac{\pi}{8} - \frac{1}{2}x\,\bigg|_0^1 + \frac{1}{2}\arctan x\,\bigg|_0^1$$

$$= \frac{\pi}{4} - \frac{1}{2}.$$

(2) $\int_0^{\frac{\pi}{2}} e^{2x} \cos x \, dx = \int_0^{\frac{\pi}{2}} e^{2x} d\sin x = e^{2x} \sin x \Big|_0^{\frac{\pi}{2}} - \int_0^{\frac{\pi}{2}} \sin x \cdot 2 e^{2x} \, dx$

$\qquad = e^{\pi} + 2 \int_0^{\frac{\pi}{2}} e^{2x} d\cos x = e^{\pi} + 2 e^{2x} \cos x \Big|_0^{\frac{\pi}{2}} - 2 \int_0^{\frac{\pi}{2}} \cos x \cdot 2 e^{2x} \, dx$

$\qquad = e^{\pi} - 2 - 4 \int_0^{\frac{\pi}{2}} e^{2x} \cos x \, dx,$

所以 $\int_0^{\frac{\pi}{2}} e^{2x} \cos x \, dx = \dfrac{1}{5}(e^{\pi} - 2).$

【注记】 使用分部积分法时关键是恰当地选择 u 和 dv.

题型七 利用重要公式求积分

例 14 求定积分 $\int_{-\frac{\pi}{2}}^{\frac{\pi}{2}} (x^3 + \sin^2 x) \cos^2 x \, dx.$

解： $\int_{-\frac{\pi}{2}}^{\frac{\pi}{2}} (x^3 + \sin^2 x) \cos^2 x \, dx = \int_{-\frac{\pi}{2}}^{\frac{\pi}{2}} x^3 \cos^2 x \, dx + \int_{-\frac{\pi}{2}}^{\frac{\pi}{2}} \sin^2 x \cos^2 x \, dx$

$\qquad = 2 \left(\int_0^{\frac{\pi}{2}} \sin^2 x \, dx - \int_0^{\frac{\pi}{2}} \sin^4 x \, dx \right)$

$\qquad = 2 \left(\dfrac{1}{2} \cdot \dfrac{\pi}{2} - \dfrac{3}{4} \cdot \dfrac{1}{2} \cdot \dfrac{\pi}{2} \right) = \dfrac{\pi}{8}.$

题型八 无穷限的反常积分的计算

例 15 已知 $\int_{-\infty}^{+\infty} e^{-x^2} dx = \sqrt{\pi}$, 计算 $\int_{-1}^{+\infty} x e^{-x^2 - 2x} \, dx.$

解： $\int_{-1}^{+\infty} x e^{-x^2 - 2x} \, dx = \dfrac{1}{2} \int_{-1}^{+\infty} e \cdot e^{-(x+1)^2} d(x+1)^2 - e \int_{-1}^{+\infty} e^{-(x+1)^2} d(x+1)$

$\qquad = \dfrac{1}{2} \int_0^{+\infty} e \cdot e^{-t^2} dt^2 - e \int_0^{+\infty} e^{-t^2} dt \quad (\diamondsuit\ t = x + 1)$

$\qquad = \dfrac{1}{2} e - e \dfrac{\sqrt{\pi}}{2} = \dfrac{e}{2}(1 - \sqrt{\pi}).$

例 16 已知 $\int_0^{+\infty} \dfrac{\sin x}{x} dx = \dfrac{\pi}{2}$, 求 $\int_0^{+\infty} \dfrac{\sin^2 x}{x^2} dx$ 的值.

解： 因为

$\int_0^{+\infty} \dfrac{\sin^2 x}{x^2} dx = -\int_0^{+\infty} \sin^2 x \, d\left(\dfrac{1}{x}\right) = -\dfrac{\sin^2 x}{x} \Big|_0^{+\infty} + \int_0^{+\infty} \dfrac{1}{x} \cdot 2 \sin x \cos x \, dx,$

$\lim\limits_{x \to +\infty} \dfrac{\sin^2 x}{x} = \lim\limits_{x \to +\infty} \dfrac{\sin x}{x} \cdot \sin x = 0,$

所以

$$\int_0^{+\infty} \frac{\sin^2 x}{x^2} dx = \int_0^{+\infty} \frac{\sin 2x}{x} dx = \int_0^{+\infty} \frac{\sin 2x}{2x} d(2x) = \int_0^{+\infty} \frac{\sin t}{t} dt = \frac{\pi}{2}.$$

题型九　无界函数的反常积分的计算

例 17　求下列积分.

(1) $\int_1^2 \frac{x}{\sqrt{x-1}} dx$；　　　　(2) $\int_0^1 \frac{x \, dx}{(2-x^2)\sqrt{1-x^2}}$.

解： (1) $x=1$ 是瑕点，令 $u=x-1$，则

$$\int_1^2 \frac{x}{\sqrt{x-1}} dx = \int_0^1 \left(\sqrt{u} + \frac{1}{\sqrt{u}}\right) du = \int_0^1 \sqrt{u} \, du + \int_0^1 \frac{1}{\sqrt{u}} du$$

$$= \frac{2}{3} + \lim_{\varepsilon \to 0^+} \int_\varepsilon^1 \frac{1}{\sqrt{u}} du = \frac{2}{3} + 2 \lim_{\varepsilon \to 0^+}(1-\sqrt{\varepsilon}) = \frac{8}{3}.$$

(2) $x=1$ 是瑕点，令 $x=\sin t$，则

$$\int_0^1 \frac{x \, dx}{(2-x^2)\sqrt{1-x^2}} = \int_0^{\frac{\pi}{2}} \frac{\sin t \cos t \, dt}{(2-\sin^2 t)\cos t} = \int_0^{\frac{\pi}{2}} \frac{\sin t \, dt}{2-\sin^2 t}$$

$$= -\int_0^{\frac{\pi}{2}} \frac{d(\cos t)}{1+\cos^2 t} = -\arctan \cos t \Big|_0^{\frac{\pi}{2}} = \frac{\pi}{4}.$$

题型十　积分等式与不等式的证明

例 18　设 $f(x)$ 在 $[0, 2a]$ 上连续，证明 $\int_0^{2a} f(x) dx = \int_0^a [f(x)+f(2a-x)] dx$.

证： 令 $x=2a-u$，则 $dx=-du$，故

$$\int_0^{2a} f(x) dx = \int_0^a f(x) dx + \int_a^{2a} f(x) dx,$$

而

$$\int_a^{2a} f(x) dx = \int_0^a f(2a-u) du = \int_0^a f(2a-x) dx,$$

故

$$\int_0^{2a} f(x) dx = \int_0^a [f(x)+f(2a-x)] dx.$$

例 19　若 $f''(x)$ 在 $[0, \pi]$ 上连续，$f(0)=2$，$f(\pi)=1$，证明：

$$\int_0^\pi [f(x)+f''(x)] \sin x \, dx = 3.$$

解：因为

$$\int_0^\pi f''(x)\sin x\,dx = \int_0^\pi \sin x\,df'(x) = \sin x f'(x)\Big|_0^\pi - \int_0^\pi f'(x)\cos x\,dx$$

$$= -\int_0^\pi f'(x)\cos x\,dx = -\int_0^\pi \cos x\,df(x)$$

$$= -f(x)\cos x\Big|_0^\pi - \int_0^\pi f(x)\sin x\,dx$$

$$= f(\pi) + f(0) - \int_0^\pi f(x)\sin x\,dx$$

$$= 1 + 2 - \int_0^\pi f(x)\sin x\,dx = 3 - \int_0^\pi f(x)\sin x\,dx,$$

所以 $\int_0^\pi [f(x) + f''(x)]\sin x\,dx = 3$.

例 20 设 $f(x)$ 在 $[0,1]$ 上连续且单调递减，试证对任何 $a \in (0,1)$ 有
$\int_0^a f(x)dx \geqslant a\int_0^1 f(x)dx$.

证：**方法 1**

$$\int_0^a f(x)dx - a\int_0^1 f(x)dx = \int_0^a f(x)dx - a\left[\int_0^a f(x)dx + \int_a^1 f(x)dx\right]$$

$$= (1-a)\int_0^a f(x)dx - a\int_a^1 f(x)dx$$

$$= (1-a)af(\alpha) - (1-a)af(\beta)$$

$$= (1-a)a[f(\alpha) - f(\beta)], \quad 0 \leqslant \alpha \leqslant a,\ a \leqslant \beta \leqslant 1.$$

又 $f(x)$ 单调递减，则 $f(\alpha) \geqslant f(\beta)$，故原式得证.

方法 2

$$\int_0^a f(x)dx - a\int_0^1 f(x)dx = \int_0^a f(x)dx - a\left[\int_0^a f(x)dx + \int_a^1 f(x)dx\right]$$

$$= (1-a)\int_0^a f(x)dx - a\int_a^1 f(x)dx$$

$$\geqslant (1-a)af(a) - (1-a)af(a) = 0,$$

故原式得证.

方法 3 令 $x = at$，则由 $f(x)$ 在 $[0,1]$ 上连续且单调递减，有

$$\int_0^a f(x)dx = a\int_0^1 f(at)dt \geqslant a\int_0^1 f(t)dt = a\int_0^1 f(x)dx,$$

故原式得证.

方法 4 设 $F(a) = \int_0^a f(x)dx - a\int_0^1 f(x)dx$，则

$$F'(a) = f(a) - \int_0^1 f(x)dx = f(a) - f(\xi), \quad \xi \in (0,1),$$

故当 $0 \leqslant a \leqslant \xi$ 时，$F'(a) \geqslant 0$，$F(a)$ 单调递增，$F(a) \geqslant F(0) = 0$；当 $\xi < a \leqslant 1$ 时，$F'(a) \leqslant 0$，$F(a)$ 单调递减，$F(a) \geqslant F(1) = 0$. 故原不等式得证.

例 21 证明柯西积分不等式，若 $f(x)$ 和 $g(x)$ 都在 $[a, b]$ 上可积，则有

$$\left[\int_a^b f(x) g(x) \mathrm{d}x\right]^2 \leqslant \left[\int_a^b f(x) \mathrm{d}x\right]\left[\int_a^b g(x) \mathrm{d}x\right].$$

证：对任意的实数 λ 有

$$\int_a^b [f(x) + \lambda g(x)]^2 \mathrm{d}x = \lambda^2 \int_a^b g^2(x) \mathrm{d}x + 2\lambda \int_a^b f(x) g(x) \mathrm{d}x + \int_a^b f^2(x) \mathrm{d}x \geqslant 0,$$

上式右端是 λ 的非负的二次三项式，则其判别式非正，即

$$\left[\int_a^b f(x) g(x) \mathrm{d}x\right]^2 - \left[\int_a^b f^2(x) \mathrm{d}x\right]\left[\int_a^b g^2(x) \mathrm{d}x\right] \leqslant 0,$$

故原式得证.

题型十一　求平面图形的面积

例 22 求由曲线 $y = \sin x$，$y = \cos x$ 与直线 $x = 0$，$x = \dfrac{\pi}{2}$ 所围图形的面积.

解：作出平面图形（见图 6-2），所求面积为

$$\begin{aligned}
A &= \int_0^{\frac{\pi}{2}} |\sin x - \cos x| \mathrm{d}x \\
&= \int_0^{\frac{\pi}{4}} (\cos x - \sin x) \mathrm{d}x + \int_{\frac{\pi}{4}}^{\frac{\pi}{2}} (\sin x - \cos x) \mathrm{d}x \\
&= (\sin x + \cos x)\Big|_0^{\frac{\pi}{4}} + (-\cos x - \sin x)\Big|_{\frac{\pi}{4}}^{\frac{\pi}{2}} \\
&= 2(\sqrt{2} - 1).
\end{aligned}$$

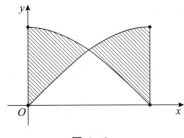

图 6-2

例 23 计算抛物线 $y^2 = 2x$ 与直线 $y = x - 4$ 所围图形的面积.

解：作出图形（见图 6-3），解方程组 $\begin{cases} y^2 = 2x \\ y = x - 4 \end{cases}$，得交点坐标 $A(2, -2)$，$B(8, 4)$. 此图形可看作由 $x = \dfrac{1}{2} y^2$，$x = y + 4$ 及 $y = -2$ 和 $y = 4$ 围成，选择 y 为积分变量，应用公式可得所求面积为

$$\begin{aligned}
A &= \int_{-2}^4 \left[(y+4) - \frac{1}{2} y^2\right] \mathrm{d}y \\
&= \left(\frac{1}{2} y^2 + 4y - \frac{1}{6} y^3\right)\Big|_{-2}^4 = 18.
\end{aligned}$$

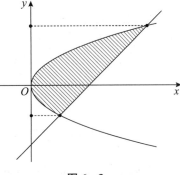

图 6-3

题型十二 求旋转体的体积

例 24 求曲线 $y=2-x^2$ 及直线 $y=x$，$x=0$ 所围图形分别绕 x 轴、y 轴旋转一周所得旋转体的体积.

解：解方程组 $\begin{cases} y=2-x^2 \\ y=x \end{cases}$，得交点坐标 $A(1,1)$，从而可求得绕 x 轴和 y 轴旋转所得的旋转体的体积 V_x 和 V_y 分别为：

$$V_x = \pi\int_0^1 (2-x^2)^2 dx - \pi\int_0^1 x^2 dx = \pi\int_0^1 (4-5x^2+x^4) dx$$

$$= \pi\left(4x - \frac{5}{3}x^3 + \frac{1}{5}x^5\right)\Big|_0^1 = \frac{38}{15}\pi,$$

$$V_y = \int_0^1 \pi y^2 dy + \int_1^2 \pi(2-y) dy$$

$$= \frac{1}{3}\pi y^3\Big|_0^1 + \pi\left(2y - \frac{1}{2}y^2\right)\Big|_1^2 = \frac{1}{3}\pi + \frac{1}{2}\pi = \frac{5}{6}\pi.$$

例 25 求曲线 $y=xe^{-x}$ $(x \geqslant 0)$，$y=0$ 和 $x=a$ 所围图形绕 x 轴旋转所得旋转体的体积 V_a，并求 $\lim\limits_{a \to +\infty} V_a$.

解：由题意得

$$V_a = \pi\int_0^a y^2 dx = \pi\int_0^a x^2 e^{-2x} dx = -\frac{\pi}{8}(4a^2 e^{-2a} + 4ae^{-2a} + 2e^{-2a} - 2).$$

因为 $\lim\limits_{x \to +\infty} x^n e^{-x} = 0$ $(n=0, 1, 2)$，所以 $\lim\limits_{a \to +\infty} V_a = \frac{\pi}{4}$.

例 26 试求曲线 $y=2x-x^2$ 及直线 $y=0$，$y=x$ 所围图形的面积，并求该图形绕 y 轴旋转所得旋转体的体积.

解：如图 6-4 所示，由 $\begin{cases} y=2x-x^2 \\ y=x \end{cases}$ 得交点 $(0,0)$，$(1,1)$. 由 $y=2x-x^2$，得 $x=1\pm\sqrt{1-y}$，故面积

$$A = \int_0^1 x\,dx + \int_1^2 (2x-x^2) dx = \frac{7}{6},$$

体积

$$V = \pi\int_0^1 (1+\sqrt{1-y})^2 dy - \pi\int_0^1 y^2 dy = \frac{5}{2}\pi.$$

例 27 一平面图形由抛物线 $x=y^2+2$ 与过点 $(3,1)$ 处的法线及 x 轴、y 轴所围，如图 6-5 所示.

(1) 求此平面图形的面积；

(2) 求该图形绕 x 轴旋转所得旋转体的体积.

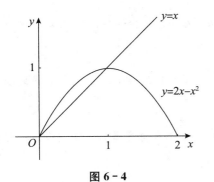
图 6-4

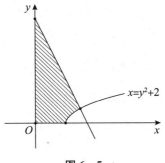
图 6-5

解:(1) 因为 $x=y^2+2$,$\mathrm{d}x=2y\mathrm{d}y$,故 $\dfrac{\mathrm{d}y}{\mathrm{d}x}=\dfrac{1}{2y}$,$\dfrac{\mathrm{d}y}{\mathrm{d}x}\Big|_{\substack{x=3\\y=1}}=\dfrac{1}{2}$,所以过点 (3,1) 的法线方程为

$$y-1=-2(x-3),$$

即

$$2x+y-7=0.$$

故所求平面图形的面积为

$$A=\int_0^2 (7-2x)\,\mathrm{d}x+\int_2^3 (7-2x-\sqrt{x-2})\,\mathrm{d}x=\dfrac{34}{3}.$$

(2) 旋转体的体积为

$$V=\pi\int_0^2 (7-2x)^2\,\mathrm{d}x+\pi\int_2^3 [(7-2x)^2-(x-2)]\,\mathrm{d}x=\dfrac{113}{2}\pi.$$

四、错解分析

例 28 设 $f(x)$ 为连续函数,$\varphi(x)$ 具有连续导数,且

$$F(x)=\int_a^{\varphi(x)} f(t)\mathrm{d}t,\quad G(x)=\int_a^x xf(t)\mathrm{d}t,\quad H(x)=\int_a^x f(x+t)\mathrm{d}t.$$

求 $F'(x)$,$G'(x)$,$H'(x)$.

错误解法 (1) $F'(x)=\dfrac{\mathrm{d}}{\mathrm{d}x}\int_a^{\varphi(x)} f(t)\mathrm{d}t=f[\varphi(x)]$;

(2) $G'(x)=\dfrac{\mathrm{d}}{\mathrm{d}x}\int_a^x xf(t)\mathrm{d}t=xf(x)$;

(3) $H'(x)=\dfrac{\mathrm{d}}{\mathrm{d}x}\int_a^x f(x+t)\mathrm{d}t=f(2x)$.

错解分析 (1) 误将 $F(x)=\int_a^{\varphi(x)} f(t)\mathrm{d}t$ 中的 $\varphi(x)$ 视为自变量,而 $\varphi(x)$ 应为自变量

的函数，即 $F(x)=\int_a^{\varphi(x)} f(t)dt$ 由 $\int_a^u f(t)dt$ 与 $u=\varphi(x)$ 复合而成．应按复合函数求导法则求导．

(2) 没有注意 $G(x)=\int_a^x xf(t)dt$ 中被积函数含有自变量 x，应先将 x 提到积分符号的外侧，按乘积求导法则求导．

(3) 没有注意 $H(x)=\int_a^x f(x+t)dt$ 中被积函数含有自变量 x，应先将 x 从积分中分离出来．

正确解法 (1) $F'(x)=\dfrac{d}{dx}\int_a^{\varphi(x)} f(t)dt=f[\varphi(x)]\varphi'(x)$；

(2) $G'(x)=\dfrac{d}{dx}\left(x\int_a^x f(t)dt\right)=\int_a^x f(t)dt+xf(x)$；

(3) 令 $x+t=u$，则 $t=u-x$，所以

$$H(x)=\int_a^x f(x+t)dt=\int_{x+a}^{2x} f(u)du,$$

$$H'(x)=\dfrac{d}{dx}\int_{x+a}^{2x} f(u)du=2f(2x)-f(x+a).$$

例 29 设 $g(x)$ 为连续函数，$f(x)=\dfrac{1}{2}\int_0^x (x-t)^2 g(t)dt$，求 $f''(x)$．

错误解法 因为

$$f'(x)=\dfrac{d}{dx}\left[\dfrac{1}{2}\int_0^x (x-t)^2 g(t)dt\right]=\dfrac{1}{2}(x-x)^2 g(x)=0,$$

所以 $f''(x)=0$．

错解分析 因为 $f(x)=\dfrac{1}{2}\int_0^x (x-t)^2 g(t)dt$ 的被积函数中含有上限变量 x，所以不能直接利用原函数存在定理求导数．

正确解法 因为

$$f(x)=\dfrac{1}{2}\int_0^x (x-t)^2 g(t)dt=\dfrac{1}{2}\int_0^x (x^2-2xt+t^2)g(t)dt$$

$$=\dfrac{x^2}{2}\int_0^x g(t)dt-x\int_0^x tg(t)dt+\dfrac{1}{2}\int_0^x t^2 g(t)dt,$$

所以

$$f'(x)=x\int_0^x g(t)dt+\dfrac{1}{2}x^2 g(x)-\int_0^x tg(t)dt-x^2 g(x)+\dfrac{1}{2}x^2 g(x)$$

$$=x\int_0^x g(t)dt-\int_0^x tg(t)dt,$$

故

$$f''(x) = \int_0^x g(t)\mathrm{d}t + xg(x) - xg(x) = \int_0^x g(t)\mathrm{d}t.$$

例 30 求积分 $\int_0^\pi \sqrt{1+\cos 2x}\,\mathrm{d}x$.

错误解法

$$\int_0^\pi \sqrt{1+\cos 2x}\,\mathrm{d}x = \int_0^\pi \sqrt{2\cos^2 x}\,\mathrm{d}x = \sqrt{2}\int_0^\pi \cos x\,\mathrm{d}x = \sqrt{2}\sin x\Big|_0^\pi = 0.$$

错解分析 在对被积函数化简时需加绝对值号，应有

$$\sqrt{\cos^2 x} = |\cos x| = \begin{cases} \cos x, & 0 \leqslant x < \dfrac{\pi}{2} \\ -\cos x, & \dfrac{\pi}{2} \leqslant x \leqslant \pi \end{cases}.$$

正确解法

$$\int_0^\pi \sqrt{1+\cos 2x}\,\mathrm{d}x = \int_0^\pi \sqrt{2\cos^2 x}\,\mathrm{d}x = \sqrt{2}\int_0^\pi |\cos x|\,\mathrm{d}x$$

$$= \sqrt{2}\left(\int_0^{\frac{\pi}{2}} \cos x\,\mathrm{d}x + \int_{\frac{\pi}{2}}^\pi (-\cos x)\,\mathrm{d}x\right)$$

$$= \sqrt{2}\left(\sin x\Big|_0^{\frac{\pi}{2}} - \sin x\Big|_{\frac{\pi}{2}}^\pi\right) = 2\sqrt{2}.$$

例 31 求积分 $\int_0^3 x\sqrt{1+x}\,\mathrm{d}x$.

错误解法 令 $x = t^2 - 1$，则 $\mathrm{d}x = 2t\,\mathrm{d}t$，当 $x=0$ 时 $t=-1$，当 $x=3$ 时 $t=2$，所以

$$\int_0^3 x\sqrt{1+x}\,\mathrm{d}x = 2\int_{-1}^2 (t^2-1)t^2\,\mathrm{d}t = 2\int_{-1}^2 (t^4-t^2)\,\mathrm{d}t = 2\left(\frac{1}{5}t^5 - \frac{1}{3}t^3\right)\Big|_{-1}^2 = \frac{36}{5}.$$

错解分析 这里变换 $x = t^2 - 1$ 为非单值，不能用基本公式.

正确解法 令 $\sqrt{x+1} = t$，则 $\mathrm{d}x = 2t\,\mathrm{d}t$，当 $x=0$ 时 $t=1$，当 $x=3$ 时 $t=2$，所以

$$\int_0^3 x\sqrt{1+x}\,\mathrm{d}x = 2\int_1^2 (t^2-1)t^2\,\mathrm{d}t = 2\int_1^2 (t^4-t^2)\,\mathrm{d}t = 2\left(\frac{1}{5}t^5 - \frac{1}{3}t^3\right)\Big|_1^2 = \frac{116}{15}.$$

例 32 计算积分 $\int_{-1}^1 \dfrac{1}{x^2}\mathrm{d}x$.

错误解法 由微积分基本公式，得 $\int_{-1}^1 \dfrac{1}{x^2}\mathrm{d}x = -\dfrac{1}{x}\Big|_{-1}^1 = -2$.

错解分析 这里由于 $f(x) = \dfrac{1}{x^2} > 0$，由定积分的性质可知 $\int_{-1}^1 \dfrac{1}{x^2}\mathrm{d}x > 0$，所以上述解法是错误的，其错误原因是在使用微积分基本公式时，被积函数必须在给定区间上连续，但本题中 $f(x) = \dfrac{1}{x^2}$ 在 $[-1, 1]$ 上不连续，由于 $\lim\limits_{x \to 0} \dfrac{1}{x^2} = \infty$，因此本题是无界函数的

反常积分.

正确解法 因为 $\lim\limits_{x\to 0}\dfrac{1}{x^2}=\infty$, 所以 $\int_{-1}^{1}\dfrac{1}{x^2}\mathrm{d}x=\int_{-1}^{0}\dfrac{1}{x^2}\mathrm{d}x+\int_{0}^{1}\dfrac{1}{x^2}\mathrm{d}x$, 而

$$\int_{-1}^{0}\dfrac{1}{x^2}\mathrm{d}x=\lim_{\varepsilon\to 0^+}\int_{-1}^{\varepsilon}\dfrac{1}{x^2}\mathrm{d}x=\lim_{\varepsilon\to 0^+}\left(-\dfrac{1}{x}\right)\Big|_{-1}^{\varepsilon}=\lim_{\varepsilon\to 0^+}\left(-\dfrac{1}{\varepsilon}-1\right)=\infty,$$

所以反常积分 $\int_{-1}^{1}\dfrac{1}{x^2}\mathrm{d}x$ 发散.

例 33 求积分 $\int_{1}^{+\infty}\dfrac{\mathrm{d}x}{x^2+2x}$.

错误解法 因为

$$\int_{1}^{+\infty}\dfrac{\mathrm{d}x}{x^2+2x}=\dfrac{1}{2}\int_{1}^{+\infty}\left(\dfrac{1}{x}-\dfrac{1}{x+2}\right)\mathrm{d}x=\dfrac{1}{2}\int_{1}^{+\infty}\dfrac{\mathrm{d}x}{x}-\dfrac{1}{2}\int_{1}^{+\infty}\dfrac{\mathrm{d}x}{x+2},$$

而 $\int_{1}^{+\infty}\dfrac{\mathrm{d}x}{x}$ 与 $\int_{1}^{+\infty}\dfrac{\mathrm{d}x}{x+2}$ 都发散, 所以积分 $\int_{1}^{+\infty}\dfrac{\mathrm{d}x}{x^2+2x}$ 发散.

错解分析 由于 $\int_{1}^{+\infty}\dfrac{\mathrm{d}x}{x}$ 与 $\int_{1}^{+\infty}\dfrac{\mathrm{d}x}{x+2}$ 都发散, 所以

$$\int_{1}^{+\infty}\dfrac{\mathrm{d}x}{x^2+2x}=\dfrac{1}{2}\int_{1}^{+\infty}\left(\dfrac{1}{x}-\dfrac{1}{x+2}\right)\mathrm{d}x\neq\dfrac{1}{2}\int_{1}^{+\infty}\dfrac{\mathrm{d}x}{x}-\dfrac{1}{2}\int_{1}^{+\infty}\dfrac{\mathrm{d}x}{x+2}.$$

正确解法 因为

$$\dfrac{1}{x^2+2x}=\dfrac{1}{x(x+2)}=\dfrac{1}{2}\left(\dfrac{1}{x}-\dfrac{1}{x+2}\right),$$

所以

$$\int_{1}^{+\infty}\dfrac{\mathrm{d}x}{x^2+2x}=\dfrac{1}{2}\int_{1}^{+\infty}\left(\dfrac{1}{x}-\dfrac{1}{x+2}\right)\mathrm{d}x=\dfrac{1}{2}\ln\left|\dfrac{x}{x+2}\right|\Big|_{1}^{+\infty}=\dfrac{1}{2}\ln 3.$$

五、习题解答

习题 6.1

1. 由于函数 $y=x^2+1$ 在区间 $[1,2]$ 上连续, 因此可积.

用分点 $x_0=1$, $x_1=1+\dfrac{1}{n}$, $x_2=1+\dfrac{2}{n}$, $\cdots$, $x_n=2$ 将区间 $[1,2]$ 等分成 n 个小区间 $[x_{i-1},x_i]$ $(i=1,2,\cdots,n)$, 其长度为 $\Delta x_i=\dfrac{1}{n}$, 在区间 $[x_{i-1},x_i]$ 上取 $\xi_i=x_i$, 则

$$\sum_{i=1}^{n}f(\xi_i)\Delta x_i=\sum_{i=1}^{n}\left[\left(1+\dfrac{i}{n}\right)^2+1\right]\cdot\dfrac{1}{n}=\dfrac{1}{n}\cdot\sum_{i=1}^{n}\left(1+\dfrac{i}{n}\right)^2+1$$

$$= \frac{1}{n^3} \cdot \sum_{i=1}^{n}(n+i)^2 + 1 = \frac{1}{n^3} \cdot \sum_{i=1}^{n}(n^2 + 2in + i^2) + 1$$

$$= 2 + \frac{2}{n^2} \cdot \sum_{i=1}^{n} i + \frac{1}{n^3} \cdot \sum_{i=1}^{n} i^2$$

$$= 2 + \frac{2}{n^2} \cdot \frac{n(n+1)}{2} + \frac{1}{n^3} \cdot \frac{n(n+1)(2n+1)}{6}$$

$$= 2 + \frac{n+1}{n} + \frac{1}{6}\left(1+\frac{1}{n}\right)\left(2+\frac{1}{n}\right),$$

所以

$$\lim_{n\to\infty}\sum_{i=1}^{n}f(\xi_i)\Delta x_i = \lim_{n\to\infty}\left[2 + \frac{n+1}{n} + \frac{1}{6}\left(1+\frac{1}{n}\right)\left(2+\frac{1}{n}\right)\right] = \frac{10}{3},$$

即所求曲边梯形的面积为 $S = \frac{10}{3}$.

2. (1) 曲线 $y = x^2$ 与 $y = 2 - x$ 的两个交点为 $(1, 1)$ 和 $(-2, 4)$. 由定积分的几何意义得 $A = \int_0^1 x^2 \mathrm{d}x + \int_1^2 (2-x)\mathrm{d}x$.

(2) 时间间隔 $[0, 3]$ 内所走的路程为 $s = \int_0^3 (2 + t^2)\mathrm{d}t$.

3. (1) 如图 6-6 所示, 根据定积分的几何意义, 定积分 $\int_0^1 |x-1|\mathrm{d}x$ 表示由 x 轴、y 轴与 $y = 1 - x$ 所围成的三角形的面积, 其面积值为 $\frac{1}{2}$, 所以 $\int_0^1 |x-1|\mathrm{d}x = \frac{1}{2}$.

(2) 如图 6-7 所示, 根据定积分的几何意义, 定积分 $\int_0^1 \sqrt{1-x^2}\mathrm{d}x$ 表示由 $y = \sqrt{1-x^2}$ 以及 x 轴、y 轴所围成的在第一象限内的图形的面积, 其面积值为 $\frac{\pi}{4}$, 所以 $\int_0^1 \sqrt{1-x^2}\mathrm{d}x = \frac{\pi}{4}$.

(3) 如图 6-8 所示, 根据定积分的几何意义, 定积分 $\int_{-\pi}^{\pi}\sin x \mathrm{d}x$ 表示由曲线 $y = \sin x$ ($x \in [0, \pi]$) 与 x 轴所围成的图形的面积 A_1 减去曲线 $y = \sin x$ ($x \in [-\pi, 0]$) 与 x 轴所围成的图形的面积 A_2, 由对称性知 $A_1 = A_2$, 所以 $\int_{-\pi}^{\pi}\sin x \mathrm{d}x = A_1 - A_2 = 0$.

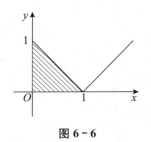

图 6-6

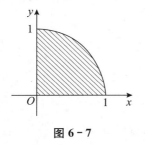

图 6-7

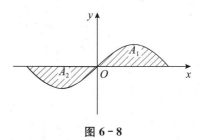

图 6-8

4. 根据定积分的定义,在区间 $[a,b]$ 中插入 $n-1$ 个分点,即

$$a=x_0<x_1<x_2<\cdots<x_{n-1}<x_n=b.$$

记 $\Delta x_i=x_i-x_{i-1}$,任取 $\xi_i\in[x_{i-1},x_i]$,取 $\lambda=\max\limits_{1\leqslant i\leqslant n}\{\Delta x_i\}$.

(1) 设 $f(x)$ 在 $[a,b]$ 上可积,则

$$\int_a^b kf(x)\mathrm{d}x=\lim_{\lambda\to 0}\sum_{i=1}^n kf(\xi_i)\Delta x_i=k\lim_{\lambda\to 0}\sum_{i=1}^n f(\xi_i)\Delta x_i=k\int_a^b f(x)\mathrm{d}x.$$

(2) $\int_a^b 1\cdot \mathrm{d}x=\lim\limits_{\lambda\to 0}\sum\limits_{i=1}^n \Delta x_i=b-a$,即 $\int_a^b \mathrm{d}x=b-a.$

5. (1) 由于在 $[0,1]$ 上,$x^2>x^3$,所以 $\int_0^1 x^2 \mathrm{d}x>\int_0^1 x^3 \mathrm{d}x.$

(2) 在 $[1,2]$ 上,$x^2<x^3$,所以 $\int_1^2 x^2 \mathrm{d}x<\int_1^2 x^3 \mathrm{d}x.$

(3) 当 $x\in[3,4]$ 时,$\ln x>1$,从而 $\ln x<\ln^2 x$,$\int_3^4 \ln x \mathrm{d}x<\int_3^4 \ln^2 x \mathrm{d}x.$

(4) 当 $x\in(0,1)$ 时,$x>-x^2$,故 $\int_0^1 \mathrm{e}^x \mathrm{d}x>\int_0^1 \mathrm{e}^{-x^2}\mathrm{d}x.$

6. (1) 当 $x\in[1,4]$ 时,$2\leqslant x^2+1\leqslant 17$,于是

$$2\times(4-1)\leqslant \int_1^4 (x^2+1)\mathrm{d}x\leqslant 17\times(4-1),$$

即 $6\leqslant \int_1^4 (x^2+1)\mathrm{d}x\leqslant 51.$

(2) 当 $x\in\left[\dfrac{\pi}{4},\dfrac{5\pi}{4}\right]$ 时,$1=1+0\leqslant 1+\sin^2 x\leqslant 1+1=2$,所以

$$1\times\left(\frac{5\pi}{4}-\frac{\pi}{4}\right)\leqslant \int_{\frac{\pi}{4}}^{\frac{5\pi}{4}}(1+\sin^2 x)\mathrm{d}x\leqslant 2\times\left(\frac{5\pi}{4}-\frac{\pi}{4}\right),$$

即 $\pi\leqslant \int_{\frac{\pi}{4}}^{\frac{5\pi}{4}}(1+\sin^2 x)\mathrm{d}x\leqslant 2\pi.$

(3) 设 $f(x)=x\arctan x$,在区间 $\left[\dfrac{1}{\sqrt{3}},\sqrt{3}\right]$ 上,$f'(x)=\arctan x+\dfrac{x}{1+x^2}>0$,所以 $f(x)=x\arctan x$ 在区间 $\left[\dfrac{1}{\sqrt{3}},\sqrt{3}\right]$ 上单调递增,因此

$$f\left(\frac{1}{\sqrt{3}}\right)\leqslant f(x)\leqslant f(\sqrt{3}),\quad 即 \frac{\pi}{6\sqrt{3}}\leqslant x\arctan x\leqslant \frac{\pi}{\sqrt{3}}.$$

所以

$$\frac{\pi}{9}=\frac{\pi}{6\sqrt{3}}\cdot\left(\sqrt{3}-\frac{1}{\sqrt{3}}\right)\leqslant \int_{\frac{1}{\sqrt{3}}}^{\sqrt{3}} x\arctan x \mathrm{d}x\leqslant \frac{\sqrt{3}\pi}{3}\cdot\left(\sqrt{3}-\frac{1}{\sqrt{3}}\right)=\frac{2\pi}{3}.$$

(4) 设 $f(x)=e^{-x^2}$，令 $f'(x)=-2xe^{-x^2}=0$，得 $x=0$，因为 $f(0)=1$，$f(-1)=e^{-1}$，$f(2)=e^{-4}$，故 $f(x)=e^{-x^2}$ 在区间 $[-1,2]$ 上的最大值为 $f(0)=1$，最小值为 $f(2)=e^{-4}$，所以 $3e^{-4} \leqslant \int_{-1}^{2} e^{-x^2} dx \leqslant 3$.

习题 6.2

1. (1) $\Phi'(x)=\cos(1+x^2)$.

(2) $\Phi'(x)=\left(-\int_0^x \sqrt{1+t^4}\,dt\right)' = -\sqrt{1+x^4}$.

(3) $\Phi'(x)=\left(\int_0^{x^3} t\sqrt{1+t}\,dt\right)' = x^3\sqrt{1+x^3} \cdot (x^3)' = 3x^5\sqrt{1+x^3}$.

(4) $\Phi'(x)=\left(\int_{x^2}^{\sin x} \sin t^2\,dt\right)' = \sin\sin^2 x \cdot (\sin x)' - \sin x^4 \cdot (x^2)'$
$= \cos x \cdot \sin\sin^2 x - 2x\sin x^4$.

2. （奇数号题解答）

(1) 该极限为 $\dfrac{0}{0}$ 型，由洛必达法则，得

$$\lim_{x\to 0}\frac{\int_0^x \cos t^2\,dt}{x} = \lim_{x\to 0}\frac{\left(\int_0^x \cos t^2\,dt\right)'}{x'} = \lim_{x\to 0}\frac{\cos x^2}{1} = 1.$$

(3) $\displaystyle\lim_{x\to 0}\frac{\int_0^x (1+\sin 2t)^{\frac{1}{t}}\,dt}{\sin x} = \lim_{x\to 0}\frac{\left(\int_0^x (1+\sin 2t)^{\frac{1}{t}}\,dt\right)'}{(\sin x)'} = \lim_{x\to 0}\frac{(1+\sin 2x)^{\frac{1}{x}}}{\cos x}$.

由于

$$\lim_{x\to 0}(1+\sin 2x)^{\frac{1}{x}} = \lim_{x\to 0}(1+\sin 2x)^{\frac{1}{\sin 2x}\cdot\frac{\sin 2x}{x}} = \left[\lim_{x\to 0}(1+\sin 2x)^{\frac{1}{\sin 2x}}\right]^{\lim_{x\to 0}\frac{\sin 2x}{x}} = e^2,$$

所以 $\displaystyle\lim_{x\to 0}\frac{\int_0^x (1+\sin 2t)^{\frac{1}{t}}\,dt}{\sin x} = e^2$.

3. 方程两边分别对 x 求导，得 $e^{-y^2}\cdot\dfrac{dy}{dx}+\cos x^2=0$，即 $\dfrac{dy}{dx}=-\cos x^2\, e^{y^2}$.

4. （奇数号题解答）

(1) $\displaystyle\int_0^1 (3x^2-x+1)dx = \left(x^3-\frac{x^2}{2}+x\right)\bigg|_0^1 = \frac{3}{2}$.

(3) $\displaystyle\int_4^9 \sqrt{x}(1+\sqrt{x})dx = \int_4^9 (\sqrt{x}+x)dx = \left(\frac{2}{3}x^{\frac{3}{2}}+\frac{x^2}{2}\right)\bigg|_4^9 = \frac{271}{6}$.

(5) $\displaystyle\int_0^{\frac{\pi}{4}} \tan^2 x\,dx = \int_0^{\frac{\pi}{4}} (\sec^2 x-1)dx = (\tan x-x)\bigg|_0^{\frac{\pi}{4}} = 1-\frac{\pi}{4}$.

(7) $\displaystyle\int_0^{2\pi} |\sin x|\,dx = \int_0^{\pi} \sin x\,dx + \int_{\pi}^{2\pi}(-\sin x)dx = -\cos x\bigg|_0^{\pi} + \cos x\bigg|_{\pi}^{2\pi} = 4$.

5. $\int_0^2 f(x)dx = \int_0^1 (x+1)dx + \int_1^2 \frac{x^2}{2}dx = \left(\frac{x^2}{2}+x\right)\Big|_0^1 + \frac{x^3}{6}\Big|_1^2 = \frac{8}{3}$.

6. 当 $x \in [0, 1]$ 时，$F(x) = \int_0^x f(t)dt = \int_0^x e^{-t}dt = -e^{-t}\Big|_0^x = 1 - e^{-x}$.

当 $x \in (1, 2]$ 时，$F(x) = \int_0^1 f(t)dt + \int_1^x f(t)dt = \int_0^1 e^{-t}dt + \int_1^x 2t\,dt$
$$= -e^{-t}\Big|_0^1 + t^2\Big|_1^x = x^2 - e^{-1}.$$

所以
$$F(x) = \begin{cases} 1-e^{-x}, & 0 \leqslant x \leqslant 1 \\ x^2 - e^{-1}, & 1 < x \leqslant 2 \end{cases}.$$

习题 6.3

1.（奇数号题解答）

(1) $\int_0^{\frac{\pi}{2}} \sin x \cos^3 x\,dx = -\int_0^{\frac{\pi}{2}} \cos^3 x\,d\cos x = -\frac{\cos^4 x}{4}\Big|_0^{\frac{\pi}{2}} = \frac{1}{4}$.

(3) $\int_0^1 \frac{(\arctan x)^2}{1+x^2}dx = \int_0^1 (\arctan x)^2\,d\arctan x = \frac{(\arctan x)^3}{3}\Big|_0^1 = \frac{\pi^3}{192}$.

(5) $\int_0^4 \frac{x+2}{\sqrt{2x+1}}dx = \frac{1}{2}\int_0^4 \frac{2x+1+3}{\sqrt{2x+1}}dx = \frac{1}{2}\int_0^4 \sqrt{2x+1}\,dx + \frac{3}{2}\int_0^4 \frac{1}{\sqrt{2x+1}}dx$
$$= \frac{1}{4}\int_0^4 \sqrt{2x+1}\,d(2x+1) + \frac{3}{4}\int_0^4 \frac{1}{\sqrt{2x+1}}d(2x+1)$$
$$= \frac{1}{6}(2x+1)^{\frac{3}{2}}\Big|_0^4 + \frac{3}{2}\sqrt{2x+1}\Big|_0^4 = \frac{22}{3}.$$

(7) $\int_{-\frac{\pi}{2}}^{\frac{\pi}{2}} \sqrt{\cos x - \cos^3 x}\,dx = \int_{-\frac{\pi}{2}}^{\frac{\pi}{2}} \sqrt{\cos x \sin^2 x}\,dx = \int_{-\frac{\pi}{2}}^{\frac{\pi}{2}} \sqrt{\cos x}\,|\sin x|\,dx$
$$= \int_{-\frac{\pi}{2}}^0 \sqrt{\cos x}(-\sin x)dx + \int_0^{\frac{\pi}{2}} \sqrt{\cos x}\sin x\,dx$$
$$= \frac{2}{3}\cos^{\frac{3}{2}} x\Big|_{-\frac{\pi}{2}}^0 - \frac{2}{3}\cos^{\frac{3}{2}} x\Big|_0^{\frac{\pi}{2}} = \frac{4}{3}.$$

2. (1) 令 $t = \sqrt{1-x}$，则 $x = 1-t^2$，$dx = -2t\,dt$，当 $x = \frac{3}{4}$ 时 $t = \frac{1}{2}$，当 $x = 1$ 时 $t = 0$.

$$\int_{\frac{3}{4}}^1 \frac{1}{\sqrt{1-x}-1}dx = \int_{\frac{1}{2}}^0 \frac{1}{t-1}\cdot(-2t)dt = 2\int_0^{\frac{1}{2}} \frac{t}{t-1}dt = 2\int_0^{\frac{1}{2}}\left(1+\frac{1}{t-1}\right)dt$$
$$= 2(t + \ln|t-1|)\Big|_0^{\frac{1}{2}} = 1 - 2\ln 2.$$

(2) 令 $x = \sin t$，$dx = \cos t\,dt$，当 $x = \frac{1}{\sqrt{2}}$ 时 $t = \frac{\pi}{4}$，当 $x = 1$ 时 $t = \frac{\pi}{2}$.

$$\int_{\frac{1}{\sqrt{2}}}^{1} \frac{\sqrt{1-x^2}}{x^2} dx = \int_{\frac{\pi}{4}}^{\frac{\pi}{2}} \frac{\cos t}{\sin^2 t} \cos t \, dt = \int_{\frac{\pi}{4}}^{\frac{\pi}{2}} (\csc^2 t - 1) dt = -(\cot t + t)\Big|_{\frac{\pi}{4}}^{\frac{\pi}{2}} = 1 - \frac{\pi}{4}.$$

(3) 令 $x = \sec t$，则 $dx = \sec t \tan t \, dt$，当 $x=1$ 时，$t=0$，当 $x=2$ 时，$t=\frac{\pi}{3}$.

$$\int_{1}^{2} \frac{\sqrt{x^2-1}}{x^4} dx = \int_{0}^{\frac{\pi}{3}} \frac{\tan t}{\sec^4 t} \sec t \tan t \, dt = \int_{0}^{\frac{\pi}{3}} \sin^2 t \cos t \, dt$$

$$= \int_{0}^{\frac{\pi}{3}} \sin^2 t \, d\sin t = \frac{\sin^3 t}{3}\Big|_{0}^{\frac{\pi}{3}} = \frac{\sqrt{3}}{8}.$$

3. （奇数号题解答）

(1) $\int_{0}^{\frac{\pi}{4}} x \cos 2x \, dx = \frac{1}{2} x \sin 2x \Big|_{0}^{\frac{\pi}{4}} - \frac{1}{2} \int_{0}^{\frac{\pi}{4}} \sin 2x \, dx$

$$= \frac{\pi}{8} + \frac{1}{4} \cos 2x \Big|_{0}^{\frac{\pi}{4}} = \frac{\pi}{8} - \frac{1}{4}.$$

(3) $\int_{\frac{\pi}{4}}^{\frac{\pi}{3}} \frac{x}{\sin^2 x} dx = -x \cot x \Big|_{\frac{\pi}{4}}^{\frac{\pi}{3}} + \int_{\frac{\pi}{4}}^{\frac{\pi}{3}} \cot x \, dx = \frac{\pi}{4} - \frac{\sqrt{3}\pi}{9} + \ln \sin x \Big|_{\frac{\pi}{4}}^{\frac{\pi}{3}}$

$$= \frac{\pi}{4} - \frac{\sqrt{3}\pi}{9} + \frac{1}{2} \ln \frac{3}{2}$$

4. (1) $\frac{(\arcsin x)^2}{\sqrt{1-x^2}}$ 是 $\left[-\frac{1}{2}, \frac{1}{2}\right]$ 上的偶函数，所以

$$\int_{-\frac{1}{2}}^{\frac{1}{2}} \frac{(\arcsin x)^2}{\sqrt{1-x^2}} dx = 2\int_{0}^{\frac{1}{2}} \frac{(\arcsin x)^2}{\sqrt{1-x^2}} dx = 2\int_{0}^{\frac{1}{2}} (\arcsin x)^2 \, d\arcsin x$$

$$= \frac{2}{3} (\arcsin x)^3 \Big|_{0}^{\frac{1}{2}} = \frac{\pi^3}{324}.$$

(2) 容易验证 $\frac{1-e^x}{1+e^x} \sin^4 x$ 在 $[-5, 5]$ 上为奇函数，所以 $\int_{-5}^{5} \frac{1-e^x}{1+e^x} \sin^4 x \, dx = 0$.

(3) $\int_{-a}^{a} (x^3+1)\sqrt{a^2-x^2} \, dx = \int_{-a}^{a} x^3 \sqrt{a^2-x^2} \, dx + \int_{-a}^{a} \sqrt{a^2-x^2} \, dx$.

因为 $x^3\sqrt{a^2-x^2}$ 是 $[-a, a]$ 上的奇函数，所以 $\int_{-a}^{a} x^3 \sqrt{a^2-x^2} \, dx = 0$.

因为 $\sqrt{a^2-x^2}$ 是 $[-a, a]$ 上的偶函数，令 $x=\sin t$，则 $dx=\cos t \, dt$，得

$$\int_{-a}^{a} \sqrt{a^2-x^2} \, dx = 2\int_{0}^{a} \sqrt{a^2-x^2} \, dx = 2\int_{0}^{\frac{\pi}{2}} a\cos t \cdot a\cos t \, dt$$

$$= 2a^2 \int_{0}^{\frac{\pi}{2}} \frac{1+\cos 2t}{2} dt = a^2 \left(t + \frac{\sin 2t}{2}\right)\Big|_{0}^{\frac{\pi}{2}} = \frac{\pi a^2}{2}.$$

所以 $\int_{-a}^{a} (x^3+1)\sqrt{a^2-x^2} \, dx = \frac{\pi a^2}{2}.$

5. (1) 令 $t = \dfrac{1}{x}$，$\mathrm{d}x = -\dfrac{1}{t^2}\mathrm{d}t$，则

$$\int_x^1 \dfrac{\mathrm{d}x}{1+x^2} = \int_{\frac{1}{x}}^1 \dfrac{-\dfrac{1}{t^2}\mathrm{d}t}{1+\dfrac{1}{t^2}} = \int_1^{\frac{1}{x}} \dfrac{\mathrm{d}t}{1+t^2} = \int_1^{\frac{1}{x}} \dfrac{\mathrm{d}x}{1+x^2} \quad (x > 0).$$

(2) 令 $t = 1 - x$，$\mathrm{d}x = -\mathrm{d}t$，当 $x = 0$ 时 $t = 1$，当 $x = 1$ 时 $t = 0$，所以

$$\int_0^1 x^m(1-x)^n \mathrm{d}x = \int_1^0 (1-t)^m t^n (-\mathrm{d}t) = \int_0^1 (1-t)^m t^n \mathrm{d}t = \int_0^1 (1-x)^m x^n \mathrm{d}x.$$

6. 令 $t = -u$，$\mathrm{d}t = -\mathrm{d}u$，则

$$F(-x) = \int_0^{-x} f(t)\mathrm{d}t = \int_0^x f(-u)(-\mathrm{d}u) = -\int_0^x f(-u)\mathrm{d}u.$$

若 $f(x)$ 是奇函数，即 $f(-u) = -f(u)$，则

$$F(-x) = \int_0^{-x} f(t)\mathrm{d}t = -\int_0^x f(-u)\mathrm{d}u = \int_0^x f(u)\mathrm{d}u = F(x),$$

即 $F(x)$ 是偶函数.

若 $f(x)$ 是偶函数，即 $f(-u) = f(u)$，则

$$F(-x) = \int_0^{-x} f(t)\mathrm{d}t = -\int_0^x f(-u)\mathrm{d}u = -\int_0^x f(u)\mathrm{d}u = -F(x),$$

即 $F(x)$ 是奇函数.

习题 6.4

1. （奇数号题解答）

(1) $\displaystyle\int_1^{+\infty} \dfrac{1}{x^2}\mathrm{d}x = \lim_{b \to +\infty} \int_1^b \dfrac{1}{x^2}\mathrm{d}x = \lim_{b \to +\infty}\left(-\dfrac{1}{x}\right)\Big|_1^b = \lim_{b \to +\infty}\left(-\dfrac{1}{b} + 1\right) = 1.$

(3) $\displaystyle\int_1^{+\infty} \dfrac{1}{x^2(x+1)}\mathrm{d}x = \int_1^{+\infty}\left(\dfrac{1-x}{x^2} + \dfrac{1}{x+1}\right)\mathrm{d}x = \left(-\dfrac{1}{x} - \ln|x| + \ln|x+1|\right)\Big|_1^{+\infty}$

$= \left(-\dfrac{1}{x} + \ln\left|\dfrac{x+1}{x}\right|\right)\Big|_1^{+\infty} = 1 - \ln 2.$

(5) $\displaystyle\int_{-\infty}^0 \dfrac{\mathrm{e}^x}{1+\mathrm{e}^x}\mathrm{d}x = \int_{-\infty}^0 \dfrac{\mathrm{d}(1+\mathrm{e}^x)}{1+\mathrm{e}^x} = \ln(1+\mathrm{e}^x)\big|_{-\infty}^0 = \ln 2.$

2. $\displaystyle\int_2^{+\infty} \dfrac{1}{x\ln^p x}\mathrm{d}x = \int_2^{+\infty} \dfrac{\mathrm{d}\ln x}{(\ln x)^p} = \begin{cases} \dfrac{1}{-p+1}(\ln x)^{-p+1}\Big|_2^{+\infty}, & p \neq 1 \\ \ln|\ln x|\Big|_2^{+\infty}, & p = 1 \end{cases}.$

当 $p < 1$ 时，$\displaystyle\lim_{x \to +\infty}(\ln x)^{-p+1} = +\infty$，反常积分 $\displaystyle\int_2^{+\infty} \dfrac{1}{x\ln^p x}\mathrm{d}x$ 发散.

当 $p>1$ 时，$\lim\limits_{x\to+\infty}(\ln x)^{-p+1}=0$，$\int_2^{+\infty}\dfrac{1}{x\ln^p x}\mathrm{d}x=-\dfrac{(\ln 2)^{1-p}}{1-p}$，收敛.

当 $p=1$ 时，$\lim\limits_{x\to+\infty}\ln|\ln x|=+\infty$，反常积分 $\int_2^{+\infty}\dfrac{1}{x\ln^p x}\mathrm{d}x$ 发散.

3. (1) $x=1$ 为被积函数的瑕点，因为

$$\int\dfrac{x}{\sqrt{1-x^2}}\mathrm{d}x=-\dfrac{1}{2}\int\dfrac{\mathrm{d}(1-x^2)}{\sqrt{1-x^2}}=-\sqrt{1-x^2}+C,$$

所以

$$\int_0^1\dfrac{x}{\sqrt{1-x^2}}\mathrm{d}x=\lim_{\varepsilon\to 0^+}\int_0^{1-\varepsilon}\dfrac{x}{\sqrt{1-x^2}}\mathrm{d}x=\lim_{\varepsilon\to 0^+}(1-\sqrt{1-(1-\varepsilon)^2})=1.$$

(2) $x=1$ 为被积函数的瑕点.

$$\int_{\frac{1}{e}}^{e}\dfrac{\ln x}{(x-1)^2}\mathrm{d}x=\int_{\frac{1}{e}}^{1}\dfrac{\ln x}{(x-1)^2}\mathrm{d}x+\int_{1}^{e}\dfrac{\ln x}{(x-1)^2}\mathrm{d}x$$

$$=\lim_{\varepsilon_1\to 0^+}\int_{\frac{1}{e}}^{1-\varepsilon_1}\dfrac{\ln x}{(x-1)^2}\mathrm{d}x+\lim_{\varepsilon_2\to 0^+}\int_{1+\varepsilon_2}^{e}\dfrac{\ln x}{(x-1)^2}\mathrm{d}x$$

$$=\lim_{\varepsilon_1\to 0^+}\left[-\dfrac{\ln x}{x-1}+\ln\left|\dfrac{x-1}{x}\right|\right]_{\frac{1}{e}}^{1-\varepsilon_1}+\lim_{\varepsilon_2\to 0^+}\left[-\dfrac{\ln x}{x-1}+\ln\left|\dfrac{x-1}{x}\right|\right]_{1+\varepsilon_2}^{e}.$$

由于

$$\lim_{\varepsilon_1\to 0^+}\ln\dfrac{\varepsilon_1}{1-\varepsilon_1}=-\infty,\quad \lim_{\varepsilon_2\to 0^+}\ln\dfrac{\varepsilon_2}{1+\varepsilon_2}=-\infty,$$

所以 $\int_{\frac{1}{e}}^{1}\dfrac{\ln x}{(x-1)^2}\mathrm{d}x$ 和 $\int_{1}^{e}\dfrac{\ln x}{(x-1)^2}\mathrm{d}x$ 均发散，从而 $\int_{\frac{1}{e}}^{e}\dfrac{\ln x}{(x-1)^2}\mathrm{d}x$ 发散.

4. (1) $\int_0^{+\infty}\sqrt{x}\mathrm{e}^{-x}\mathrm{d}x=\int_0^{+\infty}x^{\frac{3}{2}-1}\mathrm{e}^{-x}\mathrm{d}x=\Gamma\left(\dfrac{3}{2}\right)=\dfrac{1}{2}\Gamma\left(\dfrac{1}{2}\right)=\dfrac{1}{2}\sqrt{\pi}.$

(2) $\int_0^{+\infty}x^m\mathrm{e}^{-x}\mathrm{d}x=\Gamma(m+1)=m!.$

习题 6.5

1. (1) 如图 6-9 所示，所求图形的面积为

$$A=\int_0^1(\sqrt{x}-x^2)\mathrm{d}x=\left(\dfrac{2}{3}x^{\frac{3}{2}}-\dfrac{1}{3}x^3\right)\bigg|_0^1=\dfrac{1}{3}.$$

(2) 如图 6-10 所示，所求图形的面积为

$$A=\int_0^1(\mathrm{e}^x-\mathrm{e}^{-x})\mathrm{d}x=(\mathrm{e}^x+\mathrm{e}^{-x})\bigg|_0^1=\mathrm{e}+\dfrac{1}{\mathrm{e}}-2.$$

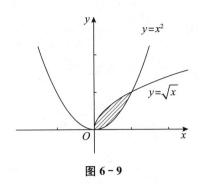
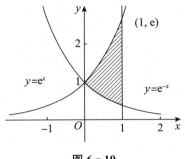

图 6-9　　　　　　　　　图 6-10

(3) 如图 6-11 所示，所求图形的面积为

$$A = \int_1^2 \left(x - \frac{1}{x}\right) dx = \left(\frac{x^2}{2} - \ln|x|\right)\bigg|_1^2 = \frac{3}{2} - \ln 2.$$

(4) 如图 6-12 所示，所求图形的面积为

$$A = \int_0^{\frac{\pi}{2}} |\sin x - \cos x| dx = \int_0^{\frac{\pi}{4}} (\cos x - \sin x) dx + \int_{\frac{\pi}{4}}^{\frac{\pi}{2}} (\sin x - \cos x) dx$$

$$= (\sin x + \cos x)\bigg|_0^{\frac{\pi}{4}} + (-\cos x - \sin x)\bigg|_{\frac{\pi}{4}}^{\frac{\pi}{2}} = 2\sqrt{2} - 2.$$

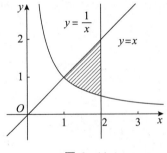
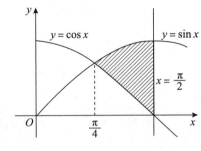

图 6-11　　　　　　　　　图 6-12

(5) 由 $\begin{cases} x + y - 2 = 0 \\ y^2 = x \end{cases}$ 解得交点为 $(4, -2), (1, 1)$. 如图 6-13 所示，所求图形的面积为

$$A = \int_{-2}^1 (-y + 2 - y^2) dy = \left(-\frac{y^2}{2} + 2y - \frac{y^3}{3}\right)\bigg|_{-2}^1 = \frac{9}{2}.$$

(6) 曲线 $x = 5y^2$ 与 $x = 1 + y^2$ 的交点为 $\left(\frac{5}{4}, \frac{1}{2}\right), \left(\frac{5}{4}, -\frac{1}{2}\right)$. 如图 6-14 所示，所求图形的面积为

$$A = \int_{-\frac{1}{2}}^{\frac{1}{2}} (1 + y^2 - 5y^2) dy = \left(y - \frac{4y^3}{3}\right)\bigg|_{-\frac{1}{2}}^{\frac{1}{2}} = \frac{2}{3}.$$

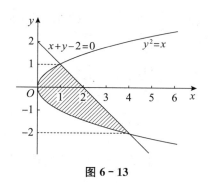

图 6 - 13

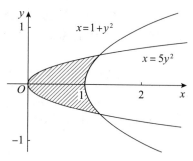

图 6 - 14

2. 由 $\begin{cases} y^2 = x \\ y = ax \end{cases}$ 解得曲线交点为 $(0, 0)$，$\left(\dfrac{1}{a^2}, \dfrac{1}{a}\right)$；两条曲线所围成的图形面积（见图 6 - 15）为

$$A = \int_0^{\frac{1}{a^2}} (\sqrt{x} - ax) dx = \left(\dfrac{2}{3} x^{\frac{3}{2}} - \dfrac{a}{2} x^2\right) \Big|_0^{\frac{1}{a^2}} = \dfrac{1}{6a^3},$$

由题意可得，$\dfrac{1}{6a^3} = \dfrac{1}{6}$，即 $a = 1$.

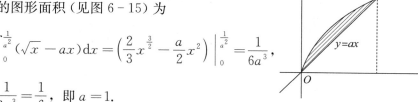

图 6 - 15

3. (1) 如图 6 - 16 所示，有

$$V = \pi \int_2^4 y^2 dx = \pi \int_2^4 \left(\dfrac{4}{x}\right)^2 dx = \pi \left(-\dfrac{16}{x}\right) \Big|_2^4 = 4\pi.$$

(2) 如图 6 - 17 所示，由 $\begin{cases} y = x^2 \\ x = y^2 \end{cases}$ 易解得两曲线交点为 $(0, 0)$，$(1, 1)$，故旋转体体积为

$$V = \pi \left[\int_0^1 (\sqrt{y})^2 dy - \int_0^1 (y^2)^2 dy\right] = \pi \left(\dfrac{y^2}{2} - \dfrac{y^5}{5}\right) \Big|_0^1 = \dfrac{3\pi}{10}.$$

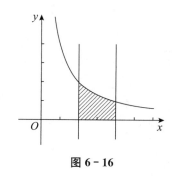

图 6 - 16

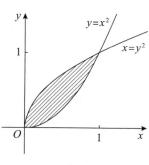

图 6 - 17

(3) 如图 6 - 18 所示，绕 x 轴旋转得到的旋转体的体积为

$$V_x = \pi \int_1^4 (\sqrt{x})^2 dx = \pi \cdot \dfrac{x^2}{2} \Big|_1^4 = \dfrac{15\pi}{2}.$$

记矩形 $OBDC$ 绕 y 轴旋转得到的旋转体的体积为 V_1，曲边梯形 $FCDE$ 和矩形 $OAEF$ 绕 y 轴旋转得到的旋转体的体积分别为 V_2，V_3，则

$$V_1 = \pi \int_0^2 4^2 dy = 32\pi; \quad V_2 = \pi \int_1^2 y^4 dy = \pi \cdot \frac{y^5}{5} \bigg|_1^2 = \frac{31\pi}{5}; \quad V_3 = \pi \int_0^1 1^2 dy = \pi.$$

所以，绕 y 轴旋转得到的旋转体的体积 $V_y = V_1 - V_2 - V_3 = \dfrac{124\pi}{5}$.

(4) 如图 6-19 所示，上半圆 $y = \sqrt{16-x^2} + 5$ 绕 x 轴旋转得到的旋转体的体积为

$$V_1 = \pi \int_{-4}^4 (\sqrt{16-x^2} + 5)^2 dx.$$

下半圆 $y = -\sqrt{16-x^2} + 5$ 绕 x 轴旋转得到的旋转体的体积为

$$V_2 = \pi \int_{-4}^4 (-\sqrt{16-x^2} + 5)^2 dx.$$

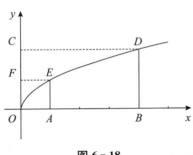

图 6-18

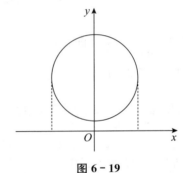

图 6-19

故整个圆绕 x 轴旋转得到的旋转体的体积为

$$V = V_1 - V_2 = \pi \int_{-4}^4 \left[(\sqrt{16-x^2} + 5)^2 - (-\sqrt{16-x^2} + 5)^2 \right] dx$$

$$= \pi \int_{-4}^4 20\sqrt{16-x^2} \, dx \xrightarrow{x = 4\sin t} 20\pi \int_{-\frac{\pi}{2}}^{\frac{\pi}{2}} 4\cos t \cdot 4\cos t \, dt$$

$$= 160\pi \int_{-\frac{\pi}{2}}^{\frac{\pi}{2}} (1 + \cos 2t) dt = 160\pi \left(t + \frac{\sin 2t}{2} \right) \bigg|_{-\frac{\pi}{2}}^{\frac{\pi}{2}} = 160\pi^2.$$

4. 如图 6-20 所示，设切点为 $C(x_0, \ln x_0)$，则切线斜率为 $y' \big|_{x=x_0} = \dfrac{1}{x_0}$，切线方程为 $y - \ln x_0 = \dfrac{1}{x_0}(x - x_0)$. 由切线过原点，将 $(0, 0)$ 代入，解得 $x_0 = e$，即切点为 $(e, 1)$，切线方程为 $y = \dfrac{x}{e}$.

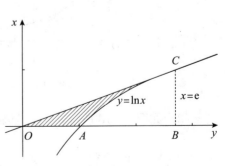

图 6-20

(1) D 的面积为

$$S = \int_0^1 (e^y - ey) dy = \left(e^y - \frac{ey^2}{2}\right)\bigg|_0^1 = \frac{e}{2} - 1.$$

(2) 先求曲边三角形 ABC 绕 $x=e$ 旋转一周所得旋转体的体积 V_1.

若将 $x=e$ 当作 y 轴，相当于把平面图形 D 向左平移 e，曲线 AC 的方程变成 $y=\ln(x+e)$，故

$$V_1 = \pi\int_0^1 (e^y - e)^2 dy = \pi\left(\frac{1}{2}e^{2y} - 2ee^y + e^2 y\right)\bigg|_0^1 = \left(2e - \frac{1}{2} - \frac{e^2}{2}\right)\pi.$$

三角形 OBC 绕 $x=e$ 旋转一周得到的是一个圆锥，其体积为

$$V_2 = \frac{1}{3}\pi e^2 \cdot 1 = \frac{1}{3}\pi e^2.$$

故 D 绕 $x=e$ 旋转一周所得旋转体的体积为

$$V = V_2 - V_1 = \frac{5\pi}{6}e^2 - 2\pi e + \frac{\pi}{2}.$$

5. 如图 6-21 所示，在 $(x, x+dx)$ 内取一小段曲线，它与 x 轴所围成的小曲边梯形绕 y 轴旋转得到一个薄环片，该薄环片内环面积为 $2\pi x f(x)$，厚度为 dx，其体积微元为 $dV = 2\pi x f(x) \cdot dx$，在 x 的变化区间 $[a, b]$ 上积分，得旋转体的体积为 $V = 2\pi \int_a^b x f(x) dx$.

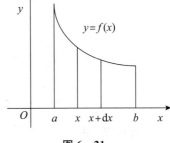

图 6-21

6. (1) 总成本函数为

$$C(q) = \int_0^q C'(q) dq + C(0) = \int_0^q (2-q) dq + C_0$$
$$= \left(2q - \frac{q^2}{2}\right)\bigg|_0^q + 100 = 2q - \frac{q^2}{2} + 100.$$

总收益函数为

$$R(q) = \int_0^q R'(q) dq = \int_0^q (20 - 2q) dq = (20q - q^2)\bigg|_0^q = 20q - q^2.$$

(2) 总利润为

$$L(q) = R(q) - C(q) = -\frac{1}{2}q^2 + 18q - 100.$$

边际利润为

$$L'(q) = R'(q) - C'(q) = -q + 18.$$

令 $L'(q) = 0$，得利润函数的唯一驻点 $q = 18$. 又 $L''(q) = -1 < 0$，该驻点是极大值点，且是唯一的极值点，故也是最大值点.

当 $q=18$ 时，总利润最大，最大利润为 $L(18)=62$.

7. (1) 收益函数为
$$R(q)=\int_0^q R'(q)\mathrm{d}q=\int_0^q(7-2q)\mathrm{d}q=(7q-q^2)\Big|_0^q=7q-q^2.$$

(2) 总成本函数为
$$C(q)=C_0+2q=2q+3.$$

总利润为
$$L(q)=R(q)-C(q)=-q^2+5q-3.$$

由 $L'(q)=-2q+5$，令 $L'(q)=0$，得 $q=\dfrac{5}{2}$，而 $L''(q)=-2<0$，该点为极大值点，也是最大值点. 即生产 250 台时总利润最大，最大利润为 $L\left(\dfrac{5}{2}\right)=\dfrac{13}{4}$ 万元.

8. 收益函数为
$$R(q)=pq=(300-3q)q=-3q^2+300q.$$

成本函数为
$$C(q)=\int_0^q C'(q)\mathrm{d}q+C(0)=\int_0^q(21.2+0.8q)\mathrm{d}q+C_0$$
$$=(21.2q+0.4q^2)\Big|_0^q+100=21.2q+0.4q^2+100.$$

总利润函数为
$$L(q)=R(q)-C(q)=-3.4q^2+278.8q-100.$$

边际利润为
$$L'(q)=R'(q)-C'(q)=-6.8q+278.8.$$

令 $L'(q)=0$，得 $q=41$，而 $L''(q)=-6.8<0$，所以产量为 41 时利润最大，最大利润为 $L(41)=-3.4\times 41^2+278.8\times 41-100=5\,615.4$.

9. (1) $R(5)-R(1)=\int_1^5 R'(q)\mathrm{d}q=\int_1^5(8-q)\mathrm{d}q=\left(8q-\dfrac{q^2}{2}\right)\Big|_1^5=20.$

$C(5)-C(1)=\int_1^5 C'(q)\mathrm{d}q=\int_1^5(4+0.25q)\mathrm{d}q=\left(4q+\dfrac{0.25q^2}{2}\right)\Big|_1^5=19.$

即产量由 100 台增加到 500 台时，总收益增加 20 万元，总成本增加 19 万元.

(2) $L'(q)=R'(q)-C'(q)=4-1.25q$，由 $R'(q)=C'(q)$，解得 $q=3.2$.

由最大利润化原则，当 $R'(q)=C'(q)$，即 $L'(q)=0$ 时利润最大，因此当产量为 320 台时总利润最大.

总习题六

A. 基础测试题

1. 填空题

(1) $\int_{-1}^{2} x|x| \mathrm{d}x = -\int_{-1}^{0} x^2 \mathrm{d}x + \int_{0}^{2} x^2 \mathrm{d}x = -\frac{1}{3}x^3 \Big|_{-1}^{0} + \frac{1}{3}x^3 \Big|_{0}^{2} = \frac{7}{3}$.

(2) 对 $f(x) = x + 2\int_{0}^{1} f(t) \mathrm{d}t$ 取定积分，得

$$\int_{0}^{1} f(x) \mathrm{d}x = \frac{x^2}{2} \Big|_{0}^{1} + 2\int_{0}^{1} f(x) \mathrm{d}x = \frac{1}{2} + 2\int_{0}^{1} f(x) \mathrm{d}x,$$

所以 $\int_{0}^{1} f(x) \mathrm{d}x = -\frac{1}{2}$. 将其代入 $f(x) = x + 2\int_{0}^{1} f(t) \mathrm{d}t$, 可得 $f(x) = x - 1$.

(3) $\int_{0}^{+\infty} \frac{1}{\mathrm{e}^x + \mathrm{e}^{-x}} \mathrm{d}x = \int_{0}^{+\infty} \frac{\mathrm{e}^x}{\mathrm{e}^{2x} + 1} \mathrm{d}x = \int_{0}^{+\infty} \frac{1}{1 + \mathrm{e}^{2x}} \mathrm{d}\mathrm{e}^x = \arctan \mathrm{e}^x \Big|_{0}^{+\infty} = \frac{\pi}{4}$.

(4) 令 $u = x - t$, 则

$$\int_{0}^{x} \sin(x-t)^2 \mathrm{d}t = -\int_{x}^{0} \sin u^2 \mathrm{d}u = \int_{0}^{x} \sin u^2 \mathrm{d}u,$$

所以

$$\frac{\mathrm{d}}{\mathrm{d}x} \int_{0}^{x} \sin(x-t)^2 \mathrm{d}t = \sin x^2.$$

(5) 令 $x - 1 = \sin t$, $t \in \left[-\frac{\pi}{2}, 0\right]$, 则

$$\sqrt{2x - x^2} = \sqrt{1 - (x-1)^2} = \cos t, \quad \mathrm{d}x = \cos t \, \mathrm{d}t,$$

$$\int_{0}^{1} \sqrt{2x - x^2} \, \mathrm{d}x = \int_{-\frac{\pi}{2}}^{0} \cos^2 t \, \mathrm{d}t = \int_{-\frac{\pi}{2}}^{0} \frac{1 + \cos 2t}{2} \mathrm{d}t = \left(\frac{t}{2} + \frac{\sin 2t}{4}\right) \Big|_{-\frac{\pi}{2}}^{0} = \frac{\pi}{4}.$$

另解：(利用定积分的几何意义) 该积分表示由圆 $(x-1)^2 + y^2 = 1$, x 轴及直线 $x = 1$ 所围成的左上部分面积，即四分之一圆的面积，故积分值为 $\frac{\pi}{4}$.

(6) $\int_{-\pi}^{\pi} (x+1)\sqrt{1 - \cos 2x} \, \mathrm{d}x = \int_{-\pi}^{\pi} x\sqrt{1 - \cos 2x} \, \mathrm{d}x + \int_{-\pi}^{\pi} \sqrt{1 - \cos 2x} \, \mathrm{d}x$.

而 $f(x) = x\sqrt{1 - \cos 2x}$ 在 $[-\pi, \pi]$ 上是奇函数，故

$$\int_{-\pi}^{\pi} x\sqrt{1 - \cos 2x} \, \mathrm{d}x = 0.$$

又 $\sqrt{1 - \cos 2x}$ 在 $[-\pi, \pi]$ 上是偶函数，有

$$\int_{-\pi}^{\pi}\sqrt{1-\cos 2x}\,dx = 2\int_{0}^{\pi}\sqrt{1-\cos 2x}\,dx = 2\int_{0}^{\pi}\sqrt{2}\sin x\,dx$$
$$= -2\sqrt{2}\cos x\Big|_{0}^{\pi} = 4\sqrt{2},$$

所以 $\int_{-\pi}^{\pi}(x+1)\sqrt{1-\cos 2x}\,dx = 4\sqrt{2}$.

(7) $\int_{e}^{+\infty}\dfrac{dx}{x\ln^2 x} = \int_{e}^{+\infty}\dfrac{d\ln x}{\ln^2 x} = -\dfrac{1}{\ln x}\Big|_{e}^{+\infty} = 1$.

(8) 令 $t = x-2$, 则

$$\int_{1}^{3}f(x-2)\,dx = \int_{-1}^{1}f(t)\,dt = \int_{-1}^{0}(1+t^2)\,dt + \int_{0}^{1}e^{-t}\,dt$$
$$= \left(t+\dfrac{t^3}{3}\right)\Big|_{-1}^{0} - e^{-t}\Big|_{0}^{1} = \dfrac{7}{3} - \dfrac{1}{e}.$$

(9) 等式 $\int_{0}^{x^3-1}f(t)\,dt = x$ 两边对 x 求导, 得 $f(x^3-1)\cdot 3x^2 = 1$, 即 $f(x^3-1) = \dfrac{1}{3x^2}$. 取 $x = 2$, 代入可得 $f(7) = \dfrac{1}{12}$.

(10) 所求面积为 $A = \int_{0}^{+\infty}e^{-2x}\,dx = \dfrac{1}{-2}e^{-2x}\Big|_{0}^{+\infty} = \dfrac{1}{2}$.

2. 单项选择题

(1) 因为定积分为数值, 所以选项 (A) (C) (D) 均错误. 由微积分基本定理知 $\dfrac{d}{dx}\int_{a}^{x}f(x)\,dx = f(x)$. 故选择选项 (B).

(2) 令 $\sqrt{1-x} = t$, 则 $x = 1-t^2$, 于是

$$\int_{0}^{1}f(\sqrt{1-x})\,dx = \int_{1}^{0}f(t)\cdot(-2t)\,dt = 2\int_{0}^{1}tf(t)\,dt = 2\int_{0}^{1}xf(x)\,dx.$$

故选择选项 (B).

(3) 因为 $F'(x) = \dfrac{1}{1+x^2} + \dfrac{1}{1+\dfrac{1}{x^2}}\cdot\left(-\dfrac{1}{x^2}\right) = 0$, 所以 $F(x) = C$.

又 $F(1) = \int_{0}^{1}\dfrac{1}{1+t^2}\,dt + \int_{0}^{1}\dfrac{1}{1+t^2}\,dt = 2\arctan t\Big|_{0}^{1} = \dfrac{\pi}{2}$, 故 $C = \dfrac{\pi}{2}$. 所以 $F(x) = \dfrac{\pi}{2}$.

故选择选项 (B).

(4) 因为 $f'(x) = e^{\sqrt{x}} > 0$, 所以 $f(x)$ 在 $[0, 1]$ 上是单调递增函数, 最大值为 $f(1)$. 令 $u = \sqrt{t}$, $dt = 2u\,du$, 当 $t = 0$ 时 $u = 0$, 当 $t = 1$ 时 $u = 1$, 所以

$$f(1) = \int_{0}^{1}e^{\sqrt{t}}\,dt = \int_{0}^{1}2ue^{u}\,du = 2ue^{u}\Big|_{0}^{1} - 2\int_{0}^{1}e^{u}\,du = 2e^{u}(u-1)\Big|_{0}^{1} = 2.$$

故选择选项 (D).

(5) $\int_0^x tf(x^2-t^2)dt = -\frac{1}{2}\int_0^x f(x^2-t^2)d(x^2-t^2) \xrightarrow{u=x^2-t^2} -\frac{1}{2}\int_{x^2}^0 f(u)du$,

所以

$$\frac{d}{dx}\int_0^x tf(x^2-t^2)dt = \frac{1}{2} \cdot \frac{d}{dx}\int_0^{x^2} f(u)du = \frac{1}{2}f(x^2) \cdot 2x = xf(x^2),$$

故选择选项（A）.

(6) $\int_0^{+\infty} \frac{dx}{1+x^2} = \arctan x \Big|_0^{+\infty} = \frac{\pi}{2}$, 收敛.

$\int_0^1 \frac{dx}{\sqrt{1-x^2}} = \arcsin x \Big|_0^1 = \frac{\pi}{2}$, 收敛.

$\int_0^{+\infty} \frac{\ln x}{x}dx = \int_0^1 \frac{\ln x}{x}dx + \int_1^{+\infty} \frac{\ln x}{x}dx = I_1 + I_2$, 第一个瑕积分

$$I_1 = \lim_{\varepsilon \to 0^+}\int_\varepsilon^1 \frac{\ln x}{x}dx = \lim_{\varepsilon \to 0^+} \frac{1}{2}\ln^2 x \Big|_\varepsilon^1 = -\infty$$

发散，故 $\int_0^{+\infty} \frac{\ln x}{x}dx$ 发散.

$\int_0^{+\infty} e^{-x}dx = -e^{-x}\Big|_0^{+\infty} = 1$, 收敛. 故选择选项（C）.

(7) 由 $f(x) > 0$, $f'(x) < 0$, $f''(x) > 0$ 可知，曲线 $y = f(x)$ 为 x 轴上方单调递减的下凹曲线.

积分 $S_1 = \int_a^b f(x)dx$ 为曲边梯形面积；$S_2 = f(b)(b-a)$ 为矩形面积；$S_3 = \frac{b-a}{2}[f(a)+f(b)]$ 为梯形面积. 从几何上看 $S_2 < S_1 < S_3$, 故选择选项（B）.

(8) $\int_0^\pi \sqrt{\sin x - \sin^3 x}\, dx = \int_0^\pi \sqrt{\sin x \cos^2 x}\, dx$

$$= \int_0^{\frac{\pi}{2}} \sqrt{\sin x}\, \cos x\, dx - \int_{\frac{\pi}{2}}^\pi \sqrt{\sin x}\, \cos x\, dx$$

$$= \int_0^{\frac{\pi}{2}} \sqrt{\sin x}\, d\sin x - \int_{\frac{\pi}{2}}^\pi \sqrt{\sin x}\, d\sin x$$

$$= \frac{2}{3}\sin^{\frac{3}{2}} x \Big|_0^{\frac{\pi}{2}} - \frac{2}{3}\sin^{\frac{3}{2}} x \Big|_{\frac{\pi}{2}}^\pi = \frac{4}{3}.$$

故选择选项（C）.

(9) 当 $0 \leqslant x < 1$ 时

$$F(x) = \int_0^x f(t)dt = \int_0^x (t+1)dt = \left(\frac{t^2}{2}+t\right)\Big|_0^x = \frac{x^2}{2}+x.$$

当 $1 \leqslant x \leqslant 2$ 时

$$F(x) = \int_0^x f(t)dt = \int_0^1 f(t)dt + \int_1^x f(t)dt$$
$$= \int_0^1 (t+1)dt + \int_1^x (t-1)dt$$
$$= \left(\frac{t^2}{2}+t\right)\Big|_0^1 + \left(\frac{t^2}{2}-t\right)\Big|_1^x = \frac{x^2}{2} - x + 2.$$

因为 $\lim\limits_{x \to 1^-} F(x) = \lim\limits_{x \to 1^+} F(x) = \frac{3}{2} = F(1)$,故 $F(x)$ 在 $x=1$ 处连续;但

$$F'_-(1) = \lim_{x \to 1^-} \frac{F(x)-F(1)}{x-1} = 2, \quad F'_+(1) = \lim_{x \to 1^+} \frac{F(x)-F(1)}{x-1} = 0,$$

所以 $F(x)$ 在 $x=1$ 处不可导. 故选择选项 (C).

(10) 因为 $f(x)$ 为连续函数,由洛必达法则,得

$$\lim_{x \to a} F(x) = \lim_{x \to a} \frac{x^2 \int_a^x f(t)dt}{x-a} = \lim_{x \to a}\left(2x\int_a^x f(t)dt + x^2 f(x)\right) = a^2 f(a).$$

故选择选项 (B).

3. (1) 由洛必达法则,得

$$\lim_{x \to 0} \frac{x-\sin x}{\int_0^x \frac{\ln(1+t^3)}{t}dt} = \lim_{x \to 0} \frac{1-\cos x}{\frac{\ln(1+x^3)}{x}} = \lim_{x \to 0} \frac{x(1-\cos x)}{\ln(1+x^3)} = \lim_{x \to 0} \frac{x \cdot \frac{x^2}{2}}{x^3} = \frac{1}{2}.$$

(当 $x \to 0$ 时,$1-\cos x \sim \frac{x^2}{2}$,$\ln(1+x^3) \sim x^3$.)

(2) 由定积分的定义可知

$$\lim_{n \to \infty} \frac{1}{n}\left(\sin\frac{\pi}{n} + \sin\frac{2\pi}{n} + \sin\frac{3\pi}{n} + \cdots + \sin\frac{n\pi}{n}\right)$$
$$= \int_0^1 \sin\pi x\, dx = -\frac{1}{\pi}\cos\pi x\Big|_0^1 = \frac{2}{\pi}.$$

4. (1) 令 $t = \arcsin x$,$x = \sin t$,$dx = \cos t\, dt$,当 $x = -1$ 时 $t = -\frac{\pi}{2}$,当 $x=1$ 时 $t = \frac{\pi}{2}$,于是

$$\int_{-1}^1 (\arcsin x)^2 dx = \int_{-\frac{\pi}{2}}^{\frac{\pi}{2}} t^2 \cos t\, dt = t^2 \sin t\Big|_{-\frac{\pi}{2}}^{\frac{\pi}{2}} - 2\int_{-\frac{\pi}{2}}^{\frac{\pi}{2}} t \sin t\, dt$$
$$= \frac{\pi^2}{2} + 2t\cos t\Big|_{-\frac{\pi}{2}}^{\frac{\pi}{2}} - 2\int_{-\frac{\pi}{2}}^{\frac{\pi}{2}} \cos t\, dt = \frac{\pi^2}{2} - 2\sin t\Big|_{-\frac{\pi}{2}}^{\frac{\pi}{2}} = \frac{\pi^2}{2} - 4.$$

(2) 因为 $f(x) = x^2 e^{|x|}$ 是 $[-1, 1]$ 上的偶函数,所以

$$\int_{-1}^{1} x^2 e^{|x|} dx = 2\int_{0}^{1} x^2 e^x dx = 2x^2 e^x \Big|_{0}^{1} - 4\int_{0}^{1} x e^x dx = 2e - 4x e^x \Big|_{0}^{1} + 4\int_{0}^{1} e^x dx$$
$$= -2e + 4e^x \Big|_{0}^{1} = 2e - 4.$$

(3) $x = e$ 为被积函数的瑕点.

$$\int_{1}^{e} \frac{1}{x\sqrt{1-\ln^2 x}} dx = \lim_{\varepsilon \to 0^+} \int_{1}^{e-\varepsilon} \frac{1}{x\sqrt{1-\ln^2 x}} dx = \lim_{\varepsilon \to 0^+} \int_{1}^{e-\varepsilon} \frac{d\ln x}{\sqrt{1-\ln^2 x}}$$
$$= \lim_{\varepsilon \to 0^+} \arcsin \ln x \Big|_{1}^{e-\varepsilon} = \frac{\pi}{2}.$$

(4) $\int_{1}^{+\infty} \frac{\arctan x}{x^2} dx = -\int_{1}^{+\infty} \arctan x \, d\left(\frac{1}{x}\right) = -\frac{\arctan x}{x}\Big|_{1}^{+\infty} + \int_{1}^{+\infty} \frac{1}{x(1+x^2)} dx$

$$= \frac{\pi}{4} + \frac{1}{2}\int_{1}^{+\infty} \frac{1}{x^2(1+x^2)} dx^2 = \frac{\pi}{4} + \frac{1}{2}\int_{1}^{+\infty} \left(\frac{1}{x^2} - \frac{1}{1+x^2}\right) dx^2$$
$$= \frac{\pi}{4} + \frac{1}{2}\ln \frac{x^2}{1+x^2}\Big|_{1}^{+\infty} = \frac{\pi}{4} + \frac{1}{2}\ln 2.$$

5. $\int_{0}^{1} x f''(x) dx = \int_{0}^{1} x \, df'(x) = x f'(x)\Big|_{0}^{1} - \int_{0}^{1} f'(x) dx$
$$= x f'(x)\Big|_{0}^{1} - f(x)\Big|_{0}^{1} = 3.$$

6. $\int_{0}^{\pi} [f(x) + f''(x)]\sin x \, dx = \int_{0}^{\pi} f(x)\sin x \, dx + \int_{0}^{\pi} f''(x)\sin x \, dx$
$$= \int_{0}^{\pi} f(x)\sin x \, dx + f'(x)\sin x \Big|_{0}^{\pi} - \int_{0}^{\pi} f'(x)\cos x \, dx$$
$$= \int_{0}^{\pi} f(x)\sin x \, dx - \int_{0}^{\pi} \cos x \, df(x)$$
$$= \int_{0}^{\pi} f(x)\sin x \, dx - \left[f(x)\cos x \Big|_{0}^{\pi} + \int_{0}^{\pi} f(x)\sin x \, dx\right]$$
$$= f(0) + f(\pi).$$

因为 $\int_{0}^{\pi} [f(x) + f''(x)]\sin x \, dx = 3$, $f(\pi) = 1$, 所以 $f(0) = 3 - f(\pi) = 2$.

7. 因为
$$\int_{0}^{x} (t-x) f(t) dt = \int_{0}^{x} t f(t) dt - x \int_{0}^{x} f(t) dt,$$
所以
$$\int_{0}^{x} t f(t) dt - x \int_{0}^{x} f(t) dt = 1 - \cos x.$$

由 $f(x)$ 连续, 上式两边分别对 x 求导, 得
$$x f(x) - \int_{0}^{x} f(t) dt - x f(x) = \sin x,$$

即

$$\int_0^x f(t)\,dt = -\sin x,$$

上式两边再对 x 求导即得 $f(x) = -\cos x$.

8. 令 $t = (b-a)x + a$，$dt = (b-a)dx$，当 $x = 0$ 时 $t = a$，当 $x = 1$ 时 $t = b$，故

$$(b-a)\int_0^1 f(a+(b-a)x)\,dx = \int_0^1 f(a+(b-a)x)\,d[(b-a)x]$$
$$= \int_a^b f(t)\,dt = \int_a^b f(x)\,dx.$$

9. 因 $f(x)$ 连续，等式两边同时在 $[0,1]$ 上求积分，注意 $\int_0^1 f(t)\,dt$ 为数值，得

$$\int_0^1 f(x)\,dx = \int_0^1 \frac{1}{1+x^2}\,dx - \int_0^1 f(t)\,dt \cdot \int_0^1 3x^2\,dx,$$

即

$$\int_0^1 f(x)\,dx = \arctan x \Big|_0^1 - x^3 \Big|_0^1 \cdot \int_0^1 f(x)\,dx,$$

也即

$$\int_0^1 f(x)\,dx = \frac{\pi}{4} - \int_0^1 f(x)\,dx.$$

因此 $2\int_0^1 f(x)\,dx = \frac{\pi}{4}$，即 $\int_0^1 f(x)\,dx = \frac{\pi}{8}$. 所以 $f(x) = \frac{1}{1+x^2} - \frac{3\pi x^2}{8}$.

10. 如图 6-22 所示，过 $P(a, a^2-1)$ 引抛物线 $y = x^2$ 的切线，设切点坐标为 (x_0, x_0^2)，则切线斜率为 $k = (x^2)'|_{x=x_0} = 2x_0$，切线方程为 $y - x_0^2 = 2x_0(x - x_0)$. 因切线过点 $P(a, a^2-1)$，将其坐标代入切线方程，得

$$a^2 - 1 - x_0^2 = 2x_0(a - x_0),$$

解得 $x_0 = a+1$ 或 $x_0 = a-1$.

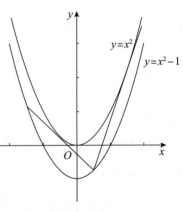

图 6-22

两条切线方程分别为

$$y = 2(a+1)x - (a+1)^2 \text{ 与 } y = 2(a-1)x - (a-1)^2.$$

故所求面积为

$$A = \int_{a-1}^a [x^2 - (2(a-1)x - (a-1)^2)]\,dx + \int_a^{a+1} [x^2 - (2(a+1)x - (a+1)^2)]\,dx$$

$$= \int_{a-1}^{a}(x-a+1)^2 dx + \int_{a}^{a+1}(x-a-1)^2 dx$$
$$= \left[\frac{1}{3}(x-a+1)^3\right]\Big|_{a-1}^{a} + \left[\frac{1}{3}(x-a-1)^3\right]\Big|_{a}^{a+1} = \frac{2}{3}.$$

11. 收益函数为
$$R(q) = \int_0^q R'(q)dq = \int_0^q (32+10q)dq = (32q+5q^2)\Big|_0^q = 32q+5q^2.$$

总成本函数为
$$C(q) = \int_0^q C'(q)dq + C(0) = \int_0^q (3q^2-20q-40)dq + C_0$$
$$= (q^3-10q^2-40q)\Big|_0^q + 10 = q^3-10q^2-40q+10.$$

利润函数为
$$L(q) = R(q) - C(q) = -q^3+15q^2+72q-10.$$

令 $R'(q) = C'(q)$，解得 $q=12$，$q=-2$（舍去）.
由最大化利润原则，当 $R'(q) = C'(q)$ 时利润最大，即产量为 12 时总利润最大.

B. 考研提高题

1. 令 $\int_0^1 f(t)dt = A$，则 $f(x) = x + 2A$，从而
$$\int_0^1 f(x)dx = \int_0^1 (x+2A)dx = \frac{1}{2} + 2A,$$

即 $A = \frac{1}{2} + 2A$，$A = -\frac{1}{2}$. 所以 $f(x) = x - 1$.

2. 令 $x - t = u$，$dt = -du$，则
$$\int_0^x tf(x-t)dt = -\int_x^0 (x-u)f(u)du = x\int_0^x f(u)du - \int_0^x uf(u)du.$$

因 $f(x)$ 连续，所以 $\int_0^x tf(x-t)dt$ 可导，且
$$\frac{d}{dx}\int_0^x tf(x-t)dt = \frac{d}{dx}\left(x\int_0^x f(u)du - \int_0^x uf(u)du\right)$$
$$= \int_0^x f(u)du + xf(x) - xf(x) = \int_0^x f(u)du,$$

故 $\int_0^x f(u)du = (1-\cos x)' = \sin x.$

取 $x = \dfrac{\pi}{2}$，得 $\int_0^{\frac{\pi}{2}} f(x)\mathrm{d}x = \sin\dfrac{\pi}{2} = 1.$

3. 等式两边同乘以 $\sin x$ 后积分，得

$$\int_{-\pi}^{\pi} f(x)\sin x\,\mathrm{d}x = \int_{-\pi}^{\pi} \frac{x\sin x}{1+\cos^2 x}\mathrm{d}x + \int_{-\pi}^{\pi}\left[\int_{-\pi}^{\pi} f(x)\sin x\,\mathrm{d}x\right]\sin x\,\mathrm{d}x. \qquad ①$$

由于

$$\int_0^{\pi} \frac{x\sin x}{1+\cos^2 x}\mathrm{d}x = \frac{\pi}{2}\int_0^{\pi} \frac{\sin x}{1+\cos^2 x}\mathrm{d}x = -\frac{\pi}{2}\int_0^{\pi} \frac{1}{1+\cos^2 x}\mathrm{d}\cos x$$

$$= -\frac{\pi}{2}\arctan\cos x\Big|_0^{\pi} = \frac{\pi^2}{4},$$

所以

$$\int_{-\pi}^{\pi} \frac{x\sin x}{1+\cos^2 x}\mathrm{d}x = 2\int_0^{\pi} \frac{x\sin x}{1+\cos^2 x}\mathrm{d}x = 2\cdot\frac{\pi^2}{4} = \frac{\pi^2}{2},$$

注意到 $\int_{-\pi}^{\pi} f(x)\sin x\,\mathrm{d}x$ 的值与 x 无关，而 $\sin x$ 是 $[-\pi,\pi]$ 上的奇函数，所以 $\int_{-\pi}^{\pi}\sin x\,\mathrm{d}x = 0$，于是式 ① 右边第二项

$$\int_{-\pi}^{\pi}\left[\int_{-\pi}^{\pi} f(x)\sin x\,\mathrm{d}x\right]\sin x\,\mathrm{d}x = \int_{-\pi}^{\pi} f(x)\sin x\,\mathrm{d}x \cdot \int_{-\pi}^{\pi}\sin x\,\mathrm{d}x = 0,$$

代入式 ① 得

$$\int_{-\pi}^{\pi} f(x)\sin x\,\mathrm{d}x = \frac{\pi^2}{2},$$

所以

$$f(x) = \frac{x}{1+\cos^2 x} + \frac{\pi^2}{2}.$$

4. 极限 $\lim\limits_{x\to 0}\dfrac{1}{bx-\sin x}\int_0^x \dfrac{t^2}{\sqrt{a+t^2}}\mathrm{d}t$ 为 $\dfrac{0}{0}$ 型未定式，由洛必达法则，得

$$\lim_{x\to 0}\frac{1}{bx-\sin x}\int_0^x \frac{t^2}{\sqrt{a+t^2}}\mathrm{d}t = \lim_{x\to 0}\frac{\dfrac{x^2}{\sqrt{a+x^2}}}{b-\cos x}.$$

由于分子的极限 $\lim\limits_{x\to 0}\dfrac{x^2}{\sqrt{a+x^2}} = 0$，而 $\lim\limits_{x\to 0}\dfrac{1}{bx-\sin x}\int_0^x \dfrac{t^2}{\sqrt{a+t^2}}\mathrm{d}t = 3$，故分母极限 $\lim\limits_{x\to 0}(b-\cos x) = 0$，所以 $b = \lim\limits_{x\to 0}\cos x = 1$. 此时

$$\lim_{x\to 0}\frac{1}{bx-\sin x}\int_0^x \frac{t^2}{\sqrt{a+t^2}}\mathrm{d}t = \lim_{x\to 0}\frac{\dfrac{x^2}{\sqrt{a+x^2}}}{1-\cos x} = \lim_{x\to 0}\frac{\dfrac{x^2}{\sqrt{a+x^2}}}{\dfrac{x^2}{2}}$$

$$= \lim_{x \to 0} \frac{2}{\sqrt{a+x^2}} = \frac{2}{\sqrt{a}}.$$

于是 $\frac{2}{\sqrt{a}} = 3$，即 $a = \frac{4}{9}$。所以 $a = \frac{4}{9}$，$b = 1$。

5. 令 $F(x) = \int_0^{\sin^2 x} \arcsin\sqrt{t}\,dt + \int_0^{\cos^2 x} \arccos\sqrt{t}\,dt$，$x \in \left[0, \frac{\pi}{2}\right]$。

$$F'(x) = \arcsin\sqrt{\sin^2 x} \cdot 2\sin x \cos x + \arccos\sqrt{\cos^2 x} \cdot 2\cos x \cdot (-\sin x)$$
$$= 2x\sin x \cos x - 2x\sin x \cos x = 0,$$

故 $F(x) \equiv C$（C 为常数）。

当 $x = 0$ 时，$F(0) = \int_0^{\sin^2 0} \arcsin\sqrt{t}\,dt + \int_0^{\cos^2 0} \arccos\sqrt{t}\,dt = \int_0^1 \arccos\sqrt{t}\,dt$。

令 $u = \arccos\sqrt{t}$，则 $t = \cos^2 u$，$dt = -2\cos u \sin u\,du$，从而

$$F(0) = -\int_{\frac{\pi}{2}}^0 u \cdot 2\cos u \sin u\,du = \int_0^{\frac{\pi}{2}} u\sin 2u\,du$$
$$= -\frac{u\cos 2u}{2}\bigg|_0^{\frac{\pi}{2}} + \int_0^{\frac{\pi}{2}} \frac{\cos 2u}{2}\,du = \frac{\pi}{4} + \frac{\sin 2u}{4}\bigg|_0^{\frac{\pi}{2}} = \frac{\pi}{4},$$

所以 $C = \frac{\pi}{4}$，故 $\int_0^{\sin^2 x} \arcsin\sqrt{t}\,dt + \int_0^{\cos^2 x} \arccos\sqrt{t}\,dt = \frac{\pi}{4}$。

6. $I_n = \int_0^{+\infty} x^n e^{-x^2}\,dx = -\frac{1}{2}\int_0^{+\infty} x^{n-1}\,de^{-x^2}$

$$= -\frac{1}{2}x^{n-1}e^{-x^2}\bigg|_0^{+\infty} + \frac{1}{2}\int_0^{+\infty}(n-1)x^{n-2}e^{-x^2}\,dx$$
$$= \frac{n-1}{2}\int_0^{+\infty} x^{n-2}e^{-x^2}\,dx = \frac{n-1}{2}I_{n-2} \quad \left(\text{其中}\lim_{x \to +\infty} x^{n-1}e^{-x^2} = \lim_{x \to +\infty}\frac{x^{n-1}}{e^{x^2}} = 0\right).$$

所以，当 $n \geqslant 2$ 时，$I_n = \frac{n-1}{2}I_{n-2}$，且

$$\int_0^{+\infty} x^5 e^{-x^2}\,dx = I_5 = \frac{5-1}{2}I_3 = 2 \times \frac{3-1}{2}I_1 = 2I_1$$
$$= 2\int_0^{+\infty} xe^{-x^2}\,dx = -e^{-x^2}\bigg|_0^{+\infty} = 1.$$

7. 令 $x - t = u$，则 $dt = -du$，从而

$$F(x) = \int_0^x f(t)g(x-t)\,dt = -\int_x^0 f(x-u)g(u)\,du = \int_0^x (x-u)g(u)\,du.$$

当 $0 \leqslant x \leqslant \pi/2$ 时

$$F(x) = \int_0^x (x-u)\sin u\,du = x\int_0^x \sin u\,du - \int_0^x u\sin u\,du$$
$$= -x\cos u\bigg|_0^x + u\cos u\bigg|_0^x - \int_0^x \cos u\,du = x - \sin u\bigg|_0^x = x - \sin x.$$

当 $x > \pi/2$ 时

$$F(x) = \int_0^{\frac{\pi}{2}} (x-u)\sin u\,du = x\int_0^{\frac{\pi}{2}} \sin u\,du - \int_0^{\frac{\pi}{2}} u\sin u\,du$$

$$= -x\cos u\Big|_0^{\frac{\pi}{2}} + u\cos u\Big|_0^{\frac{\pi}{2}} - \int_0^{\frac{\pi}{2}} \cos u\,du = x - \sin u\Big|_0^{\frac{\pi}{2}} = x - 1.$$

所以

$$F(x) = \begin{cases} x - \sin x, & 0 \leqslant x \leqslant \dfrac{\pi}{2} \\ x - 1, & x > \dfrac{\pi}{2} \end{cases}.$$

8. 因为 $f(x)$ 在 $[a,b]$ 上连续，故存在最大值 M 和最小值 m. 又 $g(x) > 0$，所以 $mg(x) \leqslant f(x)g(x) \leqslant Mg(x)$，在 $[a,b]$ 上积分，得

$$m\int_a^b g(x)\,dx = \int_a^b mg(x)\,dx \leqslant \int_a^b f(x)g(x)\,dx \leqslant \int_a^b Mg(x)\,dx = M\int_a^b g(x)\,dx.$$

由 $g(x) > 0$ 可知 $\int_a^b g(x)\,dx > 0$，于是

$$m \leqslant \frac{\int_a^b f(x)g(x)\,dx}{\int_a^b g(x)\,dx} \leqslant M.$$

由连续函数的介值定理知，存在一点 $\xi \in [a,b]$，使

$$f(\xi) = \frac{\int_a^b f(x)g(x)\,dx}{\int_a^b g(x)\,dx},$$

即 $\int_a^b f(x)g(x)\,dx = f(\xi)\int_a^b g(x)\,dx.$

9. 对任意的实数 λ，有

$$\int_a^b [f(x)+\lambda g(x)]^2\,dx = \lambda^2\int_a^b g^2(x)\,dx + 2\lambda\int_a^b f(x)g(x)\,dx + \int_a^b f^2(x)\,dx \geqslant 0.$$

上式右端是 λ 的非负的二次三项式，则其判别式非正，即

$$\left[\int_a^b f(x)g(x)\,dx\right]^2 - \left[\int_a^b f^2(x)\,dx\right]\left[\int_a^b g^2(x)\,dx\right] \leqslant 0.$$

故原式得证.

10. 曲线 $y = 1 - x^2$，x 轴与 y 轴在第一象限所围成的图形的面积为

$$A = \int_0^1 (1-x^2)\,dx = \left[x - \frac{x^3}{3}\right]\Big|_0^1 = \frac{2}{3}.$$

由 $\begin{cases} y=1-x^2 \\ y=ax^2 \end{cases}$ 解得，两曲线的交点为 $\left(\sqrt{\dfrac{1}{a+1}}, \dfrac{a}{a+1}\right)$，$\left(-\sqrt{\dfrac{1}{a+1}}, \dfrac{a}{a+1}\right)$，所以 $y=1-x^2$ 与曲线 $y=ax^2$ $(a>0)$ 在第一象限围成的图形面积为

$$A_1=\int_0^{\sqrt{\frac{1}{a+1}}}(1-x^2-ax^2)\mathrm{d}x=\left(x-\dfrac{1+a}{3}x^3\right)\Big|_0^{\sqrt{\frac{1}{a+1}}}=\dfrac{2}{3}\sqrt{\dfrac{1}{a+1}}.$$

由题意有 $A=2A_1$，即 $\dfrac{2}{3}\sqrt{\dfrac{1}{a+1}}=\dfrac{1}{3}$，故 $a=3$.

11. 设切点为 $(t, \ln t)$，则切线的斜率为 $k=\dfrac{1}{t}$，切线方程为 $y-\ln t=\dfrac{1}{t}(x-t)$，它与 $x=1$，$x=3$，$y=\ln x$ 围成的图形的面积为

$$A(t)=\int_1^3\left[\ln t+\dfrac{1}{t}(x-t)-\ln x\right]\mathrm{d}x=2\ln t+\dfrac{4}{t}-3\ln 3,$$

$A'(t)=\dfrac{2}{t}-\dfrac{4}{t^2}$，令 $A'(t)=0$，得 $t=2$ 为唯一驻点，故 $t=2$ 为 $A(t)$ 的最小值点，所求的切线方程为 $y=\dfrac{1}{2}x+\ln 2-1$.

12. 曲线过点 $(0, 0)$，由此得 $c=0$，由 $\int_0^1(ax^2+bx)\mathrm{d}x=\dfrac{1}{3}$，得 $2a+3b=2$. 旋转体的体积为

$$V=\int_0^1\pi(ax^2+bx)^2\mathrm{d}x=\pi\left(\dfrac{a^2}{5}+\dfrac{1}{2}ab+\dfrac{b^2}{3}\right)=\left(\dfrac{4}{27}+\dfrac{1}{27}a+\dfrac{2}{135}a^2\right)\pi.$$

由 $\dfrac{\mathrm{d}V}{\mathrm{d}a}=0$ 得 $a=-\dfrac{5}{4}$. 又 $V''=\dfrac{4\pi}{135}>0$，所以当 $a=-\dfrac{5}{4}$ 时，旋转体的体积 V 取最小值，且 $b=\dfrac{1}{3}(2-2a)=\dfrac{3}{2}$. 故 $a=-\dfrac{5}{4}$，$b=\dfrac{3}{2}$，$c=0$ 为所求值.

微积分模拟试卷

（A卷）

一、填空题（15分）

1. $\lim\limits_{x\to 0}(1-2x)^{\frac{3}{\sin x}}=$ _____ .

2. 设曲线 $\begin{cases} x=1+t^2 \\ y=\cos t \end{cases}$，则该曲线在 $t=\pi$ 处的切线方程为 _____ .

3. 已知 $\int \dfrac{f'(\ln x)}{x}\mathrm{d}x=x^2+C$，则 $f(x)=$ _____ .

4. 设 $y=f(\mathrm{e}^x)\cdot \mathrm{e}^{f(x)}$，且 $f'(x)$ 存在，$f(0)=f'(0)=1$，则微分 $\mathrm{d}y\big|_{x=0}=$ _____ .

5. $\int_{-\frac{\pi}{2}}^{\frac{\pi}{2}}(x^2\sin x+\sin^4 x)\mathrm{d}x=$ _____ .

二、选择题（15分）

1. 若 $\lim\limits_{x\to 0}\dfrac{x^k\sin\frac{1}{x}}{\sin x^2}=0$，则 k 的取值范围为（   ）.

   (A) $k<1$ (B) $k\geqslant 1$ (C) $k\leqslant 2$ (D) $k>2$

2. 点 $x=0$ 是函数 $f(x)=\sin x\sin\dfrac{1}{x}$ 的（   ）.

   (A) 振荡间断点   (B) 可去间断点   (C) 跳跃间断点   (D) 无穷间断点

3. 设 $f\left(\dfrac{x}{2}\right)=\sin x$，则 $f'[f(x)]=$（   ）.

   (A) $2\cos(\sin 2x)$ (B) $2\cos 2x$
   (C) $2\cos(2\sin x)$ (D) $2\cos(2\sin 2x)$

4. 设 $\lim\limits_{x\to a}\dfrac{f(x)-f(a)}{(x-a)^2}=-1$，则在 $x=a$ 处（   ）.

   (A) $f(x)$ 可导且 $f'(a)\neq 0$ (B) $f(x)$ 取得极大值
   (C) $f(x)$ 取得极小值   (D) $f(x)$ 不可导

5. 若 $\int f(x)\mathrm{d}x=x^2\mathrm{e}^{2x}$，则 $f(x)=$（   ）.

   (A) $2x\mathrm{e}^{2x}$ (B) $2x^2\mathrm{e}^{2x}$
   (C) $x\mathrm{e}^{2x}$ (D) $2x\mathrm{e}^{2x}(1+x)$

三、求极限（10分）

1. $\lim\limits_{x \to 1} \dfrac{\sin\sin(x-1)}{\ln x}$.

2. $\lim\limits_{x \to 0} \dfrac{\int_0^{x^2} \cos t^2 \, dt}{x \sin x}$.

四、求导数（10分）

1. 设 $y = x^2 \sin f^2(\sqrt{x}+1)$，求 y'.

2. 已知 $\begin{cases} x = f'(t) \\ y = tf'(t) - f(t) \end{cases}$ 且 $f''(t) \neq 0$，求 $\dfrac{dy}{dx}$，$\dfrac{d^2 y}{dx^2}$.

五、求积分（10分）

1. $\int x \ln(1+x) \, dx$;

2. $\int_0^{\frac{\pi}{4}} \dfrac{\sin(\arctan x)}{1+x^2} \, dx$.

六、(10分)

设 $f(x) = \begin{cases} \dfrac{1}{x}(e^{ax}-1), & x < 0 \\ 3, & x = 0 \\ bx + \dfrac{\sin 3x}{x}, & x > 0 \end{cases}$，确定 a, b 的值使 $f(x)$ 在 $x=0$ 处可导.

七、(10分)

已知函数 $f(x) = x^3 + ax^2 + bx + 5$ 在 $x = -1$ 处有极值 10，试确定系数 a, b，并求出 $f(x)$ 的所有极值和曲线 $y = f(x)$ 的拐点.

八、(10分)

过曲线 $y = x^2 (-1 \leq x \leq 2)$ 上某一点作一条切线，使得该切线与直线 $x = -1$，$x = 2$ 及曲线 $y = x^2$ 所围成的图形面积最小，求此最小面积及该切线方程.

九、(10分)

设 $y = f(x)$ 在 $[0, 1]$ 上对任意 $x \in [0, 1]$，有 $0 \leq f(x) \leq 1$，并且 $f(x)$ 可微，$f'(x) \neq 1$，证明：在 $(0, 1)$ 内有且仅有一个 x，使 $f(x) = x$.

（A 卷）参考答案

一、1. e^{-6}. 2. $y=1$. 3. $e^{2x}+C$. 4. $2e\,dx$. 5. $\dfrac{\pi}{8}$.

二、1. (D). 2. (B). 3. (D). 4. (C). 5. (D).

三、1. $\lim\limits_{x\to 1}\dfrac{\sin\sin(x-1)}{\ln x}=\lim\limits_{x\to 1}\dfrac{\sin(x-1)}{x-1}=1.$

2. 极限为 $\dfrac{0}{0}$ 型未定式，由洛必达法则

$$\lim\limits_{x\to 0}\dfrac{\int_0^{x^2}\cos t^2\,dt}{x\sin x}=\lim\limits_{x\to 0}\dfrac{\int_0^{x^2}\cos t^2\,dt}{x^2}=\lim\limits_{x\to 0}\dfrac{2x\cos x^4}{2x}=\lim\limits_{x\to 0}\cos x^4=1.$$

四、1. $y'=2x\sin f^2(\sqrt{x}+1)+x^2\cos f^2(\sqrt{x}+1)\cdot 2f(\sqrt{x}+1)\cdot f'(\sqrt{x}+1)\left(\dfrac{1}{2\sqrt{x}}\right).$

2. $\dfrac{dy}{dx}=\dfrac{f'(t)+tf''(t)-f'(t)}{f''(t)}=t,\quad \dfrac{d^2y}{dx^2}=\dfrac{1}{f''(t)}.$

五、1. $\displaystyle\int x\ln(1+x)\,dx=\int \ln(1+x)\,d\dfrac{x^2}{2}=\dfrac{x^2}{2}\ln(1+x)-\dfrac{1}{2}\int\dfrac{x^2}{1+x}\,dx$

$$=\dfrac{x^2}{2}\ln(1+x)-\dfrac{1}{2}\int\left(x-1+\dfrac{1}{1+x}\right)dx$$

$$=\dfrac{1}{4}[2(x^2-1)\ln(1+x)-x^2+2x]+C.$$

2. $\displaystyle\int_0^{\frac{\pi}{4}}\dfrac{\sin(\arctan x)}{1+x^2}\,dx=\int_0^{\frac{\pi}{4}}\sin(\arctan x)\,d\arctan x=-\cos(\arctan)x\,\Big|_0^{\frac{\pi}{4}}=1-\cos 1.$

六、使 $f(x)$ 在 $x=0$ 处连续，得

$$\lim\limits_{x\to 0^-}\dfrac{e^{ax}-1}{x}=a=3,$$

使 $f(x)$ 在 $x=0$ 处可导，得

$$\lim\limits_{x\to 0^-}\dfrac{\dfrac{1}{x}(e^{ax}-1)-3}{x}=\dfrac{a^2}{2}=\lim\limits_{x\to 0^+}\dfrac{bx+\dfrac{\sin 3x}{x}-3}{x}=b.$$

于是 $b=\dfrac{9}{2}$. 所以，当 $a=3$，$b=\dfrac{9}{2}$ 时，$f(x)$ 在 $x=0$ 处可导.

七、由题意得 $\begin{cases}a-b=6\\-2a+b=-3\end{cases}$，解方程组，得 $\begin{cases}a=-3\\b=-9\end{cases}$，所以 $f(x)=x^3-3x^2-9x+5.$

由 $f'(x)=3x^2-6x-9=0$，得驻点 $x_1=-1$，$x_2=3$. $f''(x)=6(x-1)$，$f''(-1)=$

$-12<0$,$f''(3)=12>0$. 所以,极大值为 $f(-1)=10$,极小值为 $f(3)=-22$.

当 $x>1$ 时 $f''(x)>0$,当 $x<1$ 时 $f''(x)<0$,故拐点为 $(1,-6)$.

八、 设切点为 (t,t^2),过该点的切线方程为 $y-t^2=2t(x-t)$,即 $y=2tx-t^2$,所求图形的面积为

$$A(t)=\int_{-1}^{2}(x^2-2tx+t^2)dx=3-3t+3t^2, t\in[-1,2].$$

由 $A'(t)=0$,得 $t=\dfrac{1}{2}$. $A(-1)=9$,$A(2)=9$,$A\left(\dfrac{1}{2}\right)=\dfrac{9}{4}$. 所以最小面积为 $\dfrac{9}{4}$,对应的切线方程为 $y=x-\dfrac{1}{4}$.

九、 令 $F(x)=f(x)-x$,$F(0)=f(0)>0$,$F(1)=f(1)-1<0$,由零点定理可知,至少存在一个 $\xi\in(0,1)$,使得 $F(\xi)=0$,即在 $(0,1)$ 内至少有一个 x,使 $f(x)=x$.

设存在 ξ_1,$\xi_2\in(0,1)$,使得 $F(\xi_1)=F(\xi_2)=0$,设 $\xi_1<\xi_2$,则由罗尔定理可知,存在 $\eta\in(\xi_1,\xi_2)$,使得 $F'(\eta)=0$,即 $F'(\eta)=f'(\eta)-1=0$,$f'(\eta)=1$,与 $f'(x)\neq 1$ 矛盾,可证,在 $(0,1)$ 内有且仅有一个 x,使 $f(x)=x$.

(B 卷)

一、填空题（15 分）

1. 极限 $\lim\limits_{x\to 0}(\cos x)^{\frac{1}{1-\cos x}}=$ _____.

2. 设 $f(x)=\begin{cases} e^x(\sin x+\cos x), & x\leqslant 0 \\ \dfrac{\sin 2x}{x}+a, & x>0 \end{cases}$ 在 $(-\infty,+\infty)$ 内连续，则 $a=$ _____.

3. 可导函数 $f(x)$ 的图形与曲线 $y=\sin x$ 相切于原点，则 $\lim\limits_{n\to\infty}nf\left(\dfrac{2}{n}\right)=$ _____.

4. 若 $\int xf(x)\,dx=x^2 e^x+C$，则 $\int \dfrac{e^x}{f(x)}\,dx=$ _____.

5. 积分 $\int_{-\pi}^{\pi}(x+1)\sqrt{1-\cos 2x}\,dx=$ _____.

二、选择题（15 分）

1. 点 $x=0$ 是函数 $f(x)=\arctan\dfrac{1}{x}$ 的（　　）.

   (A) 连续点　　(B) 可去间断点　　(C) 跳跃间断点　　(D) 无穷间断点

2. 设函数 $f(x)$ 在 $x=a$ 处可导，则 $\lim\limits_{x\to 0}\dfrac{f(a+2x)-f(a-x)}{x}=$（　　）.

   (A) $f'(a)$　　(B) $2f'(a)$　　(C) $3f'(a)$　　(D) 0

3. 已知曲线 $y=x+\sin x$，dy 是在 $x=0$ 处的微分，则当 $\Delta x\to 0$ 时，dy 是 Δx 的（　　）.

   (A) 等价无穷小　　　　　　　(B) 同阶但非等价无穷小
   (C) 高阶无穷小　　　　　　　(D) 低阶无穷小

4. 积分 $\int_0^{\pi}\sqrt{\sin x-\sin^3 x}\,dx=$（　　）.

   (A) 0　　(B) $\dfrac{2}{3}$　　(C) $\dfrac{4}{3}$　　(D) 2

5. 已知 $\int f\left(\dfrac{1}{\sqrt{x}}\right)dx=x^2+C$，则 $\int f(x)\,dx=$（　　）.

   (A) $\dfrac{2}{\sqrt{x}}+C$　　(B) $-\dfrac{2}{\sqrt{x}}+C$　　(C) $-\dfrac{2}{x}+C$　　(D) $\dfrac{2}{x}+C$

三、求极限（10 分）

1. $\lim\limits_{x\to+\infty}\dfrac{\int_0^x(\arctan t)^2\,dt}{\sqrt{1+x^2}}$.

2. $\lim\limits_{n\to\infty}\left(\dfrac{1}{n^2+1}+\dfrac{2}{n^2+2}+\cdots+\dfrac{n}{n^2+n}\right)$.

四、求导数（10分）

1. 设 $f(\sqrt{x})=\sin x$，求 $f'[f(x)]$，$f[f'(x)]$.

2. 设 $\begin{cases} x=a(t-\sin t) \\ y=a(1-\cos t) \end{cases}$，求 $\dfrac{d^2 y}{dx^2}$.

五、求积分（10分）

1. $\int \arctan x \, dx$.

2. $\int_{3}^{+\infty} \dfrac{dx}{(x-1)\sqrt{x-2}}$.

六、（10分）

设函数 $f(x)$ 在 $[a,b]$ 上连续，求证 $\int_a^b f(x)dx = \int_b^a f(a+b-x)dx$，并由此计算 $\int_{\frac{\pi}{6}}^{\frac{\pi}{3}} \dfrac{\sin^2 x}{x(\pi-2x)} dx$.

七、（10分）

设函数 $y=f(x)$ 由方程 $e^{2x+y}-\cos(xy)=e-1$ 所确定，求曲线 $y=f(x)$ 在 $(0, 1)$ 处的切线方程.

八、（10分）

证明：当 $x>1$ 时，$\ln x < \dfrac{x^2-1}{2x}$.

九、（10分）

设曲线 $y=2x-x^2$（$0 \leqslant x \leqslant 2$）与 x 轴围成的平面图形为 D，求：

（1）D 的面积；

（2）D 绕 x 轴旋转而成的旋转体的体积.

(B卷) 参考答案

一、1. e^{-1}. 2. -1. 3. 2. 4. $x^3-6x^2-15x+2$. 5. $4\sqrt{2}$.

二、1. (C). 2. (C). 3. (B). 4. (C). 5. (C).

三、1. 极限为 $\dfrac{\infty}{\infty}$ 型未定式，由洛必达法则，得

$$\lim_{x\to+\infty}\frac{\int_0^x(\arctan t)^2\,dt}{\sqrt{1+x^2}}=\lim_{x\to+\infty}\frac{(\arctan x)^2}{\dfrac{x}{\sqrt{1+x^2}}}=\frac{\pi^2}{4}.$$

2. 因为

$$\frac{1}{n^2+n}\frac{n(n+1)}{2}<\frac{1}{n^2+1}+\frac{2}{n^2+2}+\cdots+\frac{n}{n^2+n}<\frac{1}{n^2+1}\frac{n(n+1)}{2},$$

而

$$\lim_{n\to\infty}\frac{1}{n^2+n}\frac{n(n+1)}{2}=\frac{1}{2},\quad \lim_{n\to\infty}\frac{1}{n^2+1}\frac{n(n+1)}{2}=\frac{1}{2},$$

所以，由夹迫准则知

$$\lim_{n\to\infty}\left(\frac{1}{n^2+1}+\frac{2}{n^2+2}+\cdots+\frac{n}{n^2+n}\right)=\frac{1}{2}.$$

四、1. 因为 $f(\sqrt{x})=\sin x$，所以

$$f(x)=\sin x^2,$$
$$f'(x)=2x\cos x^2,$$
$$f'[f(x)]=2\sin x^2\cos(\sin x^2)^2,$$
$$f[f'(x)]=\sin(2x\cos x^2)^2.$$

2. $\dfrac{dy}{dx}=\dfrac{a\sin t}{a(1-\cos t)}=\dfrac{\sin t}{1-\cos t};$

$$\frac{d^2y}{dx^2}=\frac{\cos t(1-\cos t)-\sin t\sin t}{(1-\cos t)^2}\cdot\frac{1}{a(1-\cos t)}=-\frac{1}{a(1-\cos t)^2}.$$

五、1. $\int \arctan x\,dx=x\arctan x-\int\dfrac{x}{1+x^2}dx=x\arctan x-\dfrac{1}{2}\ln(1+x^2)+C.$

2. $\displaystyle\int_3^{+\infty}\frac{dx}{(x-1)\sqrt{x-2}}\xlongequal{t=\sqrt{x-2}}2\int_1^{+\infty}\frac{1}{1+t^2}dt=2\arctan t\Big|_1^{+\infty}=\dfrac{\pi}{2}.$

六、 $\int_a^b f(x)\mathrm{d}x \xrightarrow{x=a+b-t} \int_b^a f(a+b-t)(-\mathrm{d}t) = \int_a^b f(a+b-t)\mathrm{d}t$
$$= \int_a^b f(a+b-x)\mathrm{d}x.$$

由上述结论，得
$$\int_{\frac{\pi}{6}}^{\frac{\pi}{3}} \frac{\sin^2 x}{x(\pi-2x)}\mathrm{d}x = \int_{\frac{\pi}{6}}^{\frac{\pi}{3}} \frac{\cos^2 x}{x(\pi-2x)}\mathrm{d}x.$$

故
$$原式 = \frac{1}{2}\int_{\frac{\pi}{6}}^{\frac{\pi}{3}} \frac{1}{x(\pi-2x)}\mathrm{d}x = \frac{1}{2\pi}\int_{\frac{\pi}{6}}^{\frac{\pi}{3}} \left(\frac{1}{x} + \frac{2}{\pi-2x}\right)\mathrm{d}x = \frac{1}{\pi}\ln 2.$$

七、 方程两边对 x 求导，得
$$\mathrm{e}^{2x+y}(2+y') + \sin(xy)(y+xy') = 0,$$

所以
$$y' = -\frac{2\mathrm{e}^{2x+y} + y\sin(xy)}{\mathrm{e}^{2x+y} + x\sin(xy)}.$$

故
$$y'\Big|_{(0,1)} = -\frac{2\mathrm{e}^{2x+y} + y\sin(xy)}{\mathrm{e}^{2x+y} + x\sin(xy)}\Big|_{(0,1)} = -2.$$

曲线 $y=f(x)$ 在 $(0,1)$ 处的切线方程为 $y-1 = -2(x-0)$，即 $y+2x-1 = 0$.

八、 令 $f(x) = \ln x - \dfrac{x^2-1}{2x}$, $x \in [1, +\infty)$，则
$$f'(x) = \frac{1}{x} - \frac{4x^2 - 2(x^2-1)}{4x} = \frac{-2(x-1)^2}{4x^2} < 0,$$

于是 $f(x)$ 在 $[1, +\infty)$ 上单调递减，所以当 $x > 1$ 时，$f(x) < f(1) = 0$，即 $\ln x < \dfrac{x^2-1}{2x}$.

九、 (1) $S = \int_0^2 (2x-x^2)\mathrm{d}x = \left(x^2 - \dfrac{1}{3}x^3\right)\Big|_0^2 = \dfrac{4}{3}.$

(2) $V = \pi\int_0^2 (2x-x^2)^2\mathrm{d}x = \pi\int_0^2 (4x^2 - 4x^3 + x^4)\mathrm{d}x$
$$= \pi\left(\frac{4}{3}x^3 - x^4 + \frac{1}{5}x^5\right)\Big|_0^2 = \frac{16}{15}\pi.$$

（C卷）

一、填空题（15分）

1. 极限 $\lim\limits_{x\to 0}(1+2x)^{x+\frac{1}{x}} = $ _____ .

2. 设函数 $f(x)=\begin{cases}2x+a, & x\leqslant 0 \\ e^x\cos x, & x>0\end{cases}$ 在 $(-\infty,+\infty)$ 内连续，则 $a=$ _____ .

3. 设 $f(x)=x^{\sin(2x+1)}$，则 $f'(x)=$ _____ .

4. 积分 $\displaystyle\int\frac{f'(\ln x)}{x\sqrt{f(\ln x)}}\mathrm{d}x=$ _____ .

5. 设 $f(x)=\lim\limits_{n\to\infty}x\dfrac{1-x^{2n}}{1+x^{2n}}$，则 $f(x)=$ _____ .

二、选择题（15分）

1. 当 $x\to 0$ 时，$x-\sin x$ 是 x^2 的（　　）.

   (A) 低阶无穷小　　　　　　　　　　(B) 高阶无穷小
   (C) 等价无穷小　　　　　　　　　　(D) 同价但非等价无穷小

2. 当 $x\to 1$ 时，函数 $f(x)=\dfrac{x^2-1}{x-1}e^{\frac{1}{x-1}}$ 的极限为（　　）.

   (A) 2　　　　　　　　　　　　　　(B) 0
   (C) ∞　　　　　　　　　　　　　　(D) 不存在但不为 ∞

3. 设 $y=f(\ln x)$，且 $f(x)$ 可导，则 $\mathrm{d}y=$（　　）.

   (A) $f'(\ln x)\mathrm{d}x$　　　　　　　　　(B) $[f(\ln x)]'\mathrm{d}\ln x$
   (C) $f'(\ln x)\dfrac{1}{x}\mathrm{d}\ln x$　　　　　　(D) $f'(\ln x)\dfrac{1}{x}\mathrm{d}x$

4. 若曲线 $y=x^2+ax+b$ 与 $2y=xy^3-1$ 在 $(1,-1)$ 处相切，则（　　）.

   (A) $a=0, b=2$　　　　　　　　　(B) $a=1, b=-3$
   (C) $a=-3, b=1$　　　　　　　　 (D) $a=-1, b=-1$

5. 若 $\int f(x)\mathrm{d}x=F(x)+C$，$a\neq 0$，则 $\int f(b-ax)\mathrm{d}x=$（　　）.

   (A) $F(b-ax)+C$　　　　　　　　(B) $-\dfrac{1}{a}F(b-ax)+C$
   (C) $aF(b-ax)+C$　　　　　　　　(D) $\dfrac{1}{a}F(b-ax)+C$

三、计算题（10分）

1. $\lim\limits_{x\to 0}\dfrac{\arctan x-x}{\ln(1+2x^3)}$.

2. 设 $f(x)$ 是多项式，且 $\lim\limits_{x\to\infty}\dfrac{f(x)-2x^3}{x^2}=2$，$\lim\limits_{x\to 0}\dfrac{f(x)}{x}=3$，求 $f(x)$.

四、求导数或微分（10分）

1. 设 $y = \sin f(x)$，求 y''.

2. 设函数 $y = y(x)$ 由 $x + \int_0^{y^3} e^{-t^2} dt + y = 0$ 确定，求 dy.

五、求积分（10分）

1. $\int \dfrac{1}{x^2 \sqrt{1+x^2}} dx$.

2. 设 $f(x) = \begin{cases} e^x, & -1 \leqslant x < 0 \\ x^2, & 0 \leqslant x \leqslant 2 \end{cases}$，求定积分 $\int_{-1}^{2} f(x) dx$.

六、（10分）

设 $f(x)$ 在 $(-1, 1)$ 内可导，且 $\lim\limits_{x \to 0} \dfrac{f(x) - \cos x}{\sin^2 x} = 2$，求 $f'(0)$.

七、（10分）

设曲线 $y = ax^3 + bx^2 + cx + 2$ 在 $x = 1$ 处有极小值 0，且点 $(0, 2)$ 为拐点，试确定常数 a, b, c.

八、（10分）

过点 $(-1, 0)$ 作曲线 $y = \sqrt{x}$ 的切线，求此切线与曲线 $y = \sqrt{x}$ 和 x 轴所围成的图形的面积.

九、（10分）

设函数 $f(x)$ 在 $[-1, 1]$ 上连续，在 $(-1, 1)$ 内可导，且 $f(-1) \cdot f(1) > 0$，$f(-1) \cdot f(0) < 0$. 证明：

(1) 在 $(-1, 1)$ 内至少有一点 ξ，使 $f'(\xi) = 0$；

(2) 在 $(-1, 1)$ 内至少有一点 η，使 $f'(\eta) = f(\eta)$.

（C卷）参考答案

一、1. e^2. 2. 1. 3. $x^{\sin(2x+1)}[2\cos(2x+1)\ln x + \frac{1}{x}\sin(2x+1)]$. 4. $2\sqrt{f(\ln x)}+C$.

5. $f(x)=\begin{cases} x, & |x|<1 \\ 0, & |x|=1 \\ -x, & |x|>1 \end{cases}$

二、1.（B）. 2.（D）. 3.（D）. 4.（B）. 5.（B）.

三、1. $\lim\limits_{x\to 0}\dfrac{\arctan x - x}{\ln(1+2x^3)} = \lim\limits_{x\to 0}\dfrac{\arctan x - x}{2x^3} = \lim\limits_{x\to 0}\dfrac{\frac{1}{1+x^2}-1}{6x^2} = \lim\limits_{x\to 0}\dfrac{-1}{6}\cdot\dfrac{1}{1+x^2} = -\dfrac{1}{6}$.

2. 由 $\lim\limits_{x\to\infty}\dfrac{f(x)-2x^3}{x^2}=2$ 知

$$f(x)=2x^3+2x^2+ax+b.$$

由 $\lim\limits_{x\to 0}\dfrac{f(x)}{x}=3$ 知，$\lim\limits_{x\to 0}f(x)=f(0)=0$，从而 $b=0$，$a=3$. 所以 $f(x)=2x^3+2x^2+3x$.

四、1. $y'=\cos f(x)\cdot f'(x)$;

$y''=[\cos f(x)]'f'(x)+\cos f(x)f''(x)=-\sin f(x)[f'(x)]^2+\cos f(x)f''(x)$.

2. 方程两边对 x 求导，得

$$1+3y^2\cdot y'\cdot e^{-y^6}+y'=0,$$

$$y'=-\dfrac{1}{1+3y^2\cdot e^{-y^6}},\quad dy=-\dfrac{1}{1+3y^2\cdot e^{-y^6}}dx.$$

五、1. 令 $x=\tan t\left(-\dfrac{\pi}{2}<t<\dfrac{\pi}{2}\right)$，则 $dx=\sec^2 t\,dt$，所以

$$\int\dfrac{1}{x^2\sqrt{1+x^2}}dx = \int\dfrac{\sec^2 t}{\tan^2 t\sec t}dt = \int\dfrac{\cos t}{\sin^2 t}dt$$

$$=\int\dfrac{d\sin t}{\sin^2 t} = -\dfrac{1}{\sin t}+C = -\dfrac{\sqrt{1+x^2}}{x}+C.$$

2. $\displaystyle\int_{-1}^{2}f(x)dx = \int_{-1}^{0}f(x)dx+\int_{0}^{2}f(x)dx$

$$=\int_{-1}^{0}e^x dx+\int_{0}^{2}x^2 dx = e^x\Big|_{-1}^{0}+\dfrac{x^3}{3}\Big|_{0}^{2} = \dfrac{11}{3}-\dfrac{1}{e}.$$

六、由 $\lim\limits_{x\to 0}\dfrac{f(x)-\cos x}{\sin^2 x}=2$ 知，$\lim\limits_{x\to 0}[f(x)-\cos x] = \lim\limits_{x\to 0}f(x)-1=0$.

因为 $f(x)$ 在 $(-1, 1)$ 内可导，所以 $\lim\limits_{x \to 0} f(x) = 1 = f(0)$.

$$f'(0) = \lim_{x \to 0} \frac{f(x) - f(0)}{x - 0} = \lim_{x \to 0} \frac{f(x) - 1}{x} = \lim_{x \to 0} \frac{f(x) - \cos x - (1 - \cos x)}{x}$$

$$= \lim_{x \to 0} \left(\frac{f(x) - \cos x}{\sin^2 x} \cdot \frac{\sin^2 x}{x} - \frac{1 - \cos x}{x} \right) = 0.$$

七、 $y' = 3ax^2 + 2bx + c$, $y'' = 6ax + 2b$.

由题意可得 $\begin{cases} a+b+c+2=0 \\ 3a+2b+c=0 \\ 2b=0 \end{cases}$，解得 $\begin{cases} a=1 \\ b=0 \\ c=-3 \end{cases}$. 所以曲线 $y = x^3 - 3x + 2$.

八、 设切点为 $P_0(x_0, \sqrt{x_0})$，则切线斜率为 $k = y'|_{x=x_0} = \frac{1}{2\sqrt{x_0}}$，切线方程为 $y = \frac{1}{2\sqrt{x_0}}(x+1)$，由 $\sqrt{x_0} = \frac{1}{2\sqrt{x_0}}(x_0+1)$ 得 $x_0 = 1$. 因此切线方程为 $y = \frac{1}{2}(x+1)$，所求图形面积为

$$A = \int_{-1}^{0} \frac{1}{2}(x+1) \mathrm{d}x + \int_{-1}^{0} \left(\frac{1}{2}(x+1) - \sqrt{x} \right) \mathrm{d}x = \frac{1}{3}.$$

九、（1）由条件，得

$$f(-1) \cdot f(0) < 0, \quad f(0) \cdot f(1) < 0.$$

由零点定理，$\exists \xi_1 \in (-1, 0)$, $\xi_2 \in (0, 1)$，使 $f(\xi_1) = f(\xi_2) = 0$.
由罗尔定理，$\exists \xi \in (\xi_1, \xi_2) \subset (-1, 1)$，使 $f'(\xi) = 0$.

（2）令 $F(x) = e^{-x} f(x)$，则 $F(\xi_1) = F(\xi_2) = 0$.
所以，存在 $\eta \in (\xi_1, \xi_2) \subset (-1, 1)$，使

$$F'(\eta_1) = -e^{-\eta} f(\eta) + e^{-\eta} f'(\eta) = 0,$$

得 $f'(\eta) = f(\eta)$.

图书在版编目（CIP）数据

微积分（第4版）学习指导与习题解答. 上册 / 张学奇，陈员龙，魏玉华主编. -- 北京：中国人民大学出版社，2024.7. -- （普通高等学校应用型教材）.
ISBN 978-7-300-32999-4
Ⅰ.O172
中国国家版本馆CIP数据核字第20249FA982号

普通高等教育"十一五"国家级规划教材
普通高等学校应用型教材·数学
微积分（第4版）学习指导与习题解答（上册）
主编 张学奇 陈员龙 魏玉华
Weijifen (Disi Ban) Xuexi Zhidao yu Xiti Jieda

出版发行	中国人民大学出版社			
社　　址	北京中关村大街31号		邮政编码	100080
电　　话	010-62511242（总编室）		010-62511770（质管部）	
	010-82501766（邮购部）		010-62514148（门市部）	
	010-62515195（发行公司）		010-62515275（盗版举报）	
网　　址	http://www.crup.com.cn			
经　　销	新华书店			
印　　刷	北京宏伟双华印刷有限公司			
开　　本	787 mm×1092 mm 1/16		版　次	2024年7月第1版
印　　张	14.75		印　次	2024年7月第1次印刷
字　　数	332 000		定　价	33.00元

版权所有　侵权必究　印装差错　负责调换

中国人民大学出版社　理工出版分社

教师教学服务说明

　　中国人民大学出版社理工出版分社以出版经典、高品质的数学、统计学、心理学、物理学、化学、计算机、电子信息、人工智能、环境科学与工程、生物工程、智能制造等领域的各层次教材为宗旨。

　　为了更好地为一线教师服务，理工出版分社着力建设了一批数字化、立体化的网络教学资源。教师可以通过以下方式获得免费下载教学资源的权限：

★ 在中国人民大学出版社网站 www.crup.com.cn 进行注册，注册后进入"会员中心"，在左侧点击"我的教师认证"，填写相关信息，提交后等待审核。我们将在一个工作日内为您开通相关资源的下载权限。

★ 如您急需教学资源或需要其他帮助，请加入教师 QQ 群或在工作时间与我们联络。

中国人民大学出版社　理工出版分社

- **教师 QQ 群：** 1063604091(数学2群)　183680136(数学1群)　664611337(新工科)
  教师群仅限教师加入，入群请备注（学校＋姓名）
- **联系电话：** 010-62511967，62511076
- **电子邮箱：** lgcbfs@crup.com.cn
- **通讯地址：** 北京市海淀区中关村大街 31 号中国人民大学出版社 802 室（100080）